建筑工程项目管理

主　编　尹素花
副主编　吴艳丽　刘　玉　赵连平　苗　杰
参　编　袁影辉　张　伟　许立江
主　审　张现林

北京理工大学出版社
BEIJING INSTITUTE OF TECHNOLOGY PRESS

内 容 提 要

本书共分为10个项目，主要内容包括建筑工程项目管理文件的编制、建筑工程招投标与合同管理、建筑工程施工质量管理、建筑工程施工进度管理、建筑工程施工成本管理、建筑工程职业健康安全与环境管理、建筑工程项目信息管理、建筑工程项目沟通管理、建筑工程项目风险管理、建筑工程项目资料管理。本书所选取的教学内容均源于现场并高于现场，将真实的建筑工程项目管理转换为教学过程，将真实的工程管理案例转换为学习案例，经过优化的教学载体，既对接施工现场管理，通过典型案例反映施工现场管理水平，又细化了课程教学目标。

本书可作为高等院校土木工程类相关专业的教材，也可作为建筑施工企业管理岗位培训教材。

图书在版编目(CIP)数据

建筑工程项目管理／尹素花主编．—北京：北京理工大学出版社，2017.4

ISBN 978-7-5682-3542-6

Ⅰ.①建…　Ⅱ.①尹…　Ⅲ.①建筑工程－工程项目管理－高等学校－教材
Ⅳ.①TU71

中国版本图书馆CIP数据核字(2016)第325045号

出版发行／北京理工大学出版社有限责任公司

社　　址／北京市海淀区中关村南大街5号

邮　　编／100081

电　　话／(010)68914775(总编室)

(010)82562903(教材售后服务热线)

(010)68948351(其他图书服务热线)

网　　址／http://www.bitpress.com.cn

经　　销／全国各地新华书店

印　　刷／北京紫瑞利印刷有限公司

开　　本／787毫米×1092毫米　1/16

印　　张／17.5

字　　数／425千字

版　　次／2017年4月第1版　2017年4月第1次印刷

定　　价／65.00元

责任编辑／钟　博

文案编辑／钟　博

责任校对／周瑞红

责任印制／边心超

图书出现印装质量问题，请拨打售后服务热线，本社负责调换

前　言

《建筑工程项目管理》共分为10个项目，分别是建筑工程项目管理文件的编制、建筑工程招投标与合同管理、建筑工程施工质量管理、建筑工程施工进度管理、建筑工程施工成本管理、建筑工程职业健康安全与环境管理、建筑工程项目信息管理、建筑工程项目沟通管理、建筑工程项目风险管理、建筑工程项目资料管理等。

本教材建议根据不同的教学内容，有针对性地采取项目化教学模式组织实施。在教学实施过程中，本书改变传统的以教师讲授为中心的教学观念，把学生放在学习的主体地位，以实习项目管理案例为载体，采用教师讲授和学生模拟管理相结合的方式，使教师讲授和学生管理交替实施，以体现“教、学、做”一体化的教学特色，使学生的综合能力不断提高。

本教材由尹素花担任主编并统稿，吴艳丽、刘玉、赵连平、苗杰担任副主编，另外，参与编写的还有袁影辉、张伟、许立江。全书由张现林主审，并提出了许多宝贵意见。其中，项目一、项目二由吴艳丽编写，项目三、项目四、项目五由尹素花编写，项目六由刘玉编写，项目七由赵连平编写，项目九由苗杰编写，项目八、项目十由袁影辉、张伟、许立江编写。在编写过程中，编者得到了广大施工企业同仁们的大力支持与帮助，在此表示感谢。

由于编者水平有限，书中难免有错误和不妥之处，敬请专家同行和广大读者批评指正。

编　者

目录

项目一　建筑工程项目管理文件的编制

学习目标

知识目标　了解建筑工程项目管理文件所包括的内容；理解建筑工程项目管理文件的作用、要求；熟悉建筑工程项目管理文件的编制依据；掌握建筑工程项目管理文件的编制程序。

能力目标　学会在编制过程中收集、积累相关的文件，掌握建筑工程项目管理文件的编制程序，能编制完整的项目管理文件。

项目分析

建筑工程项目管理文件主要包括项目管理规划大纲、项目管理实施规划、施工组织设计大纲三部分。作为指导项目管理工作的纲领性文件，项目管理规划大纲是项目管理工作中具有战略性、全局性和宏观性的指导文件，应对项目管理的目标、内容、组织、资源、方法、程序和控制措施进行确定，项目管理规划大纲应由组织的管理层或组织委托的项目管理单位编制；项目管理实施规划应由项目经理组织编制，大中型项目应单独编制项目管理实施规划，承包人的项目管理实施规划可以用施工组织设计大纲或质量计划代替，但应能够满足项目管理实施规划的要求；施工组织设计大纲是用来指导施工项目全过程各项活动的技术、经济和组织的综合性文件，是施工技术与施工项目管理有机结合的产物，也是工程开工后施工活动能有序、高效、科学合理地进行的保证。

单元一　项目管理规划大纲的编制

项目管理规划大纲是由企业管理层在投标之前编制，作为投标依据，满足招标文件的要求及签订合同要求的文件。由于项目管理规划大纲具有战略性、全局性和宏观性，显示了投标人的技术和管理方案的可行性与先进性，所以有利于投标竞争。因此，其需要依靠企业管理层的智慧与经验，取得充分依据，发挥综合优势进行编制。

一、项目管理规划大纲的作用

(1)项目管理规划大纲对项目管理的全过程进行规划，为全过程的项目管理提出方向和纲领。

(2)项目管理规划大纲是承揽业务、编制投标文件的依据。

(3)项目管理规划大纲是中标后签订合同的依据。

(4)项目管理规划大纲是编制项目管理实施规划的依据。

(5)发包方的建筑工程项目管理规划大纲还对各相关单位的项目管理规划大纲起指导作用。

二、项目管理规划大纲的编制依据

(一)可行性研究报告

在编制项目管理规划大纲前，企业管理层应对招标文件进行分析研究。通过对投标人须知的分析研究，熟悉投标文件、招标程序；通过对技术文件的分析研究，确定招标人的工程要求，界定工程范围；通过对整个招标文件的分析研究，确定工程投标和进行工程施工的总体战略。

在招标文件分析研究中发现的问题和不理解的地方应及早向招标人提出，以求得招标人的答复。这对投标人正确编制项目管理规划大纲和投标文件是非常重要的。

(二)设计文件、标准、规范与有关规定

按照合同条件的规定，招标人应对其所提供的设计文件及有关技术资料的正确性承担责任，但投标人应对它们作基本分析，在一定程度上检查它们的正确性，为编制项目管理规划大纲、投标文件和制定投标策略提供依据。若发现有明显错误，应及时通知投标人。同时，要熟悉项目管理中使用的标准、规范和有关规定。

(三)招标文件及有关合同文件

项目管理规划大纲与招标文件的要求一致，因此，招标文件是编制项目管理规划大纲最重要的依据。在投标过程中，招标人常常会以补充、说明的形式修改、补充招标文件的内容；在标前会议上，招标人也会对投标人提出的招标文件中的问题、对招标文件不理解的地方进行统一解释。在编制项目管理规划大纲时一定要重视这些修改、变更和解释。同时，通过分析有关合同文件的完备性、合法性、单方面约束性和合同风险性，确定投标人总体的合同责任。

(四)相关市场信息与环境信息

相关市场信息主要是指参与项目的投标人的基本情况以及数量，企业与这些投标人在项目上竞争能力的分析比较等；环境信息主要是指对项目的环境调查。

三、项目管理规划大纲的编制程序

(1)明确项目目标。

(2)分析项目的环境和条件。

(3)收集项目的有关资料和信息。

(4)确定项目管理组织模式、结构和职责。

(5)明确项目管理的内容。

(6)编制项目目标计划和资源计划。

(7)汇总整理，报送审批。

四、项目管理规划大纲的编制内容

在土木工程中，项目管理规划大纲应由项目管理层依据招标文件及发包人对招标文件的解释、企业管理层对招标文件的分析研究结果、工程现场情况、发包人提供的信息和资

料、有关市场信息，以及企业法定代表人的投标决策意见编写。项目管理规划大纲的内容主要包括项目概况、项目实施条件分析、项目投标活动及签订合同的策略、项目管理目标、项目组织结构及其职责、质量目标和施工方案、工期目标和施工总进度计划、成本目标及管理措施、项目风险预测和安全目标及措施、项目现场管理和施工平面图、投标和签订施工合同、文明施工及保护环境。

(1)项目概况。包括项目产品的构成、基础特征、结构特征、建筑装饰特征、使用功能、建设规模、投资规模、建设意义等。

(2)项目实施条件分析。包括合同条件，现场条件，法规条件及相关市场、自然和社会条件等的分析。

(3)项目投标活动及签订合同的策略。

(4)项目管理目标。包括质量、成本、工期和安全的总目标及其分解的子目标，施工合同要求的目标，承包人自己对项目的规划目标。

(5)项目组织结构及其职责。

(6)质量目标和施工方案。包括招标文件(或发包人)要求的质量目标及其分解目标、保证质量目标实现的主要技术组织措施；重点单位工程或重点分部工程的施工方案，包括工程施工的程序和流向，拟采用的施工方法、主要施工机械、新技术和新工艺，劳动的组织与管理措施。

(7)工期目标和施工总进度计划。包括招标文件(或发包人)的总工期目标及其分解目标、主要的里程碑事件及主要施工活动的进度计划安排、施工进度计划表、保证进度目标实现的措施。

(8)成本目标及管理措施。包括总成本目标和总造价目标、主要成本项目及成本目标分解、人工及主要材料用量、保证成本目标实现的技术措施。

(9)项目风险预测和安全目标及措施。包括根据工程的实际情况对施工项目的主要风险因素作出的预测、相应的对策措施、风险管理的主要原则、安全责任目标、施工过程中的不安全因素、安全技术组织措施；专业性较强的施工项目，应当编制安全施工组织设计，并采取安全技术措施。

(10)项目现场管理和施工平面图。包括项目现场管理目标和管理原则、项目现场管理主要技术组织措施；承包人对施工现场安全、卫生、文明施工、环境保护、建设公害治理、施工用地和平面布置方案等的规划安排，施工现场平面特点，施工现场平面布置原则，施工平面图及其说明。

(11)投标和签订施工合同。包括投标和签订合同总体策略、工作原则、投标小组组成、签订合同谈判组成员、谈判安排、投标和签订施工合同的总体计划安排。

(12)文明施工及保护环境。主要根据招标文件的要求、现场的具体情况，考虑企业的可能性和竞争的需要，对发包人作出现场文明施工及环境保护方面的承诺。

单元二　项目管理实施规划的编制

项目管理实施规划是在开工之前由施工项目经理主持编制的，指导施工项目实施阶段管理的文件。

一、项目管理实施规划的编制要求

(1)项目管理实施规划必须由项目经理组织项目经理部在工程开工之前编制完成。

(2)项目管理实施规划应反映从获得招标文件到签订合同、项目实施启动过程中经营战略、策略等的变化。对项目管理规划大纲有重大的或原则性的修改时，应报请企业批准。

(3)为了满足项目实施的需求，应尽量细化，尽可能利用图表表示。

二、项目管理实施规划的性质

项目管理实施规划应以项目管理规划大纲的总体构想和决策意图为指导，具体规定各项管理业务的要求和方法。其是项目管理人员的行为指南和项目管理规划大纲的细化，应具有操作性，并由项目经理组织编制。

三、项目管理实施规划的作用

(1)执行并细化项目管理规划大纲。

(2)指导项目的过程管理。

(3)将项目管理目标责任书落实到项目经理部，形成规划性文件。

(4)为项目经理指导项目管理提供依据。

(5)是项目管理的重要档案资料，为后续工程提供参考。

四、项目管理实施规划的编制依据

(1)项目管理规划大纲。

(2)项目管理目标责任书。

(3)施工合同。

(4)同类项目的相关资料。

五、项目管理实施规划的编制内容

(一)工程概况

工程概况包括下列内容：

(1)工程特点。

(2)建设地点及环境特征。

(3)施工条件。

(4)项目管理特点及总体要求。

(二)施工部署

施工部署包括下列内容：

(1)项目的质量、进度成本及安全目标。

(2)拟投入的最高人数和平均人数。

(3)分包计划、劳动力使用计划、材料供应计划、机械设备供应计划。

(4)施工程序。

(5)项目管理总体安排。

(三)施工方案

施工方案包括下列内容：

(1)施工流向和施工顺序。

(2)施工阶段划分。

(3)施工方法和施工机械选择。

(4)安全施工设计。

(5)环境保护内容及方法。

(四)施工进度计划

1. 施工总进度计划

施工总进度计划应依据施工合同、施工进度目标、工期定额、有关技术经济资料、施工部署与主要工程施工方案等进行编制。其内容包括编制说明，施工总进度计划表，分期分批施工工程的开工日期、完工日期及工期一览表，资源需要量及供应平衡表等。

2. 单位工程施工进度计划

单位工程施工进度计划的编制依据包括项目管理目标责任书、施工总进度计划、施工方案、主要材料和设备的供应能力、施工人员的技术素质及劳动效率、施工现场条件、气候及环境条件、已建成的同类工程实际进度及经济指标。单位工程施工进度计划的内容包括编制说明、进度计划图、单位工程施工进度计划的风险分析及控制措施。

(五)资源需求计划

资源需求计划包括下列内容：

(1)劳动力需求计划。

(2)主要材料和周转材料需求计划。

(3)机械设备需求计划。

(4)预制品订货和需求计划。

(5)大型工具、器具需求计划。

(六)施工准备工作计划

施工准备工作计划包括下列内容：

(1)施工准备工作组织及时间安排。

(2)技术准备及编制质量计划。

(3)施工现场准备。

(4)物资准备。

(5)资金准备。

(6)作业队伍和管理人员的准备。

(七)施工平面图

施工平面图包括下列内容：

(1)施工平面图说明。

(2)施工平面图应按现行制图标准和制度要求进行绘制。

(3)施工平面图管理计划。

(八)施工技术组织措施计划

施工技术组织措施计划包括下列内容：

(1)保证进度目标的措施。

(2)保证质量目标的措施。

(3)保证安全目标的措施。

(4)保证成本目标的措施。

(5)保证季节施工的措施。

(6)保证环境的措施。

(7)保证文明施工的措施。

各项措施应包括技术措施、组织措施、经济措施及合同措施。

(九)项目风险管理规划

项目风险管理规划包括以下内容：

(1)风险因素识别一览表。

(2)风险可能出现的概率和损失值估计。

(3)风险管理重点。

(4)风险防范对策。

(5)风险管理责任。

(十)项目信息管理规划

项目信息管理规划包括下列内容：

(1)与项目组织相适应的信息流通系统。

(2)信息中心的建立规划。

(3)项目管理软件的选择与使用规划。

(4)信息管理实施规划。

(十一)技术经济指标的计算与分析

技术经济指标的计算与分析包括下列内容：

(1)规划的指标。

(2)规划指标水平高低的分析和评价。

(3)实施难点和对策。

六、项目管理实施规划的管理

(1)项目管理实施规划应经会审后，由项目经理签字并报企业主管领导人审批。

(2)监理机构对项目管理实施规划应按专业和子项目进行交底，落实各自责任。

(3)监理机构对项目管理实施规划有异议时，经协商后可由项目经理主持修改。

(4)执行项目管理实施规划过程中应进行检查和调整。

(5)项目管理结束后，必须对项目管理实施规划的编制、执行的经验和问题进行总结分析，并归档保存。

单元三　施工组织设计大纲的编制

一、施工组织设计的类型

施工组织设计是以施工项目为对象编制的，用以指导其施工全过程各项施工活动的技术、经济、组织、协调和控制的综合性文件。根据施工项目类型的不同，其可分为施工组织设计大纲、施工组织总设计、单项(位)工程施工组织设计和分部(项)工程施工组织设计。

(一)施工组织设计大纲

施工组织设计大纲是以一个投标工程项目为对象进行编制，用以指导其投标全过程各项实施活动的技术、经济、组织、协调和控制的综合性文件。它是编制工程项目投标书的依据，目的是中标。其主要内容包括：建设项目概况、施工目标、施工组织和施工方案、施工进度、施工质量、施工成本、施工安全、施工环保和施工平面等计划，以及其施工风险防范。它是编制施工组织总设计的依据。

(二)施工组织总设计

施工组织总设计是以一个建设项目为对象进行编制，用以指导其建设全过程各项全局性施工活动的技术、经济、组织、协调和控制的综合性文件。它是经过招投标确定了总承包单位之后，在总承包单位总工程师的主持下，同建设单位、设计单位和分包单位的相应工程师共同编制的。其主要内容包括：建设项目概况、施工总目标、施工组织、施工部署和施工方案、施工准备工作、施工总进度、施工总质量、施工总成本、施工总安全、施工总资源、施工总环保和施工总设施等计划，以及施工总风险防范、施工总平面和主要技术经济指标。它是编制单项(位)工程施工组织设计的依据。

(三)单项(位)工程施工组织设计

单项(位)工程施工组织设计是以一个单项或其一个单位工程为对象进行编制，用以指导其施工全过程各项施工活动的技术、经济、组织、协调和控制的综合性文件。它是在签订相应工程施工合同之后，在项目经理的组织下，由项目工程师负责编制的。其主要内容包括：工程概况、施工组织和施工方案、施工准备工作、施工进度、施工质量、施工成本、施工安全、施工资源、施工环保和施工设施等计划，以及施工风险防范、施工平面布置和主要技术经济指标。它是编制分部(项)工程施工组织设计的依据。

(四)分部(项)工程施工组织设计

分部(项)工程施工组织设计是一个分部工程或一个分项工程为对象进行编制，用以指导其各项作业活动的技术、经济、组织、协调和控制的综合性文件。它是在编制单项(位)工程施工组织设计的同时，由项目主管技术人员负责编制，作为该项目专业工程具体实施的依据。其主要内容包括：施工方案、各施工工序的进度计划及质量保证措施。它是直接指导专业工程现场施工和编制月、旬作业计划的依据。

对于一些大型工业厂房或公共建筑物，在编制单项(位)工程施工组织设计之后，常需编制某些主要分部(项)工程施工组织设计，如土建中复杂的地基基础工程、钢结构或预制构件的吊装工程、高级装修工程等。

二、施工组织设计的编制原则

(1)认真贯彻国家工程建设的法律、法规、规程、方针和政策。

(2)严格执行工程建设程序，坚持合理的施工程序、施工顺序和施工工艺。

(3)采用现代建筑管理原理、流水施工方法和网络计划技术，组织有节奏、均衡和连续的施工。

(4)优先选用先进的施工技术，科学地确定施工方案；认真编制各项实施计划，严格控制工程质量、工程进度和工程成本，并保证施工安全。

(5)充分利用施工机械和设备，提高施工的机械化、自动化程度，改善劳动条件，提高生产率。

(6)扩大预制装配范围，提高建筑工业化程度；科学安排冬、雨期施工，保证全年施工的均衡性和连续性。

(7)坚持"安全第一，预防为主"原则，确保安全生产和文明施工；认真做好生态环境和历史文物保护，严防建筑振动、噪声、粉尘和垃圾污染。

(8)尽可能利用永久性设施和组装式施工设施，努力减少施工设施建造量；科学地规划施工平面，减少施工用地。

(9)优化现场物资储存量，合理确定物资储存方式，尽量减少库存量和物资损耗。

三、施工组织设计大纲的编制依据

(1)项目招标文件及其解释资料。

(2)发包人提供的工程信息和资料。

(3)招标工程现场及其空间状况。

(4)有关该项目的投标竞争信息。

(5)对该项投标文件及信息的分析。

(6)投标企业决策层的投标决策意见。

四、施工组织设计大纲的编制内容

(一)项目概况

1. 项目构成状况

项目构成状况包括：项目名称、性质和建造地点，占地面积和建设规模，生产工艺流程及其特点，建筑安装工作量和设备安装吨数，以及每个单项工程的建筑面积、建筑层数、建筑体积和结构类型。

2. 项目建设、设计和监理单位

项目建设、设计和监理单位包括：建设、勘察和设计单位名称和概况，以及建设单位委托的建设监理单位名称和项目监理班子的组织状况。

3. 建设地区的自然条件状况

建设地区的自然条件状况包括：工程地形、工程地质、工程水文地质和气象等及其变

化状况，以及地震级别及其危害程度。

4. 建设地区的技术经济状况

建设地区的技术经济状况包括：地方建材生产企业及其产品供应状况，主要建筑材料及其产品质量状况，地方供水、供电、供热和电信服务能力，地方交通运输及其服务能力，以及社会劳动力和生活服务设施状况。

5. 项目施工条件

项目施工条件包括：主要材料、特殊材料和设备供应条件，施工图纸供应阶段划分和时间安排，以及提供施工现场的标准和时间安排。

(二)项目施工目标

根据工程发包单位的要求目标，经过综合工程信息和条件研究，确定施工目标。该目标必须满足或高于要求的目标，并作为编制施工进度、质量和成本计划的相应控制目标。项目施工目标包括：施工控制总工期、总成本和总质量等级，以及每个单项工程的控制工期、控制成本和控制质量等级，并以表格形式列出。

(三)项目管理组织

1. 确定管理目标

根据施工目标要求，确定管理目标，设立项目管理机构。

2. 确定管理工作内容

管理工作的内容按进度控制、质量控制、成本控制、合同管理、信息管理和组织协调六部分划分，作为确定项目组织机构的依据。

3. 确定管理组织机构

(1)确定组织机构形式。根据工程规模、性质和复杂程度，确定工程管理组织机构形式，如直线式、职能式、直线职能式或矩阵式组织形式。

(2)确定合理的管理层次。根据工程规模和组织机构形式，确定合理的管理层次，一般包括决策层、管理层和作业层。

(3)制定岗位职责。组织内部岗位职务、职责和权利必须明确，责、权必须一致。

(4)选派管理人员。按照岗位职责需要，选派管理人员，组成精炼高效的项目管理班子。

4. 制定管理工作流程和考核标准

为了提高组织效率，要按照工程管理的客观性规律，制定管理工作的程序、制度及相应的考核标准。

(四)项目施工部署

1. 科学地划分施工开竣工系统

通常施工项目都是由若干个相对独立的投产或交付使用的子系统组成的，为明确施工项目分期分批投产或交付使用的施工阶段界线，必须科学地划分独立的施工开竣工系统。

2. 合理地确定单项工程开竣工时间

按照每个独立的施工开竣工系统和与其相关辅助工程完成期限要求，必须合理地确定每个单项工程的开竣工时间，保证先后投产或交付使用的独立的施工系统都能够正常运行。

3. 安排好全场性施工设施

全场性施工设施直接影响项目施工的经济效果，必须优先安排好。它包括现场供水、供电、通信、供热等各项生产性和生活性施工设施。

4. 主要施工方案

根据施工图纸、合同和施工部署的要求，分别选择主要的施工方案。它包括确定施工起点流向、施工程序、施工顺序和施工方法。

（五）项目施工进度计划

根据大纲编制对象的工程类型的不同，可分别参考施工总进度计划或施工进度计划的有关内容。

（六）项目施工质量计划

根据大纲编制对象的工程类型的不同，可分别参考项目施工总质量计划或施工质量计划的有关内容。

（七）项目施工成本计划

根据大纲编制对象的工程类型的不同，可分别参考施工总成本计划或施工成本计划的有关内容。

（八）项目施工安全计划

根据大纲编制对象的工程类型的不同，可分别参考施工总安全计划或施工安全计划的有关内容。

（九）项目施工环保计划

根据大纲编制对象的工程类型的不同，可分别参考施工总环保计划或施工环保计划的有关内容。

（十）项目施工风险防范

根据大纲编制对象的工程类型的不同，可分别参考施工风险总防范或施工风险防范的有关内容。

（十一）项目施工平面布置

根据大纲编制对象的工程类型的不同，可分别参考施工总平面布置或施工平面布置的有关内容。

项目案例

项目管理规划大纲案例

一、项目概况

本工程是集现代化管理和先进技术装备于一体的智能型建筑，位于省府所在地。本工程为大底盘上部三塔楼，即一个主塔及两个副塔。室内地面标高为±0.000(相当于绝对标高46.2 m)，室内外高差为0.9～1.7 m，主塔地下三层，地上四十层，四十层顶板标高为148.600 m；副塔地下三层，地上三十五层，三十五层顶板标高为129.150 m；裙房地下三层，地上八层，八层顶板标高为39.300 m，主塔出屋面两层，高度为10.2 m，副塔出屋面一层，高度为4.8 m；地下三层、二层层高为5.1 m，地下一层层高为3.9 m，一层层高为6.0 m，二层层高为5.4 m，三、四、五层层高为4.5 m，六层层高为6.0 m，七层、八层层高为4.2 m，九层开始为标准层，层高为3.6 m，其余标准层分别为：主楼层高为3.4 m，副楼层高为3.35 m，副楼标准层周边外挑2.6 m。

本工程采用框架-核心筒结构，核心筒的外墙与外框柱间的间距不超过10 m，柱网及核心筒内墙体布置均匀对称，楼盖整体性好。主塔和副塔均属于A级钢筋混凝土高层建筑。本工程抗震等级：标高42.900 m以下为一级，以上部分中主塔为一级，副塔为二级。本工程混凝土强度等级采用C15～C100，C15用于地下室混凝土垫层，C20用于地下室底板防水保护层，C30用于36层以上柱与筒体及所用梁板，C90、C100用于地下二层～十四层钢管混凝土叠合柱钢管内，其余用于柱与筒体。底板采用C30、C40混凝土，抗渗等级为0.8 MPa，后浇带采用C40P8混凝土浇筑。

二、项目管理目标

(一)质量目标

分部分项工程合格率为100%，工程质量合格，确保市级优质工程，争创省级优质工程。

(二)工期目标

将工期控制在1 080天内。

(三)成本目标

严格按合同价控制成本，将竣工决算增量控制在+10%内。

(四)安全目标

杜绝安全隐患，重大事故为零。

三、项目管理组织机构

(一)组织机构(略)

(二)岗位职责

1. 项目经理、项目副经理(略)

2. 施工员(土建、水暖、电气)(略)

3. 质量员(略)

4. 安全员(略)

5. 资料员(略)

6. 预算员(略)

四、项目建设时间安排(略)

五、设计变更管理办法(并附工程变更签证样表)(略)

六、招标与合同管理(略)

七、现场工作奖惩条例(略)

八、图纸会审流程(略)

九、施工期间项目部控制性工作安排

(一)施工测量放线

(二)第一次工地会议

(三)其他控制性工作

十、工程质量控制办法

(一)工程质量的事前控制

(二)工程质量的事中控制

(三)工程质量的事后控制(质量问题和质量事故处理)

十一、工程例会(履约各方沟通情况，交流信息，协调处理，研究解决合同履行中存在的各方面问题的例行工程会议)

十二、专题工地会议(为了解决专门的问题而召开的会议)

十三、项目部资料的管理

1. 合同文件

(1)招投标文件。

(2)建设工程施工合同、分包合同，各类订货合同以及相关合同等。

2. 设计及监理文件

(1)施工图纸。

(2)工程地质勘查报告。

(3)测量基础资料。

(4)项目监理部编制的总控制计划等其他资料。

(5)设计变更、洽商记录。

(6)审图汇总资料。

(7)设计交底记录、纪要。

(8)设计变更、洽商记录。

(9)监理月报(在监理合同中约定或由监理公司完成)。

(10)会议纪要。

3. 施工组织设计(施工方案)

(1)施工组织设计(总体设计或分阶段设计)。

(2)分部施工方案。

(3)季节性施工方案。

(4)其他专项施工方案等。

4. 分包资质

(1)分包单位资质资料。

(2)合格供货单位资质资料。

(3)见证试验室等单位的资质资料等(根据实际需要而定)。

5. 进度控制资料

(1)工程开工报审表(含必要的附件)。

(2)年、季、月进度计划。

(3)月工、料、机动态表。

(4)停工、复工资料。

6. 质量控制资料

(1)各类工程材料、构配件、设备报验。

(2)施工测量放线报验。

(3)施工试验报验。

(4)分项(检验批)、分部工程质量报验与认可。
(5)不合格工程项目通知。
(6)质量事故报告及处理等资料。
7. 成本控制
(1)概预算或工程量清单。
(2)工程量报审与签认。
(3)预付款报审与支付证书。
(4)月付款报审与支付证书。
(5)设计变更、洽商费用报审与签认。
(6)月付款汇总表。
(7)工程竣工结算等。
8. 整改通知
(1)有关进度控制的整改通知。
(2)有关质量控制的整改通知。
(3)有关造价控制的整改通知。
(4)有关安全控制的整改通知。
9. 合同其他事项管理
(1)工程延期报告、审批等资料。
(2)费用索赔报告、审批等资料。
(3)合同争议、违约报告、处理资料。
(4)合同变更资料等。
10. 工程验收资料
(1)工程基础、主体结构等中间验收资料。
(2)设备安装专项验收资料。
(3)竣工验收资料。
(4)竣工移交证书等。
(5)其他往来函件。
(6)工程管理台账及施工管理日记。
(7)工作总结(专题、阶段和竣工总结和报告等)。

项目小结

建筑工程项目管理文件作为建筑工程项目管理的主要内容之一，是时代的要求。因此，正确理解项目管理文件的内容，明确其作用，掌握项目管理规划大纲，项目管理实施规划，施工组织设计大纲的编制人员、编制时间及作用是管理者的工作内容之一。

明确建筑工程项目管理文件的编制程序，掌握建筑工程项目管理文件的编制方法，是建筑工程项目管理文件编制的核心。

项目习题

1. 单项(位)工程施工组织设计的核心内容是(　　)。

A. 工程概况　　B. 施工部署　　C. 施工方案　　D. 施工进度计划表

2. 在单项(位)工程施工组织设计中，分部分项工程施工方案的主要内容不包括(　　)。

A. 确定施工顺序　　B. 确定施工方法　　C. 布置运输机械　　D. 选择施工机械

3. 在单项(位)工程施工组织设计中，平面布置图表达的内容不包括(　　)。

A. 临时设施　　B. 施工方案　　C. 搅拌站　　D. 施工道路

项目二　建筑工程招投标与合同管理

学习目标

知识目标　了解建筑工程招投标的工作流程、招投标文件的组成、索赔报告的内容；掌握建筑工程施工招标的程序和要求；掌握建筑工程施工投标的程序和要求。掌握建筑工程施工合同的概念、特点，建设工程施工合同通用条款的主要内容，建设主体各方对建设工程施工合同的管理；熟悉订立合同的条件和程序及注意事项。

能力目标　能够有效地将所学理论、技术和方法应用于招标、投标工作过程中，具备独立编制主要专业施工招投标文件的能力。能够有效地将所学理论、技术和方法应用于分析、解决建筑工程合同订立、履行过程中合同管理主要问题及相关问题，具备独立编制主要专业合同文件的能力。

项目分析

建筑工程招投标是合同的形成阶段，对合同的整个生命周期有重要的影响。从有利于项目管理目标实现的角度出发，本项目探讨了业主和承包商在招投标阶段的主要工作流程和注意事项，以及有关索赔的一些基本概念。在整个项目管理中，索赔是高层次、综合性的管理工作，不仅能追回损失，而且能防止损失的发生，还能够极大地提高合同管理、项目管理和企业管理的水平。建筑工程合同作为经济合同的一种，是发包单位和承包单位为完成工程建设项目的目标以及相关的具体内容，明确相互权利与义务的协议，合理分摊承发包双方的责任风险。加强建筑工程合同管理，规范、完善工程合同，有利于在工程建设中，作好建筑工程的质量、进度、投资三大控制。

单元一　建筑工程招标文件的编制

一、建筑工程招标的条件

建筑工程施工招标应具备的条件包括：招标人已经依法成立；初步设计及概算应当履行审批手续的，已经批准；招标范围、招标方式和招标组织形式等应当履行核准手续的，已经核准；有相应资金或资金来源已经落实；有招标所需的设计图纸及技术资料。这些条件和要求，一方面是从法律上保证了项目和项目法人的合法化；另一方面从技术和经济上为项目的顺利实施提供了支持和保障。

二、建筑招标项目的确定

从理论上讲，在市场经济条件下，建筑工程项目是否采用招投标的方式确定承包人、采用何种方式进行招标，业主有着完全的决定权。但是为了保证公共利益，各国的法律都规定了政府资金投资的公共项目(包括部分投资的项目或全部投资的项目)，涉及公共利益的其他资金投资项目，投资额在一定额度之上时，要采用招投标方式进行，对此我国也有详细的规定。

(一)建筑工程项目招标范围

按照《中华人民共和国招标投标法》(以下简称《招标投标法》)，在中华人民共和国境内进行下列建筑工程项目(包括项目的勘察、设计、施工、监理以及与工程建筑有关的重要设备、材料等的采购)，必须进行招标：

(1)大型基础设施、公用事业等关系社会公共利益、公众安全的项目。

(2)全部或者部分使用国有资金投资或者国家融资的项目。

(3)使用国际组织或者外国政府资金的项目。

(二)建筑工程项目招标规模标准

《工程建设项目招标范围和规模标准规定》规定的各类建筑工程项目，包括项目的勘察、设计、施工、监理以及与工程建设有关的重要设备、材料等的采购，达到下列标准之一的，必须进行招标：

(1)施工单项合同估算价在200万元人民币以上。

(2)重要设备、材料等货物的采购，单项合同估算价在100万元人民币以上。

(3)勘察、设计、监理等服务的采购，单项合同估算价在50万元人民币以上。

(4)单项合同估算价低于第(1)、(2)、(3)项规定的标准，但项目投资总额在3 000万元人民币以上。

三、建筑工程招标的条件

(一)建筑工程项目招标的条件

(1)建筑工程项目已经列入政府的年度固定资产投资计划。

(2)建筑工程项目已向建设工程招投标管理机构办理报建登记。

(3)建筑工程项目有批准的概算、建设资金已经落实。

(4)建筑占地使用权依法确定。

(5)招标文件已经过审批。

(6)其他条件。建筑工程招标的内容不同，招标条件有相应的变化和各自的特点。

(二)建筑工程项目招标人的条件

(1)建筑工程项目招标人应具有法人资格或是依法成立的其他经济组织。

(2)建筑工程项目招标人应具有与招标工作相应的经济、技术、管理人员。

(3)建筑工程项目招标人应具有组织编写招标文件、审查投标单位资质的能力。

(4)建筑工程项目招标人应熟悉和掌握招投标法及有关法律和规章制度。

(5)建筑工程项目招标人应有组织开标、评标、定标的能力。

四、招投标活动的基本原则

(一)公开原则

招投标活动的公开原则，首先要求进行招标活动的信息要公开。采用公开招标方式，应当发布招标公告。依法必须进行招标的项目在发布招标公告时，必须到国家指定的报刊、信息网络或者其他公共媒介上发布。无论是招标公告还是投标邀请书，都应当载明能大体满足潜在投标人决定是否参加投标竞争所需要的信息。另外，开标的程序、评标的标准和程序、中标的结果等都应当公开。

(二)公平原则

招投标活动的公平原则，要求招标人严格按照规定的条件和程序办事，平等地对待每一个投标竞争者，不能对不同的投标竞争者采用不同的标准。招标人不得以任何方式限制或者排斥本地区、本系统以外的法人或者其他组织参加投标。

(三)公正原则

在招投标活动中招标人行为应当公正，对所有的投标竞争者都应公正对待，不能有特殊。特别是在评标时，评标标准应当明确、严格，对所有在投标截止日期以后送到的投标书都应拒收，与投标人有利害关系的人员都不得作为评标委员会的成员。招标人和投标人双方在招投标活动中地位平等，任何一方都不能向另一方提不合理的要求，不能将自己的意志强加给对方。

(四)诚实信用原则

诚实信用原则是民事活动的一项原则，招标、投标活动是以订立采购合同为目的的民事活动，也适用这一原则。诚实信用原则要求招标、投标各方应诚实守信，不得有欺骗、背信的行为。

五、建筑工程项目招标方式的确定

《招标投标法》规定，招标可分为公开招标和邀请招标两种方式。

(一)公开招标

公开招标又称为无限竞争性招标，是指招标人以招标公告的方式邀请不特定的法人或者其他组织投标。公开招标，即招标人在指定的报刊、电子网络或其他媒体上发布招标公告，吸引众多的单位参加投标竞争，招标人从中择优选择中标单位的招标方式。

(1)公开招标的优点。公开招标可以广泛地吸引投标人，投标单位的数量不受限制，凡是通过资格预审的单位都可以参加投标；公开招标的透明度高，能赢得投标人的信赖，而且招标单位有较大的选择范围，可在众多的投标单位之间选择报价合理、工期较短、信誉良好的投标单位；公开招标体现了公平竞争，打破了垄断，能促使投标单位努力提高工程质量、缩短工期和降低成本。

(2)公开招标的缺点。公开招标投标单位多，招标单位审查投标人资格及投标文件的工作量大、花费的时间多，而且为准备招标文件也需要支付许多费用。由于参加竞争的投标人多，而投标费用开支大，投标人为避免这种风险，必然将投标的费用反映到标价上，最终还是由建设单位负担。公开招标也存在着一些其他的不利因素。例如，一些不诚实、信誉又不好的投标单位为了“抢标”，往往采用故意压低报价的手段以挤掉信誉好、技术先进而报价较高的投标单位。另外，从招标实践来看，公开招标中出现串通投标的情况并不少见。

(二)邀请招标

邀请招标也称有限竞争性招标，是指招标人以投标邀请书的方式邀请特定的法人或者其他组织投标。邀请招标，即由招标人根据承包者的资信和业绩，选择一定数目的法人或其他组织，向其发出投标邀请书，邀请他们参加投标竞争。

为了保护公共利益，避免邀请招标方式被滥用，各个国家和世界银行等金融组织都有相关规定；按规定应该招标的建设工程项目，一般应采用公开招标方式，如果要采用邀请招标方式，需经过相关单位批准。

对于有些特殊项目，采用邀请招标方式确实更加有利。根据我国的有关规定，有下列情形之一的，经批准可以进行邀请招标：

(1)项目技术复杂或有特殊要求，只有少量几家潜在投标人可供选择的。

(2)受自然地域环境限制的。

(3)涉及国家安全、国家秘密或者抢险救灾，适宜招标但不宜公开招标的。

(4)拟公开招标的费用与项目的价值相比，会发生亏损的。

(5)法律、法规规定不宜公开招标的。

招标人采用邀请招标方式，应当向三个以上具备承担招标项目的能力、资信良好的特定法人或者其他组织发出投标邀请书。

(三)公开招标与邀请招标的主要区别

(1)发布信息的方式不同。公开招标通过招标公告发布信息；邀请招标通过投标邀请书发布信息。

(2)竞争强弱的不同。公开招标竞争性极强；邀请招标竞争性较弱。

(3)时间和费用的不同。公开招标用时长、费用高；邀请招标用时较短、费用较低。

(4)公开程度的不同。公开招标透明度高；邀请招标的公开程度相对较低。

(5)招标程序的不同。公开招标进行资格预审；邀请招标不进行资格预审。

(6)适用条件的不同。邀请招标一般用于工程规模不大或专业性较强的工程。

六、建筑工程招标的程序

(一)施工招标文件

1. 施工招标文件的内容

招标文件是投标人编制投标书的依据，应参照“招标文件范本”编写招标文件。招标文件内容包括：投标须知(包括前附表、总则、投标文件的编制与递交、开标与评标、授予合同等)、合同条件、合同格式(包括合同协议书格式、银行履约保函格式)、技术规范、图纸和技术资料、投标文件格式，采用工程量清单的应提供工程量清单。

2. 施工招标文件的编制要求

招标文件是编制投标文件的重要依据，其不仅是评标的依据，也是签订承发包合同的基础和双方履约的依据。招标文件包括下列内容：

(1)投标人必须遵守的规定、要求、评标标准和程序。

(2)投标文件中必须按规定填报的各种文件、资料格式，也包括投标书格式、资格审查表、工程量清单、投标保函格式及其他补充资料表等。

(3)中标人应办理文件的格式，如合同协议书格式、履约保函格式、动员预付款保函格式等。

(4)招标人所提出的构成合同的实质性内容。

(二)招标控制价

1. 招标控制价的概念及要求

招标控制价是根据国家或省级、行业建设主管部门颁发的有关计价依据和办法，按设计施工图纸计算的对招标工程限定的最高工程造价，也可称其为拦标价、预算控制价或最高报价等。

招标控制价应符合以下要求：

(1)国有资金投资的工程建设项目应实行工程量清单招标，并应编制招标控制价。这是因为：根据《招标投标法》的规定，国有资金投资的工程进行招标，招标人可以设招标控制价(标底)。当招标人不设招标控制价(标底)时，为有利于客观、合理地评审投标报价和避免哄抬标价，造成国有资产流失，招标人应编制招标控制价作为招标人能接受的最高交易价格。

(2)招标控制价超过批准的概算时，招标人应将其报原概算审批部门审核。这是由于我国对国有资金投资项目的投资控制实行的是投资概算审批制度，国有资金在投资的工程原则上不能超过批准的投资概算。

(3)投标人的投标报价高于招标控制价时，其投标应予以拒绝。

(4)招标控制价应由具有编制能力的招标人编制或受其委托，由具有相应资质的工程造价咨询人编制。

(5)招标控制价应在招标文件中公布，不应上调或下浮，招标人应将招标控制价及有关资料报送工程所在地工程造价管理机构备查。

(6)投标人经复核认为招标人公布的招标控制价未按照《建设工程工程量清单计价规范》(GB 50500—2013)的规定进行编制时，应在开标前5日向招投标监督机构或(和)工程造价管理机构投诉。

2. 招标控制价的计价依据

(1)《建设工程工程量清单计价规范》(GB 50500—2013)。

(2)国家或省级行业建设主管部门颁发的计价定额和计价方法。

(3)建设工程设计文件及相关资料。

(4)招标文件中的工程量清单及有关要求。

(5)与建设项目相关的标准、规范、技术资料。

(6)工程造价管理机构发布的工程造价信息，工程造价信息没有发布的参照市场价。

(7)其他的相关资料。

3. 招标控制价的编制内容

招标控制价的编制内容包括分部分项工程费、措施项目费、其他项目费、规费和税金。各个部分都有不同的计价要求。

(1)分部分项工程费的编制要求。分部分项工程费应根据招标文件中的分部分项工程量清单及有关要求，按照《建设工程工程量清单计价规范》(GB 50500—2013)的有关规定确定综合单价计价。这里所说的综合单价，是指完成一个规定计量单位的分部分项工程量清单项目(或措施清单项目)所需的人工费、材料费、施工机械使用费和企业管理费与利润，以及一定范围内的风险费用。

(2)措施项目费的编制要求。措施项目费中的安全文明施工费应当按照国家或省级、行业建设主管部门的规定标准计价。

措施项目应按照招标文件中提供的措施项目清单确定，措施项目采用分部分项工程综合计价的形式进行计价的工程量，应按照措施项目清单中的工程量，并按与分部分项工程工程量清单单价相同的方式确定综合单价；以“项”为单位的方式计价，依据有关规定按综合价格计算。其包括除规费、税金以外的全部费用。

(3)其他项目费的编制要求。

1)暂列金额。暂列金额可根据工程的复杂程度、设计深度、工程环境条件(包括地质、气候条件等)进行估算，一般可以分部分项工程费的10%～15%为参考。

2)暂估价。暂估价中的材料单价应按照工程造价管理机构发布的工程造价信息中的材料单价计算，工程造价管理信息为发布的材料单价，其单价应参考市场价格估算；暂估价中的专用工程暂估价应分不同专业，按有关计价规定估算。

3)计日工。在编制招标控制价时，对计日工中的工人单价和施工机械台班单价应按省级行业建设主管部门或其授权的工程造价管理机构公布的单价计算；材料应按照工程造价管理机构发布的工程造价信息中的材料单价计算。

4)总承包服务费。总承包服务费应按照省级行业建设主管部门的规定计算。

(4)规费和税金的编制要求。规费和税金必须按照国家或省级行业建设主管部门的规定计算。

(三)建筑工程招标的程序和要求

在现代工程中，工程招标程序已形成十分完备的招标投标程序和标准化的文件。在我国，建设部以及许多地方的建设管理部门都颁发了工程建设施工招标投标管理和合同管理法规，还颁布了招标文件以及各种合同文件范本。

建筑工程施工招标一般都应包括招标准备、招标、决标成交三个主要阶段。

1. 招标准备阶段的主要工作

(1)建设单位向建设行政主管部门提出招标申请。

(2)建设单位组建招标机构。

(3)建设单位确定发包内容、合同类型、招标方式。

(4)建设单位准备招标文件：招标广告、资格预审文件及申请表、招标文件。

(5)建设单位编制招标控制价，报主管部门审批。

2. 发布招标通告或招标邀请

公开招标项目一般在公共媒体上发布招标通告，介绍招标工程的基本情况、资金来源、工程范围、招标投标工作的总体安排和资质预审工作安排。如果采用邀请招标方式，则要广泛调查，以确定拟邀请的对象。

3. 资格预审

资格预审是合同双方的初次互相选择。业主为全面了解投标人的资信、企业各方面的情况以及工程经验，发布规定内容的资格预审文件，投标人按要求填写并提交，由业主作审查。按照诚实信用原则，投标人必须提供真实的资格审查资料。业主必须作出全面审查和综合评价，以确定投标人是否初选合格，并通知合格的投标人。

4. 投标人购买招标文件

只有通过资格预审，投标人才可以购买招标文件。

5. 标前会议和现场考察

标前会议是双方又一次重要的接触。通常在标前会议前，投标人已阅读分析了招标文件，将其中的问题在标前会议上向业主提出，由业主统一解答。会议结束后，招标人应该将会议纪要用书面通知的形式发给每一个投标人。在标前会议期间，业主应带领各个投标人考察现场。为了使投标人及时弄清楚招标文件和现场情况，以利于做标，标前会议和考察现场应在投标截止日期前一段时间进行。

6. 投标人做标和投标

从购得招标文件到投标截止日期，投标人的主要工作就是做标和投标。这是投标人在合同签订前的一项最重要的工作。在这一阶段，投标人完成招标文件分析、现场考察和环境调查，确定实施方案和计划，作工程预算，确定投标策略，并按业主要求的格式、内容做标，按时将投标书送达投标人须知中指定的地点。

7. 投标截止和开标

在招标投标阶段和工程施工中，投标截止期是一个重要的里程碑。

(1)投标人必须在该时间前提交标书，否则投标无效。

(2)投标人的投标从该时间开始正式作为要约文件，如果投标人不履行投标人须知中的规定，业主可以没收其投标保函；而在该时间前，投标人可以撤回、修改投标文件。

(3)国际工程规定，投标人做标是以投标截止期前28天当日(即“基准期”)的法律、汇率、物价状态为依据的。如果基准期之后法律、汇率等发生变化，承包商有权调整合同价格。通常，开标仅是一项事务性工作。一般当众检查各投标书的密封及表面印鉴，剔除不合格的标书，再当场拆开并宣读所有合格的标书标价、工期等指标。

8. 投标文件分析和澄清会议

投标文件分析是业主在签订合同前最重要的工作之一。业主委托咨询工程师对入围的投标书从价格、工期、实施方案、项目组织等各个角度进行全面分析。在市场经济条件下，特别是对专业性比较强的大型工程，这个工作的重要性不言而喻。在投标文件分析中发现的报价问题、施工方案问题、项目组织问题等，业主可以要求投标人澄清。

进入投标文件分析阶段，这个阶段通常有以下工作：

(1)投标文件总体审查。

1)投标书的有效性分析，如印章、授权委托书是否符合要求。

2)投标文件的完整性，即投标文件中是否包括招标文件规定应提交的全部文件，特别是授权委托书、投标保函和各种业主要求提交的文件。

3)投标文件与招标文件一致性的审查。一般招标文件都要求投标人完全按照招标文件的要求投标报价，完全响应招标要求。这里必须分析是否完全报价，有无修改或附带条件。

总体评审确定了投标文件是否合格。如果合格，即可进入报价和技术性评审阶段；如果不合格，则作为废标处理，不作进一步审查。

(2)报价分析。报价分析是通过对各家报价进行数据处理和对比分析，找出其中的问题，对各家报价作出评价，为澄清会议、评标、定标、标后谈判提供依据。

报价分析一般分为以下三步进行：

1)对各报价本身的正确性、完整性、合理性进行分析。通过对各报价进行详细复核、审查，找出存在的问题，例如明显的数字运算错误，单价、数量与合价之间不一致，合同总价累计出现错误等。

2)对各种报价进行对比分析。在市场经济中，如果没有定额，则这项分析极为重要，是整个报价分析的重点。如果标底也做得比较详细，则可以把它也纳入各投标人的报价中一起分析。

3)写出报价分析报告。将上述报价分析的结果进行整理、汇总，对各家报价作出评价，并对议价谈判、合同谈判和签订提出意见和建议。

通过报价分析，将各家报价解剖来分析对比，使决策者一目了然，能够有效地防止决标失误。通过议价谈判，可以使各家报价更低、更合理。

(3)技术性评审。技术性评审主要对施工组织与计划进行审查分析。一般业主都要求投标人在投标书后附有施工方案、施工组织和计划的较详细的说明。它们是报价的依据，同时，又是为完成合同责任所作的详细计划和安排。

9. 评标、决标、发中标函

(1)评标。业主通过澄清会议，可以全面了解各投标人的标书内容，包括报价、方案、组织的细节问题，在此基础上进行评标，作评标报告。其是在对各投标文件分析、澄清会议的基础上，按照预定的评价指标作出的。

(2)决标。按照评标报告的分析结果，根据招标规则规定确定中标单位。现在一般多采用多指标评分的办法，综合考虑价格、工期、实施方案、项目组织等方面因素，分别赋予不同的权重，进行评分，以确定中标单位。

(3)发中标函。对选定的中标单位发出通知，发出中标函是业主的承诺。按照国际惯例，这时合同已正式生效。

单元二　建筑工程投标文件的编制

一、研究招标文件

投标人取得投标资格，获取投标文件之后的首要工作就是仔细阅读招标文件，充分了解其内容和要求，以便有针对性地安排投标工作。投标人应该重点注意以下几个方面的问题：

(1)投标人须知：明确招标工程的详细内容和范围，避免漏报或多报；了解投标文件的组成，避免因提供的资料不全而被作为废标处理；注意招标答疑时间、投标截止时间等重要信息。

(2)投标书附录与合同条件：这是招标文件的重要组成部分，其中可能标明招标人的特殊要求，即投标人在中标后应享受的权利、所需要承担的义务和责任，投标人在报价时需要考虑这些因素。

(3)技术说明：主要研究招标文件中的施工技术说明，熟悉所采用的技术规范，了解技术说明中有无特殊施工技术要求和特殊材料、设备要求，以及有关选择代用材料、设备的规定，以便根据相应的定额和市场确定价格。

(4)永久性工程之外的报价补充文件：不同的业主可能会对承包商提出额外的要求，这些包括：对旧有建筑物设施的拆除，工程师的现场办公室及各项开支、模型、广告、工程照片和会议费用等。如果有，则需要将其费用列入工程总价，以免漏项。

二、进行各项调查研究

投标人应对招标工程的自然、经济和社会条件进行调查，这些都是工程施工的制约因素，必然会影响到工程成本，所以是投标报价之前必须考虑和了解清楚的。

(1)市场宏观经济环境调查：应调查工程所在地的经济状况，包括与投标工程实施有关的法律法规、劳动力和材料的供应情况、设备市场的租赁状况、专业施工单位的经营状况与价格水平。

(2)工程所在地区的环境考察：认真考察施工现场，认真调查具体工程所在地区的环境，包括自然环境、施工环境，譬如地质地貌、气候、交通、水电等的供应和其他资源情况等。

(3)工程业主方和竞争对手公司的调查：主要调查业主项目资金的落实情况、参加竞争的其他公司与工程所在地的工程公司的情况。

三、复核工程量清单

对于单价合同，尽管是以实测工程结算工程价款，但投标人仍然应根据图纸仔细核算工程量。当发现偏差较大时，投标人应向招标人要求澄清。

对于总价合同，更要特别重视，工程量估算的错误可能带来无法弥补的经济损失。因为总价合同是以总报价为基础进行结算的，如果工程量出现差异，可能对施工方极为不利。对于总价合同，如果业主在投标前对争议工程量不予更正，而且其对施工方不利，投标者在投标时应附上申明：工程量表中有错误，施工结算应按照实际完成工程量计算。

承包商在核算工程量时，还要结合招标文件的技术规范明确工程量清单中每一细目的具体内容，以避免出现错误和遗漏。

四、选择施工方案

施工方案是报价的基础和前提，也是招标人评标时要考虑的重要因素之一。有什么样的方案，就有什么样的人工、机械和材料消耗，也就会有相应的报价。因此，必须弄清楚分项工程的内容、工程量、所包含的相关工作、工程进度计划的各项要求、机械设备状态、劳动与组织状况等关键环节，据此制定施工方案。

施工方案应该由投标方的技术负责人主持制定，主要应考虑施工方法、主要施工机具的配置、各工种劳动力的安排及现场施工人员的平衡、施工进度与分批竣工的安排、安全措施等。施工方案的制定应在技术、工期和质量保证等方面对投标人有吸引力，同时，又有利于降低施工成本。

(1)要根据工程的实际情况选择经济合理的施工方法，以便利于工期、成本、进度目标的实现。

(2)根据施工方法选择相应的机具设备的数量和周期，研究确定是采购新设备还是租赁当地设备。

(3)要考虑工程分包计划。估算劳动力消耗量、来源和进场时间安排。根据劳动力消耗量，估算所需要的生活临时设施的数量和标准。

(4)要用概略指标估算主要的和大宗建筑材料的需用量，考虑其来源和分批进场的时间安排，从而尽可能地估算现场用于存储和加工的临时设施，譬如仓库、露天堆放场、加工场或工棚等。

(5)根据现场设备、高峰人数和一切生产和生活方面的需要，估算现场用水、用电量，确定临时供水供电和排水设施；考虑外部和内部材料供应的运输方式，估计运输和交通车辆的需要和来源；考虑其他临时工程的需要和建设方案；提出某些特殊条件下保证正常施工的措施，譬如冬、雨期施工措施以及临时围墙，夜间照明，警卫设施等。

五、投标计算

投标计算是投标人对招标工程施工所发生的各项费用的计算。在进行投标计算时，必须首先根据招标文件复核或计算工程量。作为投标计算的必要条件，应预先确定施工方案和施工进度。另外，投标计算还必须与采用的合同形式相协调。

六、确定投标报价

建筑工程投标报价是投标人对招标工程报出的工程价格，其是投标企业的竞争价格，反映了建筑企业的经营管理水平，体现了企业产品的个别价值。

建筑工程施工项目投标报价是建筑工程施工项目投标工作的重要环节，报价合适与否对投标的成败和将来实施工程的盈亏起着决定性的作用。

(一)建筑工程投标报价的依据

其包括招标文件、施工组织设计、发包人的招标倾向、招标会议记录、风险管理规则、市场价格信息、政府的法律法规及制度、企业定额、竞争态势预测、预期利润。

(二)建筑工程投标报价的组成

投标报价应该是项目投标范围内，投标人完成承包工作所需的总金额。工程招标文件一般都规定，关于投标价格，除合同中另有规定外，具有标价的工程量清单中所报的单价和合价，以及报价汇总表中的价格应包括施工设备、劳务、管理、材料、安装、维护、保险、利润、税金、政策性文件规定及合同保函的所有风险、责任等各项费用，工程量清单中的每一单项均须计算，填写单价和合价，投标单位没有填写单价和合价的项目将不予支付，并认为此项费用已包括在工程量清单的其他单价和合价中。

(三)建筑工程投标报价的原则

(1)建筑工程投标报价按照招标要求的计价方式确定报价内容及各细目的计算深度。

(2)建筑工程投标报价按照经济责任确定报价的费用内容。

(3)建筑工程投标报价充分利用调查资料和市场行情资料。

(4)投标报价计算方法应简明、适用。

(四)建筑工程投标报价的工作程序

建筑工程投标报价的工作程序包括：进行工程项目调查、制定投标策略、复核工程量清单、编制施工组织设计、确定联营或分包询价及计算分项工程直接费、分摊项目费用、编制综合单价分析表、计算投标基础价、进行获胜分析及盈亏分析、提出备选投标报价方案、确定投标报价方案。

(五)建筑工程工程量清单报价的确定方法

投标人应当根据招标文件的要求和招标项目的具体特点，结合市场情况和自身竞争实力自主报价，但不得以低于成本的价格竞标。

投标报价计算是投标人对承揽招标项目所发生的各种费用的计算。其包括分析单价、计算成本、确定利润方针，最后确定标价。在进行标价计算时，必须首先根据招标文件复核或计算工作量，同时，要结合现场勘查情况考虑相应的费用。标价计算必须与采用的合同形式相协调。

按照《建筑工程施工发包与承包计价管理办法》的规定，建筑工程施工发包与承包价在政府宏观调控下，由市场竞争形成。投标报价由成本(直接费和间接费)、利润和税金构成，其编制可以采用工程量清单计价方法。

(1)核实工程量。对工程量清单中的工程量进行计算校核，如有错误或遗漏，应及时通知招标人。

(2)有关费用问题。考虑人工、材料、机械台班的价格变动因素，特别是材料市场，并应计入各种不可预见的费用等。

工程保险费用一般由业主承担，应在招标文件的工程量清单总则中单列；承包人的装备和材料到场后的保险费用，一般由承包人自行承担，应分摊到有关分项工程单价中。

编制标书所需费用包括：现场考察、资料情报收集、标书编制、公关等费用。

各种保证金的费用包括：投标保函、履约保函、预付款保函等。保证金手续费一般占保证金的4%～6%，承包商应事先存在账户上且不计利息。

其他有关要求增加的费用包括：赶工、交通和临时用地费用，二次搬运费，仓库保管费用等。

(3)施工组织设计或施工方案的编制。施工组织设计的编制总原则是高效率、低消耗。其基本原具有连续性、均衡性、协调性和经济性。投标竞争是比技术、比管理的竞争，技术和管理的先进性充分体现在其编制的施工组织设计中，先进的施工组织设计可以达到降低成本、缩短工期、确保工程质量的目的。

(4)确定分部分项工程综合单价，计算合价、规费、税费，形成投标总价。

七、正式投标

投标人按照招标人的要求完成标书的准备与填报之后，就可以向招标人正式提交投标文件。在投标时需要注意以下几个方面。

1. 注意投标的截止日期

投标人所规定的投标截止日期就是提交标书的最后期限。投标人在招标截止日期之前所提交的标书是有效的，超过该日期之后就会被视为无效投标。对在招标文件要求提交投标文件的截止时间之后送达的投标文件，招标人可以拒收。

2. 注意投标文件的完备性

投标人应按照招标文件的要求编制投标文件。投标文件应对招标文件提出的实质性要求和条件作出响应。投标不完备或者没有达到招标人的要求、在招标范围以外提出新的要求，均视为对招标文件的否定，不会被招标人接受。投标人要对自己投出的标负责，一旦中标必须按照投标文件中所阐述的方案来完成工程，这其中包括质量标准、进度和工期计划、报价限额等基本指标以及招标人提出的其他要求。

3. 注意标书的标准

标书的提交有固定的要求。其基本内容包括签章、密封。如果不密封或者密封不满足要求，投标是无效的。投标书还需要按照要求签章，投标书需要盖有投标企业公章及企业法人签名。如果项目所在地与企业距离较远，由当地项目经理组织投标，且需要提交企业法人对投标项目经理的授权委托书。

4. 注意投标的担保

通常投标需要提交投标担保。

单元三　建筑工程索赔及反索赔文件的编制

一、建筑工程索赔的概念

建筑工程索赔通常是指在建设工程合同履行过程中，合同当事人一方因对方不履行或未能正确履行合同或者其他非自身因素而受到经济损失或权利损害，通过合同规定的程序向对方提出经济或时间补偿要求的行为。索赔是一种正当的权利要求，还是合同当事人之间一项正常而且普遍存在的合同管理业务，也是一种以法律和合同为依据的合情合理的行为。

(一)索赔的起因

索赔可能由以下一个或者几个方面的原因引起：

(1)合同对方违约，不履行或者未能完全履行。

(2)合同错误，如合同条文不全、错误、矛盾等，设计图纸、技术规范错误等。

(3)合同变更。

(4)工程环境变化，包括法律、物价和自然条件的变化等。

(5)不可抗力因素，包括恶劣的气候条件、地震、洪水、战争等。

(二)索赔的分类

(1)按索赔目的分类，可以分为工期索赔和费用索赔。工期索赔，一般指承包人向业主或者分包人向承包人要求延长工期；费用索赔，即要求补偿经济损失，调整合同价格。

(2)按索赔事件的性质分类，可以分为工程延期索赔、工程加速索赔、工程终止索赔、不可预见的外部障碍或者条件索赔、不可抗力事件引起的索赔、其他索赔(譬如货币贬值、汇率变化、物价变化、政策法令变化等原因引起的索赔)。

(3)按索赔当事人分类，可以分为业主向承包商的索赔、承包商向业主的索赔、承包商与分包商之间的索赔、承包商与供货商之间的索赔。

（三）反索赔的概念

反索赔就是反驳、反击或者防止对方提出索赔，不让对方索赔成功或者全部成功。一般认为，索赔是双向的，业主和承包商都可以向对方提出反索赔要求，任何一方也可以对对方提出的索赔要求进行反驳和反击，这种反驳或者反击就是反索赔。

（四）索赔成立的条件

1. 构成施工项目索赔条件的事件

索赔事件又称为干扰事件，是指使实际情况和合同规定不符合，最终引起工期和费用发生变化的各类事件。通常，承包商可以提起索赔的事件有以下几项：

(1)发包人违反合同，给承包人造成工期、费用的损失。

(2)工程变更(含设计变更、发包人提出的工程变更、监理工程师提出的工程变更，以及承包人提出的经监理工程师批准的变更)造成的工期、费用损失。

(3)监理工程师对合同文件的歧义解释、技术资料不确切，或不可抗力导致施工条件的改变，造成时间、费用的增加。

(4)发包人提出提前完成项目或缩短工期而造成承包人费用的增加。

(5)发包人延误支付对承包人造成的损失。

(6)对合同规定以外的项目进行检验，且检验合格，或非承包人的原因导致项目缺陷的修复所发生的损失或者费用。

(7)非承包人的原因导致工程暂时停工。

(8)物价上涨、法规变化及其他。

2. 索赔成立的前提条件

索赔的成立应该同时具备以下三个条件：

(1)与合同对照，事件造成了承包商工程项目成本的额外支出，或直接工期损失。

(2)造成费用增加或者工期损失的原因，按合同规定不属于承包商的行为责任或风险责任。

(3)承包人按合同规定的程序和时间提交索赔意向通知书和索赔报告。

二、建筑工程索赔的程序

通常，将索赔程序分为两个阶段，即内部处理阶段和解决阶段。每个阶段又可分为许多工作。在国际工程中，索赔工作可分为以下几步。

（一）索赔意向通知

在干扰事件发生后，承包商必须抓住索赔机会，迅速作出反应，在一定时间内(FIDIC条件规定为28天)，向工程师和业主递交索赔意向通知。该项通知是承包商就具体的干扰事件向工程师和业主表示的索赔愿望和要求，是保护自己索赔权利的措施。如果超过这个期限，工程师和业主有权拒绝承包商的索赔要求。在国际工程中，许多承包商由于未能遵守这个期限规定，致使合理的索赔要求无效。

（二）索赔的内部处理

若有干扰事件发生，承包商就应进行索赔处理工作，直到正式向工程师和业主提交索赔报告。具体包括以下几项：

(1)事态调查，即寻找索赔机会。通过对合同实施的跟踪、分析、诊断，发现了索赔机会，则应对它进行详细的调查和跟踪，以了解事件经过、前因后果，掌握事件详细情况。在实际工作中，事态调查可以用合同事件调查表进行。

(2)干扰事件原因分析，即分析这些干扰事件是由谁引起的，它的责任该由谁来负担。一般只有对非承包商责任的干扰事件才有可能提出索赔。如果干扰事件责任是多方面的，则必须划分各人的责任范围，按责任大小，分担损失。

(3)索赔根据，即索赔理由。其主要是指合同条文，必须按合同判明干扰事件是否违约，是否在合同规定的赔(补)偿范围之内。只有符合合同规定的索赔要求才有合法性，才能成立。对此必须全面地分析合同，对一些特殊的事件必须作合同扩展分析。

(4)损失调查，即干扰事件的影响分析。其主要表现为工期的延长和费用的增加。如果干扰事件不造成损失，则无索赔可言。损失调查的重点是收集、分析、对比实际和计划的施工进度、工程成本和费用方面的资料，在此基础上计算索赔值。

(5)收集证据。一旦干扰事件发生，承包商即应按工程师的要求，做好并在干扰事件持续期间保持完整的当时记录，接受工程师的审查。证据是索赔有效的前提条件。如果在索赔报告中提不出证据，索赔要求是不能成立的。按 FIDIC 条件，承包商最多只能获得有证据能够证实的那部分索赔要求的支付，所以，承包商必须对这个问题足够重视。

(6)起草索赔报告。索赔报告是上述各项工作的结果和总括。其是由合同管理人员在其他项目管理职能人员的配合和协助下起草的。它表达了承包商的索赔要求和支持这个要求的详细依据。它将由工程师、业主或调解人或仲裁人审查、分析、评价。所以，它决定了承包商的索赔地位，是索赔要求能否获得有利和合理解决的关键。

(三)提交索赔报告

承包商必须在合同规定的时间内向工程师和业主提交索赔报告。FIDIC 条件规定，承包商必须在索赔意向通知发出后的 28 天内，或经工程师同意的合理时间内递交索赔报告。如果干扰事件持续时间长，则承包商应按工程师要求的合理时间间隔，提交中间索赔报告(或阶段索赔报告)，并在干扰事件影响结束后的 28 天内提交最终索赔报告。

(四)解决索赔

从递交索赔报告到最终获得赔偿的支付是索赔的解决过程。这个阶段工作的重点是：通过谈判、调解或仲裁，使索赔得到合理的解决。具体包括以下几项：

(1)工程师审查分析索赔报告，评价索赔要求的合理性和合法性。如果觉得理由不足，或证据不足，可以要求承包商作出解释，或进一步补充证据，或要求承包商修改索赔要求，工程师作出索赔处理意见，并提交业主。

(2)根据工程师的处理意见，业主审查、批准承包商的索赔报告。业主也可以反驳、否定或部分否定承包商的索赔要求。承包商常常需要作进一步的解释和补充证据；工程师也需就处理意见作出说明。三方就索赔的解决进行磋商，达成一致，这里可能有复杂的谈判过程。对达成一致的，或经工程师和业主认可的索赔要求(或部分要求)，承包商有权在工程进度付款中获得支付。

(3)如果承包商和业主双方对索赔的解决无法达成一致，有一方或双方都不满意工程师的处理意见(或决定)，则会产生争执。双方必须按照合同规定的程序解决争执，最典型的和在国际工程中通用的是 FIDIC 合同条件规定的争执解决程序。

单元四　建筑工程施工合同的编制

一、建筑工程施工合同的概念和特点

(一)建筑工程施工合同的概念

建筑工程施工合同是发包人(建设单位、业主或总包单位)与承包人(施工单位)之间为完成商定的建设工程项目，确定双方权利和义务的协议。建筑工程施工合同也称为建筑安装承包合同，建筑是指对工程进行营造的行为；安装主要是指与工程有关的线路、管道、设备等设施的装配。依照施工合同，承包人应完成一定的建筑、安装工程任务，发包人应提供必要的施工条件并支付工程价款。

建筑工程施工合同是建筑工程合同中最重要，也是最复杂的合同。其在工程项目中的持续时间长，标的物特殊，价格高。在整个建筑工程合同体系中，它起主干合同的作用。施工合同和其他建设工程合同一样，是一种劳务合同，在订立时也应遵循自愿、公平、诚实信用等原则。

建筑工程施工合同是建设工程的主要合同，是工程建设质量控制、进度控制、投资控制的主要依据。在市场经济条件下，建设市场主体之间相互的权利和义务关系主要是通过合同确立的，因此，在建设领域加强对施工合同的管理具有十分重要的意义。

施工合同的当事人是发包人和承包人，双方是平等的民事主体，双方签订施工合同，必须具备相应资质条件和履行施工合同的能力。

发包人是在协议书中约定、具有工程发包主体资格和支付工程价款能力的当事人，以及取得该当事人资格的合法继承人。发包人可以是具备法人资格的国家机关、事业单位、国有企业、集体企业、私营企业、经济联合体和社会团体，也可以是依法登记的个人合伙、个体经营户或个人，即一切以协议、法院判决或其他合法完备手续取得发包人的资格，承认全部合同条件，能够而且愿意履行合同规定义务的合同当事人。与发包人合并的单位、兼并发包人的单位、购买发包人合同和接受发包人出让的单位和人员(合法继承人)，均可成为发包人，履行合同规定的义务，享有合同规定的权利。发包人必须具备组织协调能力或委托给具备相应资质的监理单位承担。

承包人是在协议书中约定、被发包人接受的具有工程施工承包主体资格的当事人，以及取得该当事人资格的合法继承人。承包人必须具备有关部门核定的资质等级并持有营业执照等证明文件。《中华人民共和国建筑法》(以下简称《建筑法》)第 13 条规定，从事建筑活动的建筑施工企业、勘察单位、设计单位和工程监理单位，按照其拥有的注册资本、专业技术人员、技术装备和已完成的建筑工程业绩等资质条件，划分为不同的资质等级，经资质审查合格，取得相应等级的资质证书后，方可在其资质等级许可的范围内从事建筑活动。在施工合同实施过程中，工程师受发包人委托对工程进行管理。施工合同中的工程师是指本工程监理单位委派的总监理工程师或发包人指定的履行本合同的代表，其具体身份和职权由发包人和承包人在专用条款中共同约定。

(二)建筑工程施工合同的特点

1. 合同标的物的特殊性

施工合同的“标的物”是特定建筑产品，不同于其他一般商品。首先，建筑产品的固定性和施工生产的流动性是其区别于其他商品的根本特点。建筑产品是不动产，其基础部分与大地相连，不能移动，这就决定了每个施工合同具有不可替代性，而且施工队伍、施工机械必须围绕着建筑产品不断移动。其次，由于建筑产品各有其特定的功能要求，其实物形态千差万别，种类庞杂，其外观、结构、使用目的、使用人都各不相同，这就要求每一个建筑产品都需要单独设计和施工，即使对于可重复利用的标准设计或可重复使用的图纸，也应采取必要的修改设计才能施工，从而造成建筑产品的单体性和生产的单件性。再次，建筑产品体积庞大，消耗的人力、物力、财力多，一次性投资额大。所有这些特点，必然在施工合同中表现出来，使得施工合同在明确标的物时，需要将建筑产品的幢数、面积、层数或高度、结构特征、内外装饰标准和设备安装要求等一一规定清楚。

2. 合同内容的多样性和复杂性

施工合同实施过程涉及的主体有多种，且其履行期限长、标的额大。施工合同实施过程涉及的法律关系，除承包人与发包人的合同关系外，还涉及监理单位、分包人、保证单位等。施工合同除应当具备合同的一般内容外，还应对安全施工，专利技术的使用，地下障碍和文物的发现，工程分包，不可抗力，工程设计变更，材料设备的供应、运输和验收等内容作出规定。所有这些，都决定了施工合同的内容具有多样性和复杂性的特点，要求合同条款必须具体、明确和完整。

3. 合同履行期限的长期性

建设工程结构复杂、体积庞大、材料类型多、工作量大，这使工程生产周期都较长。工程建设的施工应当在合同签订后才开始，且需加上合同签订后到正式开工前的施工准备时间和工程竣工验收后办理竣工结算及保修的时间。在工程的施工过程中，还可能因为不可抗力、工程变更、材料供应不及时、一方违约等原因而导致工期延误，因此，施工合同的履行具有期限时间长、变更较频繁、合同争议和纠纷比较多的特点。

4. 合同监督的严格性

由于施工合同的履行对国家经济发展、公民的工作与生活都有重大的影响，因此，国家对施工合同的监督十分严格。其具体表现在以下几个方面：

(1)对合同主体监督的严格性。建设工程施工合同主体一般是法人。发包人一般是经过批准进行工程项目建设的法人，必须有国家批准的建设项目，落实投资计划，并且应当具备相应的协调能力；承包人则必须具备法人资格，而且应当具备相应的从事施工的资质。无营业执照或无承包资质的单位不能作为建设工程施工合同的主体，资质等级低的单位不能越级承包建设工程。

(2)对合同订立监督的严格性。订立建设工程施工合同必须以国家批准的投资计划为前提，即使是国家投资以外的、以其他方式筹集的投资也要受到当年的贷款规模和批准限额的限制，纳入当年投资规模的平衡，并经过严格的审批程序。建设工程施工合同的订立，还必须符合国家关于建设程序的规定。

考虑到建设工程的重要性和复杂性，在施工过程中经常会发生影响合同履行的各种纠纷，因此，《中华人民共和国合同法》(以下简称《合同法》)规定，建设工程施工合同应当采用书面形式。

(3)对合同履行监督的严格性。在施工合同的履行过程中，除合同当事人应当对合同进行严格的管理外，合同的主管机关(工商行政管理部门)、建设主管部门、合同双方的上级主管部门、金融机构、解决合同争议的仲裁机关或人民法院，还有税务部门、审计部门及合同公证机关或签证机关等机构和部门，都要对施工合同的履行进行严格的监督。

(三)建筑工程施工合同的订立

1. 订立施工合同应具备的条件

(1)初步设计已经批准。

(2)工程项目已经列入年度建设计划。

(3)订立施工合同时有能够满足施工需要的设计文件和有关技术资料。

(4)建设资金和主要建筑材料设备来源已经落实。

(5)对于招投标工程，中标通知书已经下达。

2. 订立施工合同应遵守的原则

(1)遵守国家法律、法规和国家计划的原则。订立施工合同，必须遵守国家法律、法规，也应遵守国家的建设计划和其他计划(如贷款计划)。建设工程施工对经济发展、社会生活有多方面的影响，国家有许多强制性的管理规定，施工合同当事人都必须遵守。

(2)平等、自愿、公平的原则。签订施工合同的当事人双方都具有平等的法律地位，任何一方都不得强迫对方接受不平等的合同条件。当事人有权决定是否订立合同和合同内容，合同内容应当是双方当事人真实意思的体现，还应当是公平的，不能损害任何一方的利益。对于显失公平的施工合同，当事人一方有权申请人民法院或仲裁机构予以变更或撤销。

(3)诚实守信的原则。当事人订立施工合同应当诚实守信，不得有欺诈行为，双方应当如实将自身和工程的情况介绍给对方。在施工合同履行过程中，当事人也应守信用，严格履行合同。

3. 订立施工合同的程序

施工合同的订立同样包括要约和承诺两个阶段。其订立的方式有直接发包和招标发包两种。对于必须进行招标的建设项目，工程建设的施工都应通过招标、投标确定承包人。

中标通知书发出后，中标人应当与招标人及时签订合同。《招标投标法》规定，招标人和中标人应当自中标通知书发出之日起 30 天内，按照招标文件和中标人的投标文件订立书面合同。招标人和中标人不得再行订立背离合同实质性内容的其他协议。

二、建筑工程施工合同的主要内容

住建部和国家工商行政管理总局于 2013 年发布了《建设工程施工合同(示范文本)》(GF—2013—0201)(以下简称《示范文本》)，其适用于施工承包合同。该《示范文本》由合同协议书、通用合同条款和专用合同条款三部分组成。

(一)合同协议书

《示范文本》的合同协议书共计 13 条，主要包括：工程概况、合同工期、质量标准、签约合同价格和合同价格形式、项目经理、合同文件构成、承诺以及合同生效条件等重要内容。它集中约定了合同当事人基本的合同权利和义务。

(二)通用合同条款

通用合同条款是合同当事人根据《建筑法》《合同法》等法律、法规的规定，就工程建设的实施及相关事项，对合同当事人的权利和义务作出的原则性约定。

通用合同条款共计 20 条，具体条款分别为：一般约定、发包人、承包人、监理人、工程质量、安全文明施工与环境保护、工期和进度、材料与设备、试验与检验、变更、价格调整、合同价格、计量与支付、验收和工程试车、竣工结算、缺陷责任与保修、违约、不可抗力、保险、索赔和争议解决。前述条款安排既考虑了现行法律、法规对工程建设的有关要求，也考虑了建设工程施工管理的特殊需要。

(三)专用合同条款

专用合同条款是对通用合同条款原则性约定进行细化、完善、补充、修改或另行约定的条款。合同当事人可以根据不同建设工程的特点及具体情况，通过双方的谈判、协商对相应的专用合同条款进行修改补充。在使用专用合同条款时，应注意以下事项：

(1)专用合同条款的编号应与相应的通用合同条款的编号一致。

(2)合同当事人可以通过对专用合同条款的修改，满足具体建设工程的特殊要求，避免直接修改通用合同条款。

(3)在专用合同条款中有横道线的地方，合同当事人可针对相应的通用合同条款进行细化、完善、补充、修改或另行约定；如无细化、完善、补充、修改或另行约定，则填写“无”或划“/”。

三、建筑工程施工合同通用合同条款的内容

(一)通用合同条款的组成

通用合同条款是根据《合同法》《建筑法》《建设工程施工合同管理办法》等法律、法规对承发包双方的权利和义务作出的具体规定，除双方协商一致对其中的某些条款作修改、补充或取消外，双方都必须履行。通用合同条款共有 20 部分 117 个条款，基本适用于各类建筑工程，详见表 2-1。

表 2-1　建筑工程施工合同通用合同条款的内容

各部分内容	各条款内容
一、一般约定	(1)词语定义与解释； (2)语言文字； (3)法律； (4)标准和规范； (5)合同文件的优先顺序； (6)图纸和承包人文件； (7)联络； (8)严禁贿赂； (9)化石、文物； (10)交通运输； (11)知识产权； (12)保密； (13)工程量清单错误的修正

续表

各部分内容	各条款内容
二、发包人	(14)许可或批准； (15)发包人代表； (16)发包人人员； (17)施工现场、施工条件和基础资料的提供； (18)资金来源证明及支付担保； (19)支付合同价款； (20)组织竣工验收； (21)现场统一管理协议
三、承包人	(22)承包人的一般义务； (23)项目经理； (24)承包人人员； (25)承包人现场查勘； (26)分包； (27)工程照管与成品、半成品保护； (28)履约担保； (29)联合体
四、监理人	(30)监理人的一般规定； (31)监理人员； (32)监理人的指示； (33)商定或确定
五、工程质量	(34)质量要求； (35)质量保证措施； (36)隐蔽工程检查； (37)不合格工程的处理； (38)质量争议检测
六、安全文明施工与环境保护	(39)安全文明施工； (40)职业健康； (41)环境保护
七、工期和进度	(42)施工组织设计； (43)施工进度计划； (44)开工； (45)测量放线； (46)工期延误； (47)不利物质条件； (48)异常恶劣的气候条件； (49)暂停施工； (50)提前竣工

续表

各部分内容	各条款内容
八、材料与设备	(51)发包人供应材料与工程设备； (52)承包人采购材料与工程设备； (53)材料与工程设备的接收与拒收； (54)材料与工程设备的保管与使用； (55)禁止使用不合格的材料和工程设备； (56)样品； (57)材料与工程设备的替代； (58)施工设备和临时设施； (59)材料与设备专用要求
九、试验与检验	(60)试验设备与试验人员； (61)取样； (62)材料、工程设备和工程的试验和检验； (63)现场工艺试验
十、变更	(64)变更的范围； (65)变更权； (66)变更程序； (67)变更估价； (68)承包人的合理化建议； (69)变更引起的工期调整； (70)暂估价； (71)暂列金额； (72)计日工
十一、价格调整	(73)市场价格波动引起的调整； (74)法律变化引起的调整
十二、合同价格、计量与支付	(75)合同价格形式； (76)预付款； (77)计量； (78)工程进度款支付； (79)支付账户
十三、验收和工程试车	(80)分部分项工程验收； (81)竣工验收； (82)工程试车； (83)提前交付单位工程的验收； (84)施工期运行； (85)竣工退场
十四、竣工结算	(86)竣工结算申请； (87)竣工结算审核； (88)甩项竣工协议； (89)最终结清

续表

各部分内容	各条款内容
十五、缺陷责任与保修	(90)工程保修的原则； (91)缺陷责任期； (92)质量保证金； (93)保修
十六、违约	(94)发包人违约； (95)承包人违约； (96)第三人造成的违约
十七、不可抗力	(97)不可抗力的确认； (98)不可抗力的通知； (99)不可抗力后果的承担； (100)因不可抗力解除合同
十八、保险	(101)工程保险； (102)工伤保险； (103)其他保险； (104)持续保险； (105)保险凭证； (106)未按约定投保的补救； (107)通知义务
十九、索赔	(108)承包人的索赔； (109)对承包人索赔的处理； (110)发包人的索赔； (111)对发包人索赔的处理； (112)提出索赔的期限
二十、争议解决	(113)和解； (114)调解； (115)争议评审； (116)仲裁或诉讼； (117)争议解决条款效力

(二)通用合同条款的主要内容

1. 关于质量控制的条款

工程施工中的质量控制是合同履行中的重要环节。施工合同的质量控制涉及许多方面的因素，任何一个方面的缺陷和疏漏，都会使工程质量无法达到预期的标准。承包人应按照合同约定的标准、规范、图纸、质量等级以及工程师发布的指令认真施工，并达到合同约定的质量等级。在工程施工过程中，承包人要随时接受工程师对材料、设备、中间部位、隐蔽工程、竣工工程等质量的检查、验收与监督。

(1)工程质量标准。工程质量应当达到协议书约定的质量标准，质量标准的评定以国家或专业的质量检验评定标准为依据。由于承包人原因导致工程质量达不到约定的质量标准，由承包人承担违约责任。发包人对部分或全部工程质量有特殊要求的，应支付由此增加的追加合同价款(在专用条款中写明计算方法)，对工期有影响的应给予相应顺延。

双方对工程质量有争议时，应由双方同意的工程质量检测机构鉴定，所需的费用及由此造成的损失，由责任方承担。双方均有责任时，则由双方根据其责任分别承担。

(2)检查和返工。在工程施工过程中，工程师及其委派人员对工程的检查检验，是一项日常工作和重要职能。承包人应认真按照标准、规范和设计图纸的要求，以及工程师依据合同发出的指令施工，随时接受工程师的检查检验，并为检查检验提供便利条件。工程质量达不到约定的质量标准的部分，工程师一旦发现，应要求承包人拆除和重新施工，承包人应按工程师的要求拆除和重新施工，直到符合约定标准。由于承包人原因导致工程质量达不到约定的质量标准，由承包人承担拆除和重新施工的费用，工期不予顺延。

工程师的检查检验不应影响施工正常进行，如影响施工正常进行，检查检验不合格时，影响正常施工的费用由承包人承担。除此之外，影响正常施工的追加合同价款由发包人承担，相应顺延工期。

由于工程师指令失误或其他非承包人原因发生的追加合同价款，由发包人承担。以上检查检验合格后，又发现由承包人原因引起的质量问题，仍由承包人承担责任和发生的费用，赔偿发包人的直接损失，工期不予顺延。

(3)隐蔽工程和中间验收。由于隐蔽工程在施工中一旦完成隐蔽，很难再对其进行质量检查(这种检查成本很大)，因此必须在隐蔽前进行检查验收。对于中间验收，双方可在专用条款中约定验收的单项工程和部位的名称、验收的时间、操作程序和要求，以及发包人应该提供的便利条件等。

工程具备隐蔽条件或达到专用条款约定的中间验收部位，承包人进行自检，并在隐蔽或中间验收前48小时以书面形式通知工程师验收。通知包括隐蔽和中间验收的内容、验收的时间和地点。承包人准备验收记录，验收合格，工程师在验收记录上签字后，承包人方可进行隐蔽和继续施工。若验收不合格，承包人应在工程师限定的时间内修改后重新验收。

若工程师不能按时进行验收，应在验收前24小时以书面形式向承包人提出延期要求，延期不能超过48小时。工程师未能按照以上时间提出延期要求，不进行验收，承包人可自行组织验收，工程师应承认验收记录。若经工程师验收，工程质量符合标准、规范和设计图纸等的要求，而验收24小时后，工程师没有在验收记录上签字，视为工程师已经认可验收记录，承包人可进行隐蔽或继续施工。

(4)重新检验。无论工程师是否进行验收，当其提出对已经隐蔽的工程重新检验的要求时，承包人应按要求进行剥离或开孔，并在检验后重新覆盖或修复。检验合格，发包人承担由此发生的全部追加合同价款，赔偿承包人的损失，并相应顺延工期；检验不合格，承包人承担发生的全部费用，工期不予顺延。

(5)工程试车。双方约定需要试车的，应当组织试车。试车内容应与承包人承包的安装范围一致。

1)单机无负荷试车。设备安装工程具备单机无负荷试车条件时，由承包人组织试车，并在试车前48小时以书面形式通知工程师。通知包括试车的内容、时间、地点。承包人准备试车记录，发包人根据承包人的要求为试车提供必要条件。试车合格后，工程师在试车记录上签字。只有单机试运转达到规定的要求，才能进行联试。若工程师不能按时参加试车，需在开始试车前 24 小时以书面形式向承包人提出延期要求，延期不能超过 48 小时。若工程师未能按以上时间提出延期要求，不参加试车，承包人可自行组织试车，工程师应承认试车记录。

2)联动无负荷试车。设备安装工程具备无负荷联动试车条件时，发包人组织试车，并在试车前 48 小时以书面形式通知承包人。通知包括试车的内容、时间、地点和对承包人的要求。承包人按要求做好准备工作。试车合格后，双方在试车记录上签字。

3)投料试车。投料试车应在工程竣工验收后由发包人负责。发包人要求在工程竣工验收前进行或需要承包人配合时，应当征得承包人的同意，双方另行签订补充协议。

双方责任如下：

①若由于设计原因导致试车达不到验收要求，发包人应要求设计单位修改设计，承包人按修改后的设计重新安装。发包人承担修改设计、拆除及重新安装的全部费用和追加合同价款，工期相应顺延。

②若由于设备制造原因导致试车达不到验收要求，由该设备采购一方负责重新购置或修理，承包人负责拆除和重新安装。设备由承包人采购的，由承包人承担修理或重新购置、拆除及重新安装的费用，工期不予顺延；设备由发包人采购的，由发包人承担上述各项追加合同价款，工期相应顺延。

③若由于承包人施工原因导致试车达不到验收要求，承包人按工程师的要求重新安装和试车，并承担重新安装和试车的费用，工期不予顺延。

④试车费用除已包括在合同价款之内或专用条款另有约定外，均由发包人承担。

⑤若工程师在试车合格后不在试车记录上签字，试车结束 24 小时后，视为工程师已经认可试车记录，承包人可继续施工或办理竣工手续。

(6)竣工验收。竣工验收是全面考核建设工作，检查其是否符合设计要求和工程质量的重要环节。工程未经竣工验收或竣工验收未通过的，发包人不得使用。发包人强行使用时，由此发生的质量问题及其他问题，由发包人承担责任。但在此情况下发包人主要是对强行使用直接产生的质量问题和其他问题承担责任，不能免除承包人对工程的保修等责任。

《建筑法》第 58 条规定，建筑施工企业对工程的施工质量负责；第 60 条规定，建筑物在合理使用寿命内，必须确保地基基础工程和主体结构的质量。建筑工程竣工时，屋顶、墙面不得留有渗漏、开裂等质量缺陷，对已发现的质量缺陷，建筑施工企业应当修复。

(7)质量保修。承包人应按法律、行政法规或国家关于工程质量保修的有关规定，对交付发包人使用的工程在质量保修期内承担质量保修责任。建筑工程办理交工验收手续后，在规定的期限内，由于勘察、设计、施工、材料等原因导致的质量缺陷，应当由施工单位负责维修。所谓质量缺陷是指工程不符合现行国家或行业的有关技术标准、设计文件以及合同对质量的要求。

承包人应在工程竣工验收之前，与发包人签订质量保修书作为合同附件，质量保修书的主要内容包括以下几项：

1)质量保修范围和内容。质量保修范围包括地基基础工程、主体结构工程、屋面防水工程和双方约定的其他土建工程，以及电气管线、上下水管线的安装工程，供热、供冷系统工程等项目。具体质量保修内容由双方约定。

2)质量保修期。质量保修期从工程实际竣工之日算起。单项竣工验收的工程，按单项工程分别计算质量保修期。

3)质量保修责任。

①对属于保修范围和内容的项目，承包人应在接到修理通知之日后 7 天内派人修理。承包人不在约定期限内派人修理，发包人可委托其他人员修理，保修费用从质量保修金内扣除。

②发生需紧急抢修事故(如上水跑水、暖气漏水漏气、燃气漏气等)时，承包人接到事故通知后，应立即到达事故现场抢修。非承包人施工质量引起的事故，抢修费用由发包人承担。

③在国家规定的工程合理使用期限内，承包人确保地基基础工程和主体结构的质量。由于承包人原因导致工程在合理使用期限内造成人身和财产损害的，承包人应承担损害赔偿责任。

4)质量保修金的支付方法等。

(8)材料设备供应的质量控制。

1)发包人供应材料设备。实行发包人供应材料设备的，双方应当约定发包人供应材料设备的一览表，作为本合同的附件。一览表应包括发包人供应材料设备的品种、规格、型号、数量、单价、质量等级、提供时间和地点。发包人应按一览表约定的内容提供材料设备，并向承包人提供产品合格证明，对其质量负责。发包人在所供材料设备到货前 24 小时，以书面形式通知承包人，由承包人派人与发包人共同清点。

对发包人供应的材料设备，承包人派人参加清点后由承包人妥善保管，发包人支付相应保管费用。若由于承包人原因发生丢失损坏，由承包人负责赔偿。若发包人未通知承包人清点，承包人不负责材料设备的保管，丢失损坏由发包人负责。

如果发包人供应的材料设备与一览表不符，发包人应承担有关责任。发包人应承担责任的具体内容，双方可根据以下情况在专用条款内约定：

①材料设备的单价与一览表不符时，由发包人承担所有价差。

②材料设备的品种、规格、型号、质量等级与一览表不符时，承包人可拒绝接收保管，由发包人运出施工场地并重新采购。

③发包人供应的材料规格、型号与一览表不符时，经发包人同意，承包人可代为调剂串换，由发包人承担相应费用。

④到货地点与一览表不符时，由发包人负责将材料设备运至一览表指定地点。

⑤供应数量少于一览表约定的数量时，由发包人补齐。供应数量多于一览表约定的数量时，发包人负责将多余部分运出施工场地。

⑥到货时间早于一览表约定时间时，由发包人承担因此产生的保管费用。到货时间迟于一览表约定的供应时间时，由发包人赔偿因此造成的承包人损失。造成工期延误的，工期相应顺延。

发包人供应的材料设备在使用前，由承包人负责检验或试验，不合格的不得使用，检验或试验费用由发包人承担。发包人供应材料设备的结算方法，双方在专用条款内约定。

2)承包人采购材料设备。承包人负责采购材料设备时，应按照专用条款的约定及设计和有关标准的要求采购，并提供产品合格证明，对材料设备质量负责。承包人在材料设备到货前 24 小时通知工程师清点。承包人采购的材料设备与设计或标准要求不符时，承包人应按工程师要求的时间将其运出施工场地，重新采购符合要求的产品，承担由此产生的费用，因此延误的工期不予顺延。

承包人采购的材料设备在使用前，承包人应按工程师的要求进行检验或试验，不合格的不得使用，检验或试验费用由承包人承担。工程师发现承包人采购并使用不符合设计或标准要求的材料设备时，应要求由承包人负责修复、拆除或重新采购，并承担发生的费用，由此延误的工期不予顺延。

根据工程需要，承包人需要使用代用材料时，应经工程师认可才能使用，由此增减的合同价款双方以书面形式议定。由承包人采购的材料设备，发包人不得指定生产厂或供应商。

2. 施工合同的投资控制条款

(1)施工合同价款及调整。施工合同价款是指发包人、承包人在协议书中约定，发包人用以支付承包人按照合同约定完成承包范围内全部工程，并承担质量保修责任的款项。招标工程的合同价款由发包人、承包人依据中标通知书中的中标价格在协议书内约定。非招标工程的合同价款由发包人、承包人依据工程预算书在协议书内约定。合同价款在协议书内约定后，任何一方不得擅自改变。下列三种确定合同价款的方式，双方可以在专用合同条款内约定采用其中一种：

1)固定价格合同。双方在专用合同条款内约定合同价款所包含的风险范围和风险费用的计算方法，在约定的风险范围内合同价款不再调整。风险范围以外的合同价款调整方法，应当在专用合同条款内约定。如果发包人对施工期间可能出现的价格变动采取一次性付给承包人一笔风险补偿费用的方法，可在专用合同条款内写明补偿的金额和比例，写明补偿后是全部不予调整还是部分不予调整，以及可以调整项目的名称。

2)可调价格合同。合同价款可根据双方的约定而调整，双方在专用合同条款内约定合同价款的调整方法。可调价格合同中合同价款的调整因素包括以下几项：

①法律、行政法规和国家有关政策变化影响合同价款。

②工程造价管理部门(指国务院有关部门、县级以上人民政府建设行政主管部门或其委托的工程造价管理机构)公布的价格调整。

③一周内非承包人原因的停水、停电、停气造成停工累计超过 8 小时。

④双方约定的其他因素。

此时，双方在专用合同条款中可写明调整的范围和条件：除材料费外是否包括机械费、人工费、管理费等，对通用合同条款中所列出的调整因素是否还有补充，如对工程量增减和工程变更的数量有限制，还应写明限制的数量；调整的依据，写明是哪一级工程造价管理部门公布的价格调整文件；写明调整的方法、程序，承包人提出调价通知的时间，工程师批准和支付的时间等。

承包人应当在上述情况发生后 14 天内，将调整原因、金额以书面形式通知工程师，工程师确认调整金额后将其作为追加合同价款，与工程款同期支付。若工程师在收到承包人通知后 14 天内不予确认，也不提出修改意见，视为其已经同意该项调整。

3)成本加酬金合同。合同价款包括成本和酬金两部分。双方在专用合同条款内约定成本构成和酬金的计算方法。

(2)工程预付款。工程预付款是在工程开工前发包人预先支付给承包人用来进行工程准备的一笔款项。实行工程预付款的，双方应当在专用合同条款内约定发包人向承包人预付工程款的时间和数额，开工后按约定的时间和比例逐次扣回。预付时间应不迟于约定的开工日期前 7 天。发包人不按约定预付的，承包人在约定预付时间 7 天后向发包人发出要求预付的通知，若发包人收到通知后仍不能按要求预付，承包人可在发出通知 7 天后停止施工，发包人应从约定应付之日起向承包人支付应付款的贷款利息，并承担违约责任。

工程款的预付可根据主管部门的规定，双方协商确定后把预付工程款的时间(如于每年的 1 月 15 日前按预付款额度比例支付)，金额或占合同价款总额的比例(如为合同价款总额的 5%～15%)方法(如根据承包人的年度承包工作量)和扣回的时间、比例、方法(预付款一般应在工程竣工前全部扣回，可采取当工程进展到某一阶段，如完成合同价款总额的 60%～65%时开始起扣，也可从每月的工程付款中扣回)在专用合同条款内写明。如果发包人不预付工程款，在合同价款中可以考虑承包人垫付工程费用的补偿。

(3)工程进度款。

1)工程量的确认。对承包人已完成工程量进行计量、核实与确认，是发包人支付工程款的前提。工程量具体的确认程序如下：

①承包人应按专用合同条款约定的时间，向工程师提交已完工程量的报告。

②工程师在接到报告后 7 天内按设计图纸核实已完工程量(计量)，并在计量前 24 小时通知承包人。承包人为计量提供便利条件，并派人参加。若承包人在接到通知后不参加计量，计量结果有效，作为工程价款支付的依据。

③若工程师在收到承包人报告后 7 天内未进行计量，从第 8 天起，承包人报告中开列的工程量即视为已被确认，作为工程价款支付的依据。

④工程师不按约定时间通知承包人，致使承包人未能参加计量的，计量结果无效。

⑤对承包人超出设计图纸范围和由于承包人原因导致返工的工程量，工程师不予计量。

2)工程款(进度款)结算方式。

①按月结算。这是国内外常见的一种工程款支付方式，一般在每个月月末，承包人提交已完工程量报告，经工程师审查确认，签发月度付款证书后，由发包人按合同约定的时间支付工程款。

②按形象进度分段结算。这是国内常见的一种工程款支付方式，实际上是按工程形象进度分段结算。当承包人完成合同约定的工程形象进度时，承包人提出已完工程量报告，经工程师审查确认，签发付款证书后，由发包人按合同约定的时间付款。如专用合同条款中可以约定：当承包人完成基础工程施工时，发包人支付合同价款的 20%；完成主体结构工程施工时，支付合同价款的 50%；完成装饰工程施工时，支付合同价款的 15%；工程竣工验收通过后，再支付合同价款的 10%。其余 5%作为工程保修金，在保修期满后返还给承包人。

③竣工后一次性结算。当工程项目工期较短或合同价格较低时，可以采用工程价款每月月中预支、竣工后一次性结算的方法。

④其他结算方式。结算双方可以在专用合同条款中约定采用经开户银行同意的其他结算方式。

3)工程款(进度款)支付的程序和责任。在确认计量结果后 14 天内，发包人应向承包人支付工程款(进度款)。同期用于工程的发包人供应的材料设备价款、按约定时间发包人应扣回的预付款，与工程款(进度款)同期结算。合同价款调整、工程师确认增加的工程变更价款及追加的合同价款、发包人或工程师同意确认的工程索赔款等，也应与工程款(进度款)同期调整支付。

发包人超过约定的支付时间未支付工程款(进度款)的，承包人可以向发包人发出要求付款的通知，若发包人收到承包人通知后仍不能按要求付款，可以与承包人协商签订延期付款协议，经承包人同意后可延期支付。协议应明确延期支付的时间并从计量结果确认后第 15 天起计算应付款的贷款利息。发包人不按合同约定支付工程款(进度款)，双方又未达成延期付款协议，导致施工无法进行的，承包人可停止施工，由发包人承担违约责任。

(4)变更合同价款的确定。承包人在工程变更确定后 14 天内，提出变更工程价款的报告，经工程师确认后调整合同价款。变更合同价款按下列方法进行：

1)合同中已有适用于变更工程的价格，按合同已有的价格计算变更合同价款。

2)合同中只有类似变更工程的价格，可以参照类似价格变更合同价款。

3)合同中没有适用或类似变更工程的价格，由承包人提出适当的变更价格，经工程师确认后执行。

承包人在双方确定变更后 14 天内不向工程师提出变更工程价款的报告时，视为该项变更不涉及合同价款的变更。工程师应在收到变更工程价款报告之日起 14 天内予以确认，工程师无正当理由不确认时，自变更工程价款报告送达之日起 14 天后视为变更工程价款报告已被确认。工程师不同意承包人提出的变更价款时，按照通用合同条款约定的争议解决办法进行处理。

由承包人自身原因导致的工程变更，承包人无权要求追加合同价款。

(5)施工中涉及的其他费用。

1)安全施工。承包人应遵守工程建设安全生产有关管理的规定，严格按安全标准组织施工，并随时接受行业安全检查人员依法实施的监督检查，采取必要的安全防护措施，消除事故隐患，由于承包人安全措施不力导致事故的责任而产生的费用，由承包人承担。

发包人应对其在施工场地的工作人员进行安全教育，并对他们的安全负责。发包人不得要求承包人违反安全管理的规定进行施工。由于发包人原因导致的安全事故，由发包人承担相应责任及产生的费用。

承包人在动力设备、输电线路、地下管道、密封防震车间、易燃易爆地段以及临街交通要道附近施工时，施工开始前应向工程师提出安全保护措施，经工程师认可后实施，由发包人承担防护措施费用。

实施爆破作业，在放射、毒害性环境中施工(含储存、运输、使用)及使用毒害性、腐蚀性物品施工时，承包人应在施工前 14 天以书面形式通知工程师，并提出相应的安全防护措施，经工程师认可后实施，由发包人承担安全防护措施费用。

发生重大伤亡及其他安全事故时，承包人应按有关规定立即上报有关部门并通知工程师，同时按政府有关部门的要求处理，由事故责任方承担产生的费用。双方对事故责任有争议时，应按政府有关部门的认定处理。

2)专利技术或特殊工艺。发包人要求使用专利技术或特殊工艺时，应负责办理相应的申报手续，承担申报、试验、使用等费用。承包人应按发包人的要求使用，并负责试验等有关工作。承包人提出使用专利技术或特殊工艺，应取得工程师认可，承包人负责办理申报手续并承担有关费用。擅自使用专利技术侵犯他人专利权的，责任者应依法承担相应责任。

3)文物和地下障碍物。在施工中发现古墓、古建筑遗址等文物及化石或其他有考古、地质研究等价值的物品时，承包人应立即保护好现场，并于 4 小时内以书面形式通知工程师，工程师应于收到书面通知后24小时内报告当地文物管理部门，发包人、承包人按文物管理部门的要求采取妥善保护措施。发包人承担由此产生的费用，延误的工期相应顺延。如发现后隐瞒不报，致使文物遭受破坏，责任者依法承担相应责任。

施工中发现影响施工的地下障碍物时，承包人应于8小时内以书面形式通知工程师，同时提出处置方案，工程师在收到处置方案后24小时内予以认可或提出修正方案。发包人承担由此产生的费用，延误的工期相应顺延。所发现的地下障碍物有归属单位时，发包人应报请有关部门协同处置。

(6)竣工结算。

1)竣工结算程序。工程竣工验收报告经发包人认可后28天内，承包人向发包人递交竣工结算报告及完整的结算资料，双方按照协议书约定的合同价款及专用合同条款约定的合同价款调整内容，并进行工程竣工结算。发包人在收到承包人递交的竣工结算报告及结算资料后28天内进行核实，给予确认或者提出修改意见。发包人确认竣工结算报告后通知经办银行向承包人支付工程竣工结算价款。承包人在收到竣工结算价款后14天内将竣工工程交付发包人。

2)竣工结算相关的违约责任。

①若发包人在收到竣工结算报告及结算资料后28天内无正当理由不支付工程竣工结算价款，从第29天起按承包人同期向银行贷款利率支付拖欠工程价款的利息，并承担违约责任。

②若发包人在收到竣工结算报告及结算资料后28天内不支付工程竣工结算价款，承包人可以催告发包人支付结算价款。若发包人在收到竣工结算报告及结算资料后56天内仍不支付，承包人可以与发包人协议将该工程折价，也可以由承包人申请人民法院将该工程依法拍卖，承包人就该工程折价或者拍卖的价款优先受偿。目前在建设领域，拖欠工程款的情况十分严重，承包人采取有力措施，保护自己的合法权益是十分重要的。

③若工程竣工验收报告经发包人认可后28天内，承包人未能向发包人递交竣工结算报告及完整的结算资料，造成工程竣工结算不能正常进行或工程竣工结算价款不能及时支付，发包人要求交付工程的，承包人应当交付，发包人不要求交付工程的，承包人承担保管责任。

④承、发包双方对工程竣工结算价款发生争议时，按通用合同条款关于争议的约定处理。

(7)质量保修金。保修金(或称保留金)是发包人在应付承包人工程款内扣留的金额，其目的是约束承包人在竣工后履行竣工义务。有关保修项目，保修期，保修的内容、范围、期限及保修金额(一般不超过施工合同价款的3%)等均应在工程质量保修书中约定。

保修期满，承包人履行了保修义务，发包人应在质量保修期满后14天内结算，将剩余保修金和按工程质量保修书约定的以银行利率计算的利息一起返还承包人，不足部分由承包人交付。

3. 施工合同的进度控制条款

进度控制是施工合同管理的重要组成部分。施工合同的进度控制可以分为施工准备阶段、施工阶段和竣工验收阶段的进度控制。

(1)施工准备阶段的进度控制。

1)合同工期的约定。工期是指发包人、承包人在协议书中约定，按总日历天数(包括法定节假日)计算的承包天数。合同工期是施工的工程从开工起到完成专用合同条款约定的全部内容，工程达到竣工验收标准所经历的时间。

承、发包双方必须在协议书中明确约定工期，包括开工日期和竣工日期。开工日期是指发包人、承包人在协议书中约定，承包人开始施工的绝对或相对的日期；竣工日期是指发包人、承包人在协议书中约定，承包人完成承包范围内工程的绝对或相对的日期。若工程竣工验收通过，实际竣工日期为承包人送交竣工验收报告的日期；工程按发包人要求修改后通过竣工验收的，实际竣工日期为承包人修改后提请发包人验收的日期。合同当事人应当在开工日期前做好一切开工的准备工作，承包人则应当按约定的开工日期开工。

对于群体工程，双方应在合同附件一中具体约定不同单位工程的开工日期和竣工日期。对于大型、复杂的工程项目，除约定整个工程的开工日期、竣工日期和合同工期的总日历天数外，还应约定重要里程碑事件的开工日期与竣工日期，以确保工期总目标的顺利实现。

2)进度计划。承包人应按专用合同条款约定的日期，将施工组织设计和工程进度计划提交给工程师，工程师按专用合同条款约定的时间予以确认或提出修改意见，逾期不确认也不提出书面意见的，则视为已经同意。群体工程中单位工程分期进行施工的，承包人应按照发包人提供图纸及有关资料的时间，按单位工程编制进度计划，其具体内容在专用合同条款中约定，分别向工程师提交。

工程师对进度计划予以确认或者提出修改意见，并不免除承包人施工组织设计和工程进度计划本身的缺陷所应承担的责任。工程师对进度计划予以确认的主要目的，是为工程师对进度控制提供依据。

3)其他准备工作。在开工前，合同双方还应做好其他各项准备工作，如发包人应当按照专用合同条款的约定使施工场地具备施工条件、开通公共道路，承包人应当做好施工人员和设备的调配工作，按合同规定完成材料设备的采购等。

工程师需要做好水准点与坐标控制点的交验，按时提供标准、规范。为了能够按时向承包人提供设计图纸，工程师需要做好协调工作，组织图纸会审和设计交底等。

4)开工及延期开工。

①承包人要求的延期开工。承包人应当按照协议书约定的开工日期开始施工。若承包人不能按时开工，应当不迟于协议书约定的开工日期前 7 天，以书面形式向工程师提出延期开工的理由和要求。工程师应当在接到延期开工申请后的 48 小时内以书面形式答复承包人。如果工程师在接到申请后 48 小时内不答复，视为其已同意承包人的要求，工期相应顺延；如果工程师不同意延期要求或承包人未在规定时间内提出延期开工要求，工期不予顺延。

②发包人要求的延期开工。若因发包人原因不能按照协议书约定的开工日期开工，工程师应以书面形式通知承包人，推迟开工日期。承包人对延期开工的通知没有否决权，但发包人应当赔偿由此给承包人造成的损失，并相应顺延工期。

(2)施工阶段的进度控制。

1)工程师对进度计划的检查与监督。开工后，承包人必须按照工程师确认的进度计划组织施工，接受工程师对进度的检查、监督。检查、监督的依据一般是双方已经确认的月度进度计划。一般情况下，工程师每月检查一次承包人的进度计划执行情况，由承包人提交一份上月进度计划实际执行情况和本月的施工计划。同时，工程师还应进行必要的现场实地检查。

工程实际进度与经确认的进度计划不符时，承包人应按工程师的要求提出改进措施，经工程师确认后执行。但是，由于承包人自身的原因导致实际进度与进度计划不符时，所有的后果都应由承包人自行承担，承包人无权就改进措施追加合同价款，工程师也不应对改进措施的效果负责。如果采用改进措施后，经过一段时间工程实际进展赶上了进度计划，则仍可按原进度计划执行。如果采用改进措施一段时间后，工程实际进展仍明显与进度计划不符，则工程师可以要求承包人修改原进度计划，并经工程师确认后执行。但是，这种确认并不是工程师对工程延期的批准，而仅仅是要求承包人在合理的状态下施工。因此，如果承包人按修改后的进度计划施工不能按期竣工的，承包人仍应承担相应的违约责任。

工程师应当随时了解施工进度计划执行过程中所存在的问题，并帮助承包人予以解决，特别是承包人无力解决的内外关系协调问题。

2)暂停施工。

①工程师要求的暂停施工。工程师认为确有必要暂停施工时，应当以书面形式要求承包人暂停施工，并在提出要求后48小时内提出书面处理意见。承包人应当按工程师的要求停止施工，并妥善保护已完工程。承包人实施工程师作出的处理意见后，可以书面形式提出复工要求，工程师应当在48小时内给予答复。若工程师未能在规定时间内提出处理意见，或在收到承包人复工要求后48小时内未给予答复，承包人可自行复工。

由于发包人原因导致停工的，由发包人承担所发生的追加合同价款，赔偿由此给承包人造成的损失，相应顺延工期；由于承包人原因导致停工的，由承包人承担产生的费用，工期不予顺延。因工程师不及时作出答复，导致承包人无法复工，由发包人承担违约责任。

②发包人违约导致承包人主动暂停施工。当发包人出现某些违约情况时，承包人可以暂停施工，这是合同赋予承包人保护自身权益的有效措施。如发包人不按合同约定及时向承包人支付工程预付款，发包人不按合同约定及时向承包人支付工程进度款且双方未达成延期付款协议，在承包人发出要求付款通知后仍不付款的，经过一段时间后，承包人均可暂停施工。这时，发包人应当承担相应的违约责任。出现这种情况时，工程师应当尽量督促发包人履行合同，以求减少双方的损失。

③意外事件导致的暂停施工。在施工过程中出现一些意外情况，如果需要承包人暂停施工，承包人则应该暂停施工。此时工期是否给予顺延，应视风险责任由谁承担而确定。如发现有价值的文物、发生不可抗力事件等，风险责任应由发包人承担，故应给予承包人顺延工期。

3)工程设计变更。工程师在其可能的范围内应尽量减少设计变更，以避免影响工期。如果必须对设计进行变更，应当严格按照国家的规定和合同约定的程序进行。

①发包人对原工程设计进行变更。施工中发包人如果需要对原工程设计进行变更，应提前14天以书面形式向承包人发出变更通知。变更超过原设计标准或者批准的建设规模时，发包人应报规划管理部门和其他有关部门重新审查批准，并由原设计单位提供变更的相应图纸和说明。承包人按照工程师发出的变更通知及有关要求，进行下列需要的变更：

a. 更改工程有关部分的标高、基线、位置和尺寸；

b. 增减合同中约定的工程量；

c. 改变有关工程的施工时间和顺序；

d. 进行其他有关工程变更需要的附加工作。

发包人对原工程设计进行变更所导致的合同价款的增减及其所造成的承包人的损失，

由发包人承担，延误的工期相应顺延。

合同履行中发包人要求变更工程质量标准及发生其他实质性变更时，由双方协商解决。

②承包人要求对原设计进行变更。承包人应当严格按照设计图纸施工，不得对原工程设计进行变更。承包人擅自变更设计所产生的费用和由此导致的发包人的直接损失，由承包人承担，延误的工期不予顺延。承包人在施工中提出的合理化建议涉及对设计图纸或施工组织设计的更改及对材料、设备的换用时，需经工程师同意。工程师同意变更后，还需取得有关主管部门的批准，并由原设计单位提供相应的变更图纸和说明。当未经同意擅自变更或换用时，承包人承担由此产生的费用，并赔偿发包人的有关损失，延误的工期不予顺延。工程师同意采用承包人的合理化建议时，所产生的费用和获得的收益，发包人、承包人另行约定分担或分享。

4)工期延误。承包人应当按照合同工期完成工程施工，如果由于其自身原因导致工期延误，则应由自身承担违约责任，但由于以下原因导致工期延误，经工程师确认，工期相应顺延：

①发包人未能按专用合同条款的约定提供图纸及开工条件；

②发包人未能按约定日期支付工程预付款、进度款，致使施工不能正常进行；

③工程师未按合同约定提供所需指令、批准等，致使施工不能正常进行；

④设计变更和工程量增加；

⑤一周内非承包人原因的停水、停电、停气造成停工累计超过 8 小时；

⑥不可抗力；

⑦专用合同条款中约定或工程师同意工期顺延的其他情况。

在上述情况下工期可以顺延的原因在于：这些情况属于发包人违约或者应当由发包人承担风险。

承包人在以上情况发生后 14 天内，就延误的工期以书面形式向工程师提出报告，工程师在收到报告后 14 天内予以确认，若逾期不予以确认也不提出修改意见，视为同意顺延工期。

工程师确认的工期顺延期限应当基于事件所造成的合理延误，由工程师根据发生事件的具体情况和工期定额、合同等的规定确认。经工程师确认的顺延工期应纳入合同总工期，如果承包人不同意工程师的确认结果，则可按合同约定的争议解决方式处理。

(3)竣工验收阶段的进度控制。在竣工验收阶段，工程师进度控制的任务是督促承包人完成工程扫尾工作，协调竣工验收中的各方关系，参加竣工验收。

1)竣工验收的程序。承包人必须按照协议书约定的竣工日期或者工程师同意顺延的工期竣工。由于承包人原因不能按照协议书约定的竣工日期或者工程师同意顺延的工期竣工的，承包人应当承担违约责任。

①承包人提交竣工验收报告。当工程按合同要求全部完成，并具备竣工验收条件时，承包人按国家工程竣工验收的有关规定，向发包人提供完整的竣工资料和竣工验收报告。双方约定由承包人提供竣工图的，承包人应按专用条款内约定的日期和份数向发包人提交竣工图。

②发包人组织验收。发包人在收到竣工验收报告后 28 天内组织有关单位验收，并在验收后 14 天内给予认可或提出修改意见，承包人应当按要求进行修改，并承担由于自身原因所产生的修改费用。中间交工工程的范围和竣工时间，由双方在专用合同条款内约定。验收程序同上。

③发包人不能按时组织验收。发包人在收到承包人送交的竣工验收报告后 28 天内不组

织验收，或者在验收后14天内不提出修改意见，则视为竣工验收报告已经被认可。若发包人在收到承包人竣工验收报告后28天内不组织验收，从第29天起承担工程保管及一切意外责任。

2)提前竣工。施工中发包人如需提前竣工，双方协商一致后应签订提前竣工协议，将其作为合同文件的组成部分。提前竣工协议应包括以下几项：

①要求提前的时间；

②承包人所采取的赶工措施；

③发包人为提前竣工所提供的条件；

④承包人为保证工程质量和安全所采取的措施；

⑤提前竣工所需的追加合同价款等。

3)甩项工程。由于特殊原因，发包人要求部分单位工程或工程部位需甩项竣工时，双方应另行订立甩项竣工协议，明确双方责任和工程价款的支付办法。

四、建筑工程项目施工合同的履行与变更

工程项目施工合同的履行是指当事人双方按照工程项目合同条款的规定，全面完成各自义务的活动。工程项目施工合同履行的关键在于工程项目变更的处理。

合同的变更是由于设计变更、实施方案变更、发生意外风险等原因导致的双方责任、权利、义务的变化在合同条款上的反映。适当而及时的变更可以弥补初期合同条款的不足，但频繁或失去控制的合同变更会给项目带来重大损失甚至导致项目失败。

(一)合同变更的类型

(1)正常和必要的合同变更。工程项目甲、乙双方根据项目目标的需要，对必要的设计变更或项目工作范围调整等所引起的变化，经过充分协商对原订合同条款进行适当的修改，或补充新的条款。这种有益的项目变化所引起的原合同条款的变更是为了保证工程项目的正常实施，是有利于实现项目目标的积极变更。

(2)失控的合同变更。如果合同变更过于频繁，或变更未经甲、乙双方协商同意，则其往往会导致项目受损或使项目执行产生困难。这种由项目变化所引起的原合同条款的变更不利于工程项目的正常实施。

(二)合同变更的内容与范围

(1)工作项目的变化。由于设计失误、变更等原因增加的工程任务在原合同范围内，并应有利于工程项目的完成。

(2)材料的变化。为便于施工和供货，有关材料方面的变化一般由施工单位提出要求，通过现场管理机构审核，在不影响项目质量、不增加成本的条件下，双方需用变更书加以确认。

(3)施工方案的变化。在工程项目实施过程中，设计变更、施工条件改变、工期改变等，可能引起原施工方案的改变。如果是由建设单位原因所引起的变更，应该以变更书加以确认，并给施工单位补偿因变更而增加的费用。如果是由施工单位自身原因所引起的施工方案的变更，其增加的费用由施工单位自己承担。

(4)施工条件的变化。由施工条件变化所引起的费用的增加和工期延误，应该以变更书加以确认。对不可预见的施工条件的变化，其所引起的额外费用应由建设单位审核后给予补偿，延误的工期由双方经协商共同采取补救措施加以解决。当施工条件变化可预见时，

应该是谁的原因由谁负责。

(5)国家立法的变化。当国家立法发生变化导致工程成本增加时，建设单位应该根据具体情况进行补偿和收费。

五、建筑工程项目合同纠纷的处理

对于工程项目合同纠纷的处理，通常有协商、调解、仲裁和诉讼四种方式。

1. 协商

协商是指合同当事人在自愿互谅的基础上，按照法律和行政的规定，通过摆事实、讲道理解决纠纷的一种方法。自愿、平等、合法是协商解决的基本原则。这是解决合同纠纷的最简单的一种方式。

2. 调解

调解是指在第三者的主持下，通过劝说引导，在互谅互让的基础上达成协议，从而解决争端的一种方式。

3. 仲裁

当合同双方的争端经过双方协商和中间人调解等办法，仍得不到解决时，可以申请仲裁机构进行仲裁，由仲裁机构作出具有法律约束力的裁决行为。

4. 诉讼

凡是合同中没有订立仲裁条款、事后也没有达成书面仲裁协议的，当事人可以向法院提起诉讼，由法院根据有关法律条文作出判决。

项目案例

案例 2-1

【背景资料】

某大学第四教学大楼工程施工招标文件目录如下：

目录

第一部分　投标邀请书、投标须知、合同条件及合同主要条款

一、投标邀请书

二、投标须知

(一)总则

(二)招标文件

(三)工程价款的计算依据及结算

(四)投标文件的编制

(五)投标文件的递交

(六)决标及授予合同

三、合同条件及合同主要条款

(一)合同条件

(二)合同主要条款

第二部分　工程建设条件及技术规范

第三部分　招标评标办法及操作程序

【问题】

(1)按照这份招标文件的目录，此招标文件的内容是否齐全？还应补充哪些内容？

(2)由于招标人发现招标文件不完整，并将有关补充内容于招标截止日期前10天，电话通知各投标单位。这种做法是否符合规定？应如何调整？

【答案】

(1)这份招标文件不完整，还应补充两条内容：在投标须知中，投标文件递交之后应增加开标、评标的内容；本招标文件中应增加工程施工图纸。

(2)《招标投标法》规定，若招标人需要变更招标文件，应在投标截止日期至少15天前，以书面形式通知所有招标文件收受人；若迟于这一时限发出招标文件的通知，则应将原定的投标截止日期延长。本案例中招标人对招标文件的变更作出如下调整：将变更内容于投标截止日期前15天(而不是10天)，以书面形式(而不是电话形式)通知所有投标人，或仍按原时间通知变更内容，但投标截止日期适当延长。

案例 2-2

【背景资料】

某体育馆装修工程的招标人向具备承担该项目能力的A、B、C、D、E 5家承包商发出投标邀请书，5家承包商均在规定的时间前5天递送了投标书，但承包商A因发现投标书中有不完善之处，便将投标书撤回，经修改后加盖公章，经项目经理签字后于规定投标截止日期前30分钟递送了投标书。3天后由评标委员会主持开会，并当场宣布在资格审查中，承包商E不符合要求。公证处的有关人员对投标书进行审查，并确认所有投标书有效后，正式开标。

【问题】

该项目在招标程序中存在哪些问题？

【答案】

问题1：承包商A发现投标书不完善后，不应将投标书撤回，而应将补充文件密封，加盖公章和法定代表人或代理人印鉴，在规定日期递送给招标人。

问题2：开标时间不对。《招标投标法》规定，如无特殊情况，开标时间与投标截止时间相同，而不应是3天后。

问题3：开标会不应由评标委员会主持，而应由招标人或其委托人主持。

问题4：资格审查应在投标之前由招标人进行，并应将审查结果通知各承包商。

问题5：公证处确认所有招标文件有效是错误的，因为承包商A的投标补充文件仅有单位公章和项目经理签字，而无法定代表人或代理人印鉴，应作废标处理。

案例 2-3

【背景资料】

经当地主管部门批准，某建设单位自行组织某建设项目的施工公开招标工作。确定的招投标程序如下：

(1)成立该项目的施工招标小组。

(2)编制招标文件。

(3)发放招标邀请书。

(4)对报名参加投标者进行资格评审，并将结果通知各申请投标者。

(5)向合格的投标者发招标文件及设计图纸、技术资料等。

(6)建立评标小组，制定评标、定标办法。

(7)召开开标会议，审查投标书。

(8)组织评标，决定中标单位。

(9)发出中标通知。

(10)设计单位与中标单位签订承发包合同。

【问题】

请问上述招标程序有无不妥、不完善之处？若有请指正。

【答案】

施工招标工作小组成立后，应着手办理有关审批手续，确定招标方式；招标文件的编制和发售应在资格预审后进行；招标文件中已包含设计图纸和技术资料；向合格的投标者发招标文件之后应进行现场勘察，召开投标预备会；评标、定标办法应在开标前确定，并应在招标文件中体现；开标的时间和地点应在招标文件中有明确规定；承发包合同由建设单位和中标单位签订，不能由设计单位和中标单位签订。

案例 2-4

【背景资料】

某施工企业参加一工程项目的投标，并按规定的时间递送了投标文件，但该标书仍被认为是废标。

【问题】

分析该标书被作为废标有可能是什么原因。

【答案】

有可能有下列一种或几种原因：

(1)在投标工程中弄虚作假。

(2)报价低于其个别成本或高于招标控制价。

(3)投标文件不符合有关规定。

(4)未能在实质上响应招标文件的要求。

(5)投标书未按招标文件要求密封。

(6)未加盖投标企业和法定代表人或委托代理人的印鉴。

(7)企业法定代表人委托的代理人没有合法、有效的委托书原件及委托代理人印章。

(8)未按规定填写，内容不全或关键内容字迹模糊，无法辨认。

(9)联合体的投标文件未附联合体各方共同投标协议书。

(10)投标人未按招标文件要求提供投标保证金或投标保函。

(11)投标人不参加开标会议。

案例 2-5

【背景资料】

某建设单位(甲方)通过招标方式与某装饰公司(乙方)签订了某商场装修施工合同，施工开始后，建设单位要求提前竣工，并与装饰公司签订了书面协议。在施工过程中乙方为赶工期发生了质量事故，导致直接经济损失 10 万元。事故发生后，建设单位以装饰公司不具备履行能力，又不可能保证提前竣工为由，提出终止合同。但装饰公司认为质量事故是因建设单位要求赶工引起的，不同意终止合同。建设单位按合同约定提请仲裁机构裁定终止合同，装饰公司不服，决定向具有管辖权的人民法院起诉。

【问题】

(1)合同争议的解决方法有哪几种?

(2)仲裁的原则是什么?

(3)有管辖权的人民法院是否可以受理装饰公司的起诉请求? 为什么?

【答案】

(1)合同争议的解决方法有和解、调解、仲裁、诉讼。

(2)仲裁的原则为:自愿原则、公平合理原则、仲裁依法独立进行原则、一裁终局原则。

(3)人民法院不予以受理。根据《合同法》的规定,仲裁机构作出裁决后立即生效。合同双方当事人就同一纠纷再申请仲裁或向人民法院起诉,仲裁委员会或人民法院不予以受理。

案例 2-6

【背景资料】

某装饰装修工程公司签订了高等公寓的装饰装修工程合同,合同工期为 6 个月。该装饰装修公司进入施工现场后,临建设施已搭设,材料、机具设备尚未进场。在工程正式开工前,施工单位按合同约定对原建筑物的结构进行检查时发现,需对该建筑物结构进行加固。因此,除另约定工程费外,施工单位提出以下索赔要求:

(1)预计结构加固施工时间为 1 个月,故要求将原合同工期延长为 7 个月。

(2)由于上述工期的延长,建设单位应给施工单位赔偿额外增加的现场费(包括临时设施费和现场管理费)。

(3)由于工期延长,建设单位应按银行贷款利率计算补偿施工单位流动资金积压损失。

在该工程的施工过程中,设计变更使工期延长了两个月,并且延长的两个月正值冬期施工,比原施工计划增加了施工的难度。为此,在竣工结算时施工单位向建设单位提出补偿冬期施工增加费的索赔要求。

【问题】

(1)上述索赔要求是否合理?

(2)在何种情况下,发包人会向承包人提出索赔? 索赔的时限如何规定?

【答案】

(1)第(1)项中,结构加固施工时间延长 1 个月是非承包商原因造成的,属于工程延期,故承包方有权要求索赔,其要求合理。

第(2)项中,现场管理费一般与工期长短有关,故费用索赔要求合理;但临时设施费一般与工期长短无关,施工单位不宜要求索赔。

第(3)项的费用索赔不合理,因为材料、机具设备尚未进场,工程尚未动工,不存在资金积压问题,故施工单位不应提出索赔。

索赔冬期施工增加费不合理,因为在报价中已包括了冬、雨期施工增加费,应在事件发生后 28 天内向监理方发出索赔意向通知,竣工结算时承包方已无权再提出索赔要求。

(2)承包方未能按合同约定履行自己的各项义务或发生错误,给发包人造成经济损失,发包人可在索赔事件发生后 28 天内向承包方提出索赔。

案例 2-7

【背景资料】

某施工单位根据领取的某 3 000 m^2 办公楼的工程项目招标文件和全套施工图纸,采用低报价策略编制了投标文件,并中标。该施工单位(乙方)与建设单位(甲方)签订了该工程项目的固定价格施工合同。合同工期为8个月。甲方在乙方进入施工现场后，因资金紧缺，口头要求乙方暂停施工1个月，乙方也口头答应。工程按合同规定期限验收时，甲方发现该工程质量有问题，要求返工。两个月后，返工完毕。结算时，甲方认为乙方迟延交付工程，应按合同约定赔偿逾期违约金。乙方认为临时停工是甲方要求的，甲方为抢工期，加快施工进度才出现质量问题，因此延迟交付的责任不在乙方。甲方则认为临时停工和不顺延工期是当时乙方答应的。乙方应履行承诺，承担违约责任。

【问题】

(1)该工程采用固定价格合同是否合适?

(2)该施工合同的变更形式是否妥当?此合同争议依据合同法律规范应如何处理?

【答案】

(1)因为固定价格合同适用于工程量不大且能够较准确计算、工期较短、技术不太复杂、风险不大的项目，该工程基本符合这些条件，故采用固定价格合同是合适的。

(2)根据《合同法》和《建设工程施工合同》(示范文本)(GF—2013—0201)的有关规定：建筑工程合同应当采取书面形式，合同变更亦应当采取书面形式。在应急情况下，可采取口头形式，但必须事后予以书面确认。否则，在合同双方对合同变更内容有争议时，只能以书面协议的内容为准。本案例中甲方要求临时停工，乙方也已答应，这是甲、乙双方的口头协议，且事后并未以书面形式确认，所以该合同变更形式不妥。在竣工结算时双方发生了争议，对此只能以原合同规定为准。施工期间，甲方未能及时支付工程款，应对停工承担责任；故应当赔偿乙方停工1个月的实际经济损失，工期顺延1个月。工程因质量问题返工，造成逾期交付，责任在乙方，故乙方应当支付逾期交工1个月的违约金，因质量问题引起的返工费用由乙方承担。

案例2-8

【背景资料】

某新建工程采用公开招标的方式，确定某施工单位中标。双方按《建设工程施工合同》(示范文本)(GF—2013—0201)签订了施工总承包合同。合同约定总造价为14 250万元，预付备料款为2 800万元，每月月底按月支付施工进度款。竣工结算时，结算价款按调整值公式进行调整。在招标和施工过程中，发生了如下事件：

事件一：建设单位自行组织招标。招标文件规定，合格投标人为本省企业，自招标文件发出之日起15天后投标截止；招标人对投标人提出的疑问分别以书面形式回复相应提出疑问的投标人。建设行政主管部门评审招标文件时，认为个别条款不符合相关规定，要求整改后再进行招标。

事件二：合同约定主要材料按造价比重的55%计，预付备料款在起扣点之后的5次月度支付中扣回。

事件三：基坑施工时正值雨季，连续降雨导致停工6天，造成人员窝工损失2.2万元。一周后出现了罕见大暴雨，造成停工两天，人员窝工损失1.4万元。针对上述情况，施工单位分别向监理单位上报了这4项索赔申请。

事件四：某分项工程由于图纸变更，工程量变化幅度达20%，专用合同条款未对变更价款进行约定。

施工单位按变更图纸施工，在施工结束后的下一个月上报支付申请的同时，还上报了该设计变更的价款申请，监理工程师不批准变更价款。

事件五：种植屋面隐蔽工程通过监理工程师验收后开始覆土施工，建设单位对隐蔽工程质量提出异议，要求复验，施工单位不同意。

经监理工程师协调，三方现场复验，经检验质量满足要求。施工单位要求补偿由此增加的费用，建设单位予以拒绝。

事件六：合同中约定，根据人工费和四项主要材料和价格指数对总造价按调值公式法进行调整。

各调值因素的比重、基准和现行价格指数见表 2-2。

表 2-2 各调值因素的比重、基准和现行价格指数表

可调项目	人工费	材料一	材料二	材料三	材料四
比重	0.15	0.30	0.12	0.15	0.08
基准价格指数	0.99	1.01	0.99	0.96	0.78
现行价格指数	1.12	1.16	0.85	0.80	1.05

【问题】

(1)在事件一中，指出招标文件规定的不妥之处，并分别写出理由。

(2)在事件二中，列式计算预付备料款的起扣点是多少万元(精确到小数点后两位)。

(3)在事件三中，分别判断 4 项索赔是否成立，并写出相应的理由。

(4)在事件四中，监理工程师不批准变更价款申请是否合理？说明理由。在合同中未约定变更价款的情况下，变更价款应如何处理？

(5)在事件五中，施工单位、建设单位的做法是否正确？说明理由。

(6)在事件六中，列式计算经调整后的实际计算价款应为多少万元(精确到小数点后两位)。

【答案】

(1)问题(1)的答案：

1)“合格投标人为本省企业”不妥。

理由：根据相关规定，招标人不得对投标人实行歧视待遇，不得限制或排斥外地区、外系统的投标人。

2)“自招标文件发出之日起 15 天后投标截止”不妥。

理由：自发售招标文件之日起至投标截止时间不得少于 20 日。

3)“分别以书面形式回复相应提出疑问的投标人”不妥。

理由：根据相关规定，招标人对投标人提出的疑问应以书面形式通知所有购买招标文件的投标人。

(2)问题(2)的答案：

14 250－2 800/55%≈9 159.09(万元)。

(3)问题(3)的答案：

1)“连续降雨导致停工 6 天”的工期索赔不成立。

理由：连续降雨是一个有经验的承包商能够合理预见的。

2)“连续降雨造成人员窝工损失 2.2 万元”的费用索赔不成立。

理由：连续降雨是一个有经验的承包商能够合理预见的。

3)“罕见特大暴雨，造成停工两天”的工期索赔成立。

理由：根据《建设工程施工合同》(示范文本)(GF—2013—0201)的规定，罕见特大暴雨属于异常恶劣的气候条件，工期损失是业主应承担的风险责任。

4)“罕见特大暴雨导致人员窝工损失1.4万元”的费用索赔不成立。

理由：罕见特大暴雨属于异常恶劣的气候条件，人员窝工损失是施工单位应承担的风险责任。

(4)问题(4)的答案：

1)合理。

理由：施工单位在收到变更指令后的14天内，未向监理工程师提交变更价款申请，视为该变更工程不涉及价款变更。

2)应按《建设工程施工合同》(示范文本)(GF—2013—0201)的通用合同条款确定：工程量清单或预算书有相同项目的，按照相同项目单价认定；工程量清单或预算书中无相同项目，但有类似项目的，参照类似项目的单价认定；变更导致实际完成的变更工程量与工程量清单或预算书中列明的该项目工程量的变化幅度超过15%的，或工程量清单或预算书中无相同的项目及类似项目单价的，按照合理的成本与利润构成的原则，由合同当事人协商确定变更工程的单价。

(5)问题(5)的答案

1)“建设单位对隐蔽工程质量提出异议，要求复验，施工单位不予同意”中，建设单位的做法正确，但施工的单位的做法不正确。理由：无论监理工程师是否参加隐蔽工程的验收，当建设单位要求重新检验时，施工单位应按要求剥离，并在检验后重新覆盖。

2)“施工单位要求补偿由此增加的费用，建设单位予以拒绝”中，施工单位的做法正确，但建设单位的做法不正确。理由：隐蔽工程重新检验合格时，因此增加的费用由建设单位承担，延误的工期相应顺延。

(6)14 250×(0.2+0.15×1.12/0.99+0.3×1.16/1.01+0.12×0.85/0.99+0.15×0.8/0.96+0.08×1.05/0.78)=14 962.13(万元)。

案例2-9

【背景资料】

某工程项目由政府投资建设，建设单位委托某招标代理公司代理施工招标。招标代理公司确定该项目采用公开招标方式招标，招标公告仅在当地政府规定的招标信息网上发布，招标文件对省内的投标人与省外的投标人提出了不同的要求。招标文件中规定：投标担保可采用投标保证金或投标保函方式。评标方法采用经评审的最低投标价法，投标有效期为60天。

项目施工招标信息发布以后，共有12个潜在投标人报名参加投标。为减少评标工作量，建设单位要求招标代理公司对潜在投标人的资质条件、业绩进行资格审查后确定6家为投标人。

开标后发现：A投标人的投标报价为8 000万元，为最低投标价。B投标人在开标后又提交了一份补充说明，可以降价5%。C投标人提交的银行投标保函有效期为50天。D投标人投标文件的投标函盖有企业及企业法定代表人的印章，但没有项目负责人的印章。E投标人与其他投标人组成了联合体投标，附有各方资质证书，但没有联合体共同投标协议书。F投标人的投标报价最高，故F投标人在开标后第二天撤回其投标文件。

经过标书评审：A投标人被确定为第一中标候选人。发出中标通知书后，招标人和A投标人进行合同谈判，希望A投标人能再压缩工期、降低费用。经过谈判后双方达成一致：不压缩工期，降价3%。

【问题】

(1)本工程项目招标公告和招标文件有无不妥之处？若有不妥请给出正确做法。

(2)建设单位要求招标代理公司对潜在投标人进行资格审查是否正确？为什么？

(3)A、B、C、D、E 投标人的投标文件是否有效？F 投标人撤回投标文件的行为应如何处理？

(4)项目施工合同如何签订？合同价格应为多少？

【答案】

(1)“招标公告仅在当地政府规定的招标信息网上发布”不妥，公开招标项目的招标公告，必须在指定媒介发布，任何单位和个人不得非法限制招标公告的发布地点和发布范围。

“对省内的投标人与省外的投标人提出了不同的要求”不妥，公开招标应当平等地对待所有的投标人，不允许对不同的投标人提出不同的要求。

(2)“建设单位提出的仅对潜在的资质条件、业绩进行资格审查”不全面。因为资质审查的内容还应包括信誉、技术、拟投入人员、拟投入机械、财务状况等。

(3)A 投标人的投标文件有效。

B 投标人的投标文件有效(或原投标文件有效)，但补充说明无效，因开标后投标人不能变更(或更改)投标文件的实质性内容。

C 投标人的投标文件无效，因为投标保函有效期小于投标有效期。

D 投标人的投标文件有效。

E 投标人的投标文件无效，因为组成联合体投标的，投标文件应附联合体各方共同投标协议。

F 投标人的投标文件有效。

对 F 单位撤回投标文件的行为，应当没收其投标保证金。因为投标行为是一种要约，所以在投标有效期内撤回其投标文件的，应当视为违约行为。

(4)该项目应自中标通知书发出后 30 天内按招标文件和 A 投标人的投标文件签订书面合同，双方不得再签订背离合同实质性内容的其他协议。合同价格应为 8 000 万元。

项目小结

建筑工程项目招投标与合同管理作为建筑工程项目管理的主要内容之一，是时代的要求。因此，正确理解招投标与合同管理的内涵，明确其基本任务，掌握招投标与合同管理的特点是管理者的工作内容之一。

明确建筑工程项目招投标的编制方法与招投标程序，掌握建筑工程项目合同管理的主要措施，是建筑项目招投标与合同管理的核心。

项目习题

一、单选题

1. 施工合同文本规定，承包人要求的延期开工应由(　　)。

A. 工程师批准 B. 发包人批准
C. 承包人自行决定 D. 承包人通知发包人

2. 施工合同文本规定，设备安装工程具备无负荷联动试车条件，由(　　)组织试车。
A. 发包人 B. 承包人 C. 工程师 D. 监理单位

3. 施工合同文本规定，承包方有权(　　)。
A. 分包所承包的部分工程
B. 分包和转让所承担的工程
C. 经业主同意分包和转包所承担的工程
D. 经业主同意分包所承担的部分工程

4. 承包商签订合同后，将合同的一部分分包给第三方承担时，(　　)。
A. 应征得业主同意 B. 可不经过业主同意
C. 自行决定后通知业主 D. 自行决定后通知监理工程师

5. 我国施工分包单位对分包工作(　　)。
A. 应自行完成分包工程 B. 可再行分包
C. 自行完成或再分包 D. 可转包

6. 施工合同文本规定，工程师要求承包人立即执行的指令，承包人未提异议，因指令错误发生的费用由(　　)承担。
A. 发包人 B. 承包人
C. 工程师 D. 工程师与承包人共同

7. 施工合同的当事人选择仲裁的，应当由(　　)仲裁委员会仲裁。
A. 双方选定 B. 合同签字地
C. 施工企业所在地 D. 建设单位所在地

8. 工程款支付的依据是由(　　)测量核实实际工作量。
A. 业主 B. 监理工程师 C. 承包商 D. 监理工程师委托人

9. 当工程变更后确定价格时，工程量表中已有类似工作的价格，但对变更工作而言不合理，此时处理办法应为(　　)。
A. 采用工程量表中的类似工作价格 B. 在原价基础上制定
C. 由监理工程师自行决定 D. 协商决定

10. 上级行政主管部门的工作人员在施工现场检查工作时，应由(　　)对他们的安全负责。
A. 业主 B. 监理单位 C. 承包商 D. 上级主管部门

11. 我国施工强制保险的险种为(　　)。
A. 施工机械设备险 B. 人员生命财产险
C. 意外伤害险 D. 人员生命财产险和意外伤害险

12. 由于设备制造原因试车达不到验收要求时，由(　　)承担修理和重新采购费用。
A. 设备制造商 B. 设备采购方 C. 设备供货商 D. 施工承包方

13. 实际施工竣工日期为(　　)。
A. 承包方递送竣工验收报告日期 B. 承包方施工完工日期
C. 竣工验收合格日期 D. 办理竣工验收手续日期

14. 已竣工工程交付使用之前应由(　　)负责成品保护工作。

A. 建设单位　　B. 施工单位　　C. 监理单位　　D. 协商解决单位

15. 不可抗力发生时，工程所需清理修复费用由(　　)承担。

A. 发包方　　B. 承包方

C. 发包方和承包方协商　　D. 发包方和承包方共同

16. 下列行为中，属于不符合暂停施工要求的是(　　)。

A. 工程师在确有必要时，可要求乙方暂停施工

B. 工程师未能在规定的时间内提出处理意见，乙方可自行复工

C. 乙方交送复工要求后，可自行复工

D. 在施工过程中发现有价值的文物时，乙方应暂停施工

17. 因不可抗力发生合同无法继续履行时，可以解除合同。合同解除后，双方约定的(　　)条款仍然有效。

A. 质量控制　　B. 投资控制

C. 支付和结算　　D. 担保

18. 承包商自有的施工机具运入工地后，若其他工程项目施工中需用，(　　)。

A. 可自行运出工地　　B. 不能自行运出工地

C. 需经业主批准后才能运出工地　　D. 需经工程师批准后才能运出工地

19. 进行施工中间验收后，若监理工程师在24小时内未在验收记录上签字，也未提出任何不合格的修改意见，则承包商(　　)。

A. 可继续施工

B. 应等待监理工程师的进一步指示再施工

C. 要求监理工程师再次检验

D. 向业主申请继续施工

20. 由于设备制造原因导致试车达不到验收要求，则该项拆除、修理和重新安装费用应由(　　)承担。

A. 业主　　B. 承包商　　C. 设备采购方　　D. 设计方

21. 根据施工合同范本的规定，工程竣工结算应遵循的程序是，当竣工验收合格后由(　　)编制竣工决算报告。

A. 业主　　B. 承包商　　C. 监理工程师　　D. 设计单位

22. 施工合同示范文本中定义：在施工中已经发生，经甲方确认后，以增加预算形式支付的合同价款为(　　)。

A. 变动价款　　B. 额外价款　　C. 经济支出　　D. 费用

23. 施工合同示范文本中，“工期”是指(　　)。

A. 合同条件依据的“定额工期”　　B. 协议条款约定的“合同工期”

C. 施工合同履行的“施工工期”　　D. 招标文件中的“计划工期”

24. 施工合同承包方对(　　)承担责任。

A. 施工图设计或与工程配套的设计的修改和审定

B. 分包单位的任何违约和疏忽

C. 办理有关工程施工的开工手续

D. 遵守有关部门对施工噪声的管理规定，经业主同意办理有关手续，由此产生的费用

25. 采购标的数额较大，市场竞争激烈的材料，采用(　　)方式对采购方比较有利。

A. 直接采购　　B. 公开招标

C. 询价报价签订合同　　D. 间接采购

26. 施工合同示范文本规定，设计单位和承包商进行图纸会审、设计交底的组织工作，应由(　　)负责。

A. 业主　　B. 设计单位　　C. 承包商　　D. 监理单位

27. 施工合同示范文本规定，一般由(　　)办理建筑工程和施工现场甲方人员及第三方人员的生命财产保险，并支付保险费用。

A. 甲方　　B. 乙方

C. 甲方和乙方　　D. 甲方和监理方

28. 监理工程师在施工阶段进行进度控制的依据是(　　)施工进度计划。

A. 承包商编制的　　B. 业主编制的

C. 监理单位制定并由承包商认可的　　D. 承包商提交并经监理工程师批准的

29. 设计合同生效后，委托方应向承包支付实际设计费(　　)的定金。

A. 20%　　B. 30%　　C. 40%　　D. 50%

30. 设计合同规定，设计单位和施工单位进行的设计交底的组织工作应由(　　)负责。

A. 建设单位　　B. 设计单位　　C. 施工单位　　D. 协商确定单位

31. 承包方设计完成设计合同后，对其承担设计任务的建设项目应配合施工进行技术交底，解决施工中的有关设计问题，其产生的费用(　　)。

A. 业主另行支付　B. 设计单位自负　　C. 双方协商　　D. 监理工程师决定

32. 因设计错误导致工程出现重大质量事故，设计方应(　　)。

A. 双倍返还委托方合同内约定的定金

B. 退还委托方全部设计费

C. 除退还委托方受损部分的设计费外，还应支付与该部分设计费相当的赔偿金

D. 按委托方实际受到的损失赔偿受损失部分的工程费用

33. 勘察方履行全部义务，委托方按合同约定支付了全部勘察费后，合同预付的定金应(　　)。

A. 返还委托方　　B. 双倍返还委托方

C. 不再返还委托方　　D. 上缴上级主管部门

34. 设计工作开始前，委托方预先付给设计单位的一笔拨款在合同内被规定为定金。合同履行过程中进行阶段支付时，委托方(　　)。

A. 按已完成设计工作的价值占合同总价的比例扣回

B. 按定金总额除以合同约定的阶段支付次数的平均值扣回

C. 在每次阶段支付时均不扣减定金

D. 在每次阶段支付时可将一定比例定金充抵部分设计费

35. 某勘察单位已接受委托方支付的定金 30 万元，无正当理由拒不履行合同，委托方有权要求返还(　　)万元定金。

A. 30　　B. 40　　C. 50　　D. 60

36. 某项目设计合同的价格为 500 万元，设计单位已接受委托方支付的定金，无正当理由拒不履行合同义务，则委托方有权要求设计单位返还(　　)万元。

A. 100　　　　　B. 150　　　　　C. 200　　　　　D. 250

37. 当委托方因故要求中途中止设计时，(　　)。

A. 已付的设计费不退

B. 已付的设计费退回

C. 已付的设计费不退，并还应按实际所耗工时结清

D. 已付设计费退回，另作适当补偿

二、简答题

1. 签订施工合同谈判的依据是什么?

2. 现阶段为什么要实行施工合同备案制度?

3. 合同内对工程竣工结算程序是如何约定的?

4. 对确定变更价款程序和变更合同价款方法，合同内是如何约定的?

5. 在哪些情况下所签订的建筑工程施工合同为无效合同?

6. 用流程图描述业主招标工作过程。

7. 我国的许多承包商在投标过程中十分重视图纸的分析与研究，而忽视对投标人须知、合同条件和规范的研究，这可能会产生哪些危害?

8. 有些承包商认为，在投标阶段发现招标文件中有错误、遗漏、含义不清的地方，是承包商的索赔机会，不必向业主澄清。你觉得这种观点对吗？为什么?

项目三　建筑工程施工质量管理

学习目标

知识目标　了解质量管理的基本观点；了解质量管理体系的建立和运行；掌握质量管理的统计方法；掌握施工质量的控制依据和程序；能按施工标准规范的要求进行施工质量控制。

能力目标　掌握质量管理的统计方法，掌握施工质量的控制依据和程序，能按施工标准规范的要求进行施工质量控制。

项目分析

对于建筑工程施工质量管理，要从全面质量管理的观点来分析。建筑工程的质量不仅包括工程质量，还应包括工作质量和人的质量(素质)。工程质量是指工程适合一定用途，满足使用者的要求，符合国家法律法规、技术标准、设计文件、合同等规定的特性综合。建筑工程质量主要包括性能、寿命、可靠性、安全性、经济性以及与环境的协调性六个方面。

单元一　施工准备阶段质量控制方案的编制

一、建筑工程项目质量管理概述

(一)建筑工程项目质量的概念及特点

1. 质量的概念

质量是指反映实体满足明确或隐含需要能力的特性之总和，国际化标准组织 ISO 9000 族标准中对质量的定义是：质量是一组固有特性满足要求的程度。

质量的主体是“实体”。实体可以是活动或过程，如监理单位受业主委托实施建设工程监理或承包商履行施工合同的过程；也可以是活动或过程结果的有形产品，如已建成的厂房；或者是无形产品，如监理规划等；还可以是某个组织体系，以及以上各项的组合。

“需要”通常被转化为有规定准则的特性，如适用性、可靠性、经济性、美观性及与环境的协调性等方面。在许多情况下，“需要”随时间、环境的变化而变化，这就要求定期修改反映这些“需要”的各项文件。

“明确需要”是指在合同、标准、规范、图纸、技术文件中已经作出明确规定的要求。“隐含需要”则应加以识别和确定：一是指顾客或社会对实体的期望；二是指被人们所公认的、不言而喻的、不必作出规定的需要，如住宅应满足人们最起码的居住需要，此即属于“隐含需要”。

获得令人满意的质量通常要涉及全过程各阶段众多活动的影响，有时为了强调不同阶段对质量的作用，可以称某阶段对质量的作用或影响，如“设计阶段对质量的作用或影响”“施工阶段对质量的作用或影响”等。

2. 建筑工程项目质量

建筑工程项目质量是现行国家的有关法律、法规、技术标准、设计文件及工程合同中对建筑工程项目的安全、使用、经济、美观等特性的综合要求。工程项目一般是按照合同条件承包建设的，因此，建筑工程项目质量是在“合同环境”下形成的。合同条件中对建筑工程项目的功能、使用价值及设计、施工质量等的明确规定都是业主的“需要”，因而它们都是质量的内容。

(1)工程质量。工程质量是指能满足国家建设和人民需要所具备的自然属性。其通常包括适用性、可靠性、经济性、美观性和环境保护性等。

(2)工序质量。工序质量是指在生产过程中，人、材料、机具、施工方法和环境对装饰产品综合起作用的过程，这个过程所体现的工程质量称为工序质量。工序质量也要符合“设计文件”、建筑施工及验收规范的规定。工序质量是形成工程质量的基础。

(3)工作质量。工作质量并不像工程质量那样直观，其主要体现在企业的一切经营活动中，通过经济效果、生产效率、工作效率和工程质量集中体现出来。

工程质量、工序质量和工作质量是三个不同的概念，但三者有密切的联系。工程质量是企业施工的最终成果，其取决于工序质量和工作质量。工作质量是工序质量和工程质量的保证和基础，必须努力提高工作质量，以工作质量来保证和提高工序质量，从而保证和提高工程质量。提高工程质量是为了提高经济效益，为社会创造更多的财富。

3. 建筑工程项目质量的特点

建筑工程项目质量的特点是由建筑工程项目的特点决定的。由于建筑工程项目具有单项性、一次性以及高投入性等特点，故建筑工程项目质量具有以下特点：

(1)影响因素多。设计、材料、机械、环境、施工工艺、施工方案、操作方法、技术措施、管理制度、施工人员素质等均直接或间接地影响建筑工程项目的质量。

(2)质量波动大。建筑工程建设因其具有复杂性、单一性，不像一般工业产品的生产那样有固定的生产流水线，有规范化的生产工艺和完善的检测技术，有成套的生产设备和稳定的生产环境，有相同系列规格和相同功能的产品，所以，其质量波动大。

(3)质量变异大。影响建筑工程质量的因素较多，任一因素出现质量问题，均会引起工程建设系统的质量变异，造成建筑工程质量问题。

(4)质量具有隐蔽性。建筑工程项目在施工过程中，由于工序交接多、中间产品多、隐蔽工程多，若不及时检查并发现其存在的质量问题，事后看表面质量可能很好，但容易产生第二判断错误，即将不合格的产品认为是合格的产品。

(5)终检局限大。建筑工程项目建成后，不可能像某些工业产品那样，可以拆卸或解体来检查内在的质量，因此，建筑工程项目终检验收时难以发现工程内在的、隐蔽的质量缺陷。

所以，对建筑工程质量更应重视事前、事中控制，防患于未然，将质量事故消灭于萌芽之中。

(二)建筑工程项目质量控制的分类

质量管理是在质量方面进行指挥、控制、组织、协调的活动。这些活动通常包括制定质量方针和质量目标以及质量策划、质量控制、质量保证与质量改进等一系列活动。质量控制是质量管理的一部分，是致力于满足质量要求的一系列活动，主要包括设定标准、测量结果、评价和纠偏。

建筑工程项目质量控制是指建筑工程项目企业为达到工程项目质量要求所采取的作业技术和活动。

建筑工程项目质量要求主要表现为工程合同、设计文件、技术规范规定的质量标准。因此，建筑工程项目质量控制就是为了保证达到工程合同规定的质量标准而采取的一系列措施、手段和方法。

建筑工程项目质量控制按其实施者的不同，可分为以下三个方面。

1. 业主方面的质量控制

业主方面的质量控制包括以下两个层面的含义：

(1)监理方的质量控制。目前，业主方面的质量控制通常通过委托工程监理合同，委托监理单位对工程项目进行质量控制。

(2)业主方的质量控制。其特点是外部的、横向的控制。工程建设监理的质量控制，是指监理单位受业主委托，为保证工程合同规定的质量标准对工程项目进行的质量控制。其目的是保证工程项目能够按照工程合同规定的质量要求达到业主的建设意图，并取得良好的投资效益。其控制依据除国家制定的法律、法规外，主要是合同、设计图纸。在设计阶段及其前期的质量控制以审核可行性研究报告和设计文件、图纸为主，审核项目设计是否符合业主的要求。在施工阶段驻现场实地监理，检查是否严格按图施工，并达到合同文件规定的质量标准。

2. 政府方面的质量控制

政府方面的质量控制是指政府监督机构的质量控制，其特点是外部的、纵向的控制。政府监督机构的质量控制是按城镇或专业部门建立有权威的工程质量监督机构，根据有关法规和技术标准对本地区(本部门)的工程质量进行监督检查。其目的是维护社会公共利益，保证技术性法规和标准贯彻执行。其控制依据主要是有关的法律文件和法定技术标准。在设计阶段及其前期的质量控制以审核设计纲要、选址报告、建设用地申请与设计图纸为主。在施工阶段以不定期的检查为主，审核是否违反城市规划，是否符合有关技术法规和标准的规定，对环境影响的性质和程度大小，有无防止污染、公害的技术措施。因此，政府质量监督机构根据有关规定，有权对勘察单位、设计单位、监理单位、施工单位的行为进行监督。

3. 承建商方面的质量控制

承建商方面的质量控制是内部的、自身的控制。承建商方面的质量控制主要是施工阶段的质量控制，这是工程项目全过程质量控制的关键环节。其中心任务是通过建立健全有效的质量监督工程体系，来确保工程质量达到合同规定的标准和等级要求。

(三)建筑工程项目质量管理的原则

(1)坚持“质量第一，用户至上”的原则。

(2)坚持“以人为核心”的原则。

(3)坚持“以预防为主”的原则。

(4)坚持质量标准、严格检查和“一切用数据说话”的原则。

(5)坚持贯彻科学、公正和守法的原则。

二、建筑工程项目的全面质量管理

(一)全面质量管理的概念

全面质量管理(简称 TQM),是指为了获得使用户满意的产品,综合运用一整套质量管理体系、手段和方法所进行的系统管理活动。其特点是“三全”(全企业职工、全生产过程、全企业各个部门)、具有一整套科学方法与手段(数理统计方法及电算手段等)、属于广义的质量观念。其与传统的质量管理相比有显著的成效,为现代企业管理方法中的一个重要分支。

全面质量管理的基本任务是建立和健全质量管理体系,通过企业经营管理的各项工作,以最低的成本、合理的工期生产出符合设计要求并使用户满意的产品。

全面质量管理的具体任务,主要有以下几个方面:

(1)进行完善质量管理的基础工作。

(2)建立和健全质量保证体系。

(3)确定企业的质量目标和质量计划。

(4)对生产过程各工序的质量进行全面控制。

(5)严格把控质量检验工作。

(6)开展群众性的质量管理活动,如质量管理小组活动等。

(7)建立质量回访制度。

(二)全面质量管理的工作方法

全面质量管理的工作方法是 PDCA 循环工作法。其是美国质量管理专家戴明博士在20世纪60年代提出来的。

PDCA 循环工作法把质量管理活动归纳为4个阶段,即计划阶段(Plan)、实施阶段(Do)、检查阶段(Check)和处理阶段(Action),其中共有8个步骤。

1. 计划阶段(P)

在计划阶段,首先要确定质量管理的方针和目标,并提出实现它们的具体措施和行动计划。计划阶段包括以下4个步骤:

第一步:分析现状,找出存在的质量问题,以便进行调查研究。

第二步:分析影响质量的各种因素,将其作为质量管理的重点对象。

第三步:在影响的诸多因素中找出主要因素,将其作为质量管理的重点对象。

第四步:制定改革质量的措施,提出行动计划并预计效果。

2. 实施阶段(D)

在实施阶段中,要按既定措施下达任务,并按措施去执行。这是 PDCA 循环工作法的第五个步骤。

3. 检查阶段(C)

检查阶段的工作是对执行措施的情况进行及时的检查,通过检查与原计划进行比较,找出成功的经验和失败的教训。这是 PDCA 循环工作法的第六个步骤。

4. 处理阶段(A)

处理阶段，就是对检查之后的各种问题加以处理。处理阶段可分为以下两个步骤：

第七步：总结经验，巩固措施，制定标准，形成制度，以便遵照执行。

第八步：将尚未解决的问题转入下一个循环，重新研究措施，制订计划，予以解决。

(三)质量保证体系

1. 质量保证和质量保证体系的概念

(1)质量保证的概念。质量保证是指企业向用户保证产品在规定的期限内能正常使用。按照全面质量管理的观点，质量保证还包括上道工序提供的半成品保证满足下道工序的要求，即上道工序对下道工序实行质量保证。

质量保证体现了生产者与用户之间、上道工序与下道工序之间的关系。通过质量保证，将产品的生产者和使用者密切地联系在一起，促使企业按照用户的要求组织生产，达到全面提高质量的目的。

用户对产品质量的要求是多方面的，它不仅指交货时的质量，更主要的是在使用期限内产品的稳定性，以及生产者提供的维修服务质量等。因此，建筑装饰装修企业的质量保证，包括装饰装修产品交工时的质量和交工以后在产品的使用阶段所提供的维修服务质量等。

质量保证的建立，可以使企业内部各道工序之间、企业与用户之间有一条质量纽带，带动各方面的工作；为不断提高产品质量创造条件。

(2)质量保证体系的概念。质量保证不是生产的某一个环节问题，其涉及企业经营管理的各项工作，需要建立完整的系统。质量保证体系，就是企业为保证提高产品质量，运用系统的理论和方法建立的一个有机的质量工作系统。这个系统将企业各部门、生产经营各环节的质量管理职能组织起来，形成一个目标明确、责权分明、相互协调的整体，从而使企业的工作质量和产品质量紧密地联系在一起；生产过程与使用过程紧密地联系在一起；企业经营管理的各个环节紧密地联系在一起。

由于有了质量保证体系，企业便能在生产经营的各个环节及时地发现和掌握质量管理的目的。质量保证体系是全面质量管理的核心。全面质量管理实质上就是建立质量保证体系，并使其正常运转。

2. 质量保证体系的内容

建立质量保证体系，必须与质量保证的内容相结合。建筑施工企业的质量保证体系的内容包括以下三部分：

(1)施工准备过程的质量保证。其主要内容有以下几项：

1)严格审查图纸。为了避免设计图纸的差错给工程质量带来影响，必须对施工图纸进行认真审查。通过审查，及时发现错误，采取相应的措施加以纠正。

2)编制好施工组织设计。编制施工组织设计之前，要认真分析企业在施工中存在的主要问题和薄弱环节，分析工程的特点，有针对性地提出防范措施，编制出切实可行的施工组织设计，以便指导施工活动。

3)做好技术交底工作。在下达施工任务时，必须向执行者进行全面的质量交底，使执行人员了解任务的质量特性，做到心中有数，避免盲目行动。

4)严格控制材料、构配件和其他半成品的检验工作。从原材料、构配件、半成品的进场开始，就应严格把好质量关，为工程施工提供良好的条件。

5)施工机械设备的检查维修工作。施工前，要做好施工机械设备的检修工作，使机械设备经常保持良好的工作状态，不致发生故障，影响工程质量。

(2)施工过程的质量保证。施工过程是建筑工程产品质量的形成过程，是控制建筑产品质量的重要阶段。这个阶段的质量保证工作，主要有以下几项：

1)加强施工工艺管理。严格按照设计图纸、施工组织设计、施工验收规范、施工操作规程施工，坚持质量标准，保证各分项工程的施工质量。

2)加强施工质量的检查和验收。按照质量标准和验收规程，对已完工的分部工程，特别是隐蔽工程，及时进行检查和验收。不合格的工程，一律不得验收，促使操作人员重视问题，严把质量关。质量检查可采取群众自检、互检和专业检查相结合的方法。

3)掌握工程质量的动态。通过质量统计分析，找出影响质量的主要原因，总结产品质量的变化规律。统计分析是全面质量管理的重要方法，是掌握质量动态的重要手段。针对质量波动的规律，采取相应对策，防止质量事故发生。

(3)使用过程的质量保证。工程产品的使用过程是产品质量经受考验的阶段。施工企业必须保证用户在规定的期限内，正常地使用建筑产品。在这个阶段，主要有两项质量保证工作。

1)及时回访。工程交付使用后，企业要组织对用户进行调查、回访，认真听取用户对施工质量的意见，收集有关资料，并对用户反馈的信息进行分析，从中发现施工质量问题，了解用户的要求，采取措施加以解决并为以后的工程施工积累经验。

2)实行保修。对于施工原因造成的质量问题，建筑施工企业应负责无偿维修，取得用户的信任；对于设计原因或用户使用不当造成的质量问题，应当协助维修，提供必要的技术服务，保证用户正常使用。

3. 质量保证体系的运行

在实际工作中，质量保证体系是按照PDCA循环工作法运行的。

4. 质量保证体系的建立

建立质量保证体系，要求做好以下工作：

(1)建立质量管理机构。质量管理机构的主要任务是：统一组织、协调质量保证体系的活动；编制质量计划并组织实施；检查、督促各动态，协调各环节的关系；开展质量教育，组织群众性的管理活动。在建立综合性的质量管理机构的同时，还应设置专门的质量检查机构，负责质量检查工作。

(2)制订可行的质量计划。质量计划是实现质量目标和具体组织与协调质量管理活动的基本手段，也是企业各部门、生产经营各环节质量工作的行动纲领。企业的质量计划是一个完整的计划体系，既有长远的规划，又有近期的质量计划；既有企业总体规划，又有各环节、各部门具体的行动计划；既有计划目标，又有实施计划的具体措施。

(3)建立质量信息反馈系统。质量信息是质量管理的根本依据，它反映了产品质量形成过程的动态。质量管理就是根据信息反馈的问题，采取相应的措施，对产品质量形成过程实施控制。没有质量信息，也就谈不上质量管理。企业质量信息主要来自两部分：一是外部信息，包括用户、原材料和构配件供应单位、协作单位、上级组织的信息；二是内部信息，包括施工工艺、各分部分项工程的质量检验结果、质量控制中的问题等。企业必须建立一整套质量信息反馈系统，准确、及时地收集、整理、分析、传递质量信息，为质量管理体系的运转提供可靠的依据。

三、工程质量形成的过程与影响因素分析

(一)工程建设各阶段对质量形成的作用与影响

工程建设的不同阶段，对工程项目质量的形成有着不同的作用和影响。

1. 项目可行性研究阶段

项目可行性研究阶段是对与项目有关的技术、经济、社会、环境等各方面进行调查研究，在技术上分析论证各方案是否可行，在经济上是否合理，以供决策者选择。项目可行性研究阶段对项目质量产生直接影响。

2. 项目决策阶段

项目决策是从两个及两个以上的可行性方案中选择一个更合理的方案。比较两个方案时，主要方案比较项目投资、质量和进度，三者之间的关系。因此，决策阶段是影响工程建设质量的关键阶段。

3. 工程勘察、设计阶段

设计方案技术是否可行、在经济上是否合理、设备是否完善配套、结构是否安全可靠，都将决定建成后项目的使用功能。因此，设计阶段是影响建筑工程项目质量的决定性环节。

4. 工程施工阶段

工程施工阶段是根据设计文件和图样要求，通过相应的质量控制把质量目标和质量计划付诸实施的过程。施工阶段是影响建筑工程项目质量的关键环节。

5. 工程竣工验收阶段

工程竣工验收是对工程项目质量目标的完成程度进行检验、评定和考核的过程。竣工验收不认真，就无法实现规定的质量目标。因此，工程竣工验收是影响建筑工程项目的一个重要环节。

6. 使用保修阶段

保修阶段要对使用过程中存在的施工遗留问题及发现的新质量问题予以解决，最终保证建筑工程项目的质量。

(二)影响工程质量的因素

影响工程质量的因素归纳起来主要有 5 个方面，即人(Man)、材料(Material)、机械(Machine)、方法(Method)和环境(Environment)，简称为“4M1E”因素。

1. 人

人是指施工活动的组织者、领导者及直接参与施工作业活动的具体操作者。人员因素的控制就是对上述人员的各种行为进行控制。

2. 材料

材料是指在工程项目建设中使用的原材料、成品、半成品、构配件等，其是工程施工的物质保证条件。

(1)材料质量控制的规定。

1)在质量计划确定的合格材料供应商目录中，按计划招标采购原材料、成品、半成品和构配件。

2)材料的搬运和储存应按搬运储存的规定进行，并应建立台账。

3)项目经理部应对材料、半成品和构配件进行标识。

4)未经检验和已经检验为不合格的材料、半成品和构配件等，不得投入使用。

5)对发包人提供的材料、半成品、构配件等，必须按规定进行检验和验收。

6)监理工程师应对承包人自行采购的材料进行验证。

(2)材料质量控制的方法。加强材料的质量控制是保证和提高工程质量的重要保障，是控制工程质量影响因素的有效措施。

1)认真组织材料采购。材料采购应根据工程特点、施工合同、材料的适用范围、材料的性能要求和价格因素等进行综合考虑。根据施工进度计划的要求适当提前安排材料供应计划(每月)，并对厂家进行实地考察。

2)严格材料质量检验。材料质量检验是通过一系列的检测手段，将所取得的材料数据与材料质量标准进行对比，以便在事先判断材料质量的可靠性，再据此决定能否将其用于工程实体。材料质量检验的内容包括以下几项：

①材料标准。

②检验项目。一般在标准中有明确规定。例如，对钢筋要进行拉伸试验、弯曲试验；对焊接件要进行力学性能试验；对混凝土要进行表观密度、坍落度、抗压强度试验。

③取样方法。材料质量检验的取样必须具有代表性，因此，材料取样应严格按规范规定的部位、数量和操作要求进行。

④检(试)验方法。材料检验的方法可分为书面检查、外观检查、理化检查、无损检查。

⑤检验程度。质量检验程度可分为免检、抽检、全检三种。

a. 免检：对有足够质量保证的一般材料，以及实践证明质量长期稳定，且质量保证资料齐全的材料，可免去质量检验过程。

b. 抽检：对性能不清楚或对质量保证资料有怀疑的材料，或对成批产品的构配件，均应按一定比例随机抽样进行检查。

c. 全检：凡进口材料、设备和重要部位的材料以及贵重的材料应进行全检。

对材料质量控制的要求：所有材料、制品和构件必须有出厂合格证和材质化验单；对钢筋水泥等重要材料要进行复试；对现场配置的材料必须进行试配试验。

3)合理安排材料的仓储保管与使用。保管不当会造成水泥受潮、钢筋锈蚀；使用不当会造成不同直径的钢筋混用。因此，应做好以下管理措施：

①合理调度，随进随用，做到现场材料不大量积压；

②搞好材料使用管理工作；

③做到不同规格品种的材料分类堆放，实行挂牌标志。

3. 机械

(1)机械设备控制规定。

1)应按设备进场计划进行施工设备的准备。

2)现场的施工机械应满足施工需要。

3)应对机械设备操作人员的资格进行确认，无证或资格不符合的严禁上岗。

(2)施工机械设备的质量控制。施工机械设备的选用必须结合施工现场条件、施工方法工艺、施工组织和管理等各种因素综合考虑。

1)机械设备选型。对施工机械设备型号的选择应本着因地制宜、因工程而异、满足需要的原则。

2)主要性能参数。选择施工机械性能参数应结合工程项目的特点、施工条件和已确定的型号具体进行。

3)使用操作要求。贯彻“三定”和“五好”原则。“三定”是指“定机、定人、定岗位责任”；“五好”是指“完成任务好、技术状况好、使用好、保养好、安全好”。

(3)生产机械设备的质量控制。

1)对生产机械设备的检查主要包括：新购机械设备运输质量及供货情况的检查；对有包装的设备，应检查包装是否受损，对无包装的设备，应进行外观的检查及附件、备品的清点。

2)对进口设备，必须进行开箱全面检查。对解体装运的自组装设备，在对总部件及随机附件、备品进行外观检查后，应尽快进行现场组装、检测试验。

3)在工地交货的生产机械设备，一般都有设备厂家在工地进行组装、调试和生产性试验，自检合格后才能提请订货单位复检，待复检合格后，才能签署验收证明。

4)调拨旧设备应基本达到完好设备的标准，才可予以验收。

5)对于永久性和长期性的设备改造项目，应按原批准方案的性能要求，经一定的生产实践考验，并经签订合格后才可予以验收。

6)对于自制设备，在经过6个月的生产考验后，按试验性能指标测试验收。

4. 方法

施工方案的选择必须结合工程实际，做到能解决工程难题、技术可行、经济合理、加快进度、降低成本、提高工程质量。其具体包括：确定施工流向、确定施工程序、确定施工顺序、确定施工工艺和施工环境。

5. 环境

环境条件是指对工程质量特性起重要作用的环境因素。影响施工质量的环境较多，主要有以下几项：

(1)自然环境，如气温、雨、雪、雷、电、风等。

(2)工程技术环境，如工程地质、水文、地形、地下水位、地面水等。

(3)工程管理环境，如质量保证体系和质量管理工作制度。

(4)工程作业环境，如作业场所、作业面等，以及前道工序为后道工序所提供的操作环境。

(5)经济环境，如地方资源条件、交通运输条件、供水供电条件等。

环境因素对施工质量的影响有复杂性、多变性的特点，必须具体问题具体分析。如气象条件变化无穷，温度、湿度、酷暑、严寒等都直接影响工程质量。在施工现场应建立文明施工和文明生产的环境，保持材料堆放整齐、道路畅通、工作环境清洁、施工顺序井井有条。

四、施工承包单位资质的分类

1. 施工总承包企业

获得施工总承包资质的企业，可以对工程实行施工总承包或者对主体工程实行施工承包，施工总承包企业可以将承包的工程全部自行施工，也可以将非主体工程或者劳务作业分包给具有相应专业承包资质或者劳务分包资质的其他建筑业企业。施工总承包企业的资质按专业类别共分为12个资质类别，每一个资质类别又可分为特级、一级、二级、三级。

2. 专业承包企业

获得专业承包资质的企业，可以承接施工总承包企业分包的专业工程或者建设单位按照规定发包的专业工程。专业承包企业可以对所承接的工程全部自行施工，也可以将劳务作业分包给具有相应劳务分包资质的劳务分包企业。专业承包企业资质按专业类别共分为60个资质类别，每一个资质类别又可分为一级、二级、三级。

3. 劳务分包企业

获得劳务分包资质的企业，可以承接施工总承包企业或者专业承包企业分包的劳务作业。劳务承包企业有13个资质类别。

单元二　施工过程阶段质量控制方案的编制

一、建筑工程项目施工质量控制的方法

施工阶段质量控制是建筑工程项目施工质量控制的关键环节，工程质量在很大程度上取决于施工阶段的质量控制。其控制方法有旁站监督、测量、试验数据、指令文件、规定的质量监控工作程序以及支付控制手段等。

1. 旁站监督

旁站监督是驻地监理人员经常采用的一种主要的现场检查形式，即在施工过程中，在现场观察、监督与检查其施工过程，注意并及时发现质量事故的苗头和对质量有不利影响的因素的发展变化、潜在的质量隐患以及出现的质量问题等，以便及时进行控制。特别对于隐蔽工程这一类的施工，进行旁站监督就显得尤为重要。

2. 测量

测量是对建筑对象的几何尺寸、方位等进行控制的重要手段。施工前，监理人员应对施工放线及高程控制进行检查，严格控制，不合格者不得施工，有些在施工过程中也应随时注意控制，发现偏差，及时纠正。中间验收时，对于几何尺寸、高程、轴线等不符合要求者，应责令施工单位整改或返工处理。

3. 试验数据

试验数据是监理工程师判断和确认各种材料和工程部位内在品质的主要依据。每道工序中诸如材料性能、拌合料配合比、成品的强度等物理力学性能，以及打桩的承载能力等，常需通过试验手段取得试验数据来判断质量情况。

4. 指令文件

指令文件是运用监理工程师指令控制权的具体形式。所谓指令文件，是表达监理工程师对施工承包单位提出指示和要求的书面文件，用以向施工单位指出施工中存在的问题，提请施工单位注意，以及向施工单位提出要求或指示其做什么或不做什么等。监理工程师的各项指令都应是书面的或有文件记载方为有效，并作为技术文件资料存档。如因时间紧迫，来不及作出正式的书面指令，也可以将口头指令下达给施工单位，但随即应按合同规

定，及时补充书面文件对口头指令予以确认。

5. 质量监控工作程序

规定双方必须遵守的质量监控工作程序，使双方按规定的程序进行工作，这也是进行质量监控的必要手段和依据。例如，未提交开工申请单或申请单未得到监理工程师审查、批准的不得开工；未经监理工程师签署质量验收单予以质量确认的，不得进行下道工序等。

6. 支付控制手段

支付控制手段既是国际上较通用的、重要的控制手段，也是业主或承包商合同赋予监理工程师的支付控制权。从根本上讲，国际上对合同条件的管理主要是采用经济手段和法律手段。因此，质量监理是以计量支付控制权为保障手段的。所谓支付控制权就是对施工承包单位支付任何工程款项，均需由监理工程师出具支付证明书；没有监理工程师签署的支付证明书，业主不得向承包方支付工程款。工程款支付的条件之一就是工程质量要达到规定的要求和标准。如果施工单位的工程质量达不到要求和标准，监理工程师就有权采取拒绝开具支付证明书的手段，停止对施工单位支付部分或全部工程款，由此造成的损失由施工单位负责。显然，这是十分有效的控制和约束手段。

二、作业技术准备状态的质量控制方案的编制

作业技术准备状态，是指各项施工准备工作在正式开展作业技术活动前，按预先计划的安排落实到位的状况，包括配置的人员、材料、机具、场所环境、通风、照明、安全设施等。

1. 质量控制点的设置

(1)质量控制点的概念。质量控制点是指为了保证作业过程质量而确定的重点控制对象、关键部位或薄弱环节。对于质量控制点，一般要事先分析可能造成质量问题的原因，再针对原因制定对策和措施进行预控。

(2)选择质量控制点的一般原则。可作为质量控制点的对象涉及面广，它可能是技术要求高、施工难度大的结构部位，也可能是影响质量的关键工序、操作或某一环节。总之，不论是结构部位、影响质量的关键工序，还是操作、施工顺序、技术、材料、机械、自然条件、施工环境等均可作为质量控制点来控制。概括地说，应当选择保证质量难度大的、对质量影响大的或者发生质量问题时危害大的对象作为质量控制点。

(3)作为质量控制点重点控制的对象。

1)人的行为。

2)物的质量与性能。

3)关键的操作。

4)施工技术参数。

5)施工顺序。

6)技术间歇。

7)新工艺、新技术、新材料的应用。

9)易对工程质量产生重大影响的施工方法。

10)特殊地基或特种结构。

2. 质量预控对策的检查

工程质量预控，就是针对所设置的质量控制点或分部分项工程，事先分析施工中可能

发生的质量问题和隐患，分析可能产生的原因并提出相应的对策，采取有效的措施进行预先控制，以防在施工中发生质量问题。质量预控及对策的表达方式主要有以下几项：

(1)文字表达。

(2)表格形式表达。

(3)解析图形式表达。

3. 作业技术交底的控制

承包单位做好技术交底，是取得好的施工质量的条件之一。为此，每一分项工程开始施工前均要进行作业技术交底。

4. 进场材料构配件的控制

(1)凡运到施工现场的原材料、半成品或构配件，进场前应向项目监理机构提交《工程材料构配件/设备报审表》，同时，附有产品出厂合格证及技术说明书。由施工承包单位按规定进行检验或试验报告，经监理工程师审查并确认其质量合格后，方可进场。凡是没有产品出厂合格证明及检验不合格者，不得进场。

(2)进口材料的检查、验收，应会同国家商检部门进行。

(3)对材料构配件存放条件进行控制。

(4)对于某些当地材料及现场配置的制品，一般要求承包单位事先进行试验，达到要求的标准，方可施工。

5. 环境状态的控制

(1)施工作业环境的控制。

(2)施工质量管理环境的控制。

(3)现场自然环境条件的控制。

6. 进场施工机械准备性能及工作状态的控制

(1)施工机械设备的进场检查。

(2)机械设备工作状态的检查。

(3)特殊设备安全运行的审核。

(4)大型临时设备的检查。

7. 施工测量及计量器具性能、精度的控制

(1)试验室的检查。

(2)工地测量仪器的检查。

8. 施工现场劳动组织及作业人员上岗资格的控制

(1)现场劳动组织的控制。劳动组织涉及从事作业活动的操作者及管理者，以及相应的各种制度。操作人员、管理人员要到位，相关制度要健全。

(2)作业人员上岗资格。从事特殊作业的人员，必须持证上岗。

三、作业技术活动运行过程的质量控制方案的编制

1. 承包单位自检与专检工作的监控

承包单位是施工质量的直接实施者和责任者。监理工程师的质量监督与控制就是使承包单位建立起完善的质量自检体系并使之运转有效。

2. 技术复核工作的监控

凡涉及施工作业技术活动基准和依据的技术工作，都应该严格进行由专人负责的复核性检查，以避免基准失误给整个工程质量带来难以补救的或全局性的危害。

3. 见证取样送检工作的监控

见证是指由监理工程师现场监督承包单位某工序全过程完成情况的活动。见证取样则是指对工程项目所使用的材料、半成品、构配件的现场取样，对工序活动效果的检查和对实施的见证。

(1)见证取样的工作程序。首先要确认试验室，然后将选定的试验室到当地质量监督机构备案并得到认可，同时，要将项目监理机构中负责见证取样的监理工程师在该质量监督机构备案。

(2)见证取样的要求。

1)试验室要具有相应的资质并进行备案，得到认可。

2)负责见证取样的监理工程师要具有材料、试验等方面的专业知识，且要取得从事监理工作的上岗资格(一般由专业监理工程师负责从事此项工作)。

3)承包单位从事取样的人员一般应是试验室人员，或专职质检人员。

4)要对送往试验室的样品填写送验单，送验单要盖有“见证取样”专用章，并有见证取样监理工程师的签字。

5)试验室出具的报告一式两份，分别由承包单位和项目监理机构保存，并作为归档材料，其是工序产品质量评定的重要依据。

6)对于见证取样的频率，国家或地方主管部门有规定的，执行相关规定；施工承包合同中有明确规定的，执行施工承包合同的规定。见证取样的频率和数量，包括在承包单位自检范围内，所占比例一般为30%。

7)见证取样的试验费用由承包单位支付。

8)见证取样绝不能代替承包单位对材料、构配件进场时必须进行的自检。自检的频率和数量要按相关规范的要求执行。

4. 工程变更的监控

(1)施工承包单位提出要求及处理。在施工过程中，承包单位提出的工程变更要求可能是：

1)要求作某些技术修改。

2)要求作设计变更。

(2)设计单位提出对变更的处理意见。

1)设计单位首先将“设计变更通知”及有关附件报送建设单位。

2)建设单位会同监理、施工承包单位对设计单位提交的“设计变更通知”进行研究，必要时设计单位还需提供进一步的资料，以便对变更作出决定。

3)总监理工程师签发“工程变更单”，并将设计单位发出的“设计变更通知”作为该“工程变更单”的附件，施工承包单位按新的变更图实施。

5. 见证点的实施控制

见证点(Witness Point)是国际上对重要程度不同及监督控制要求不同的质量控制点的一种区分方式。实际上它是质量控制点，但其重要性或其质量后果的影响程度不同于一般质量控制点，所以，在实施监督控制时其运作程序和监督要求与一般质量控制点有区别。

(1)见证点的概念。见证点监督也称为W点监督。凡是被列为见证点的质量控制对象，在规定的关键工序施工前，承包单位应提前通知监理人员在约定的时间内到达现场进行见证和对其施工实施监督。如果监理人员未能在约定的时间内到达现场见证和监督，则承包单位有权进行该W点的相应工序操作和施工。

(2)见证点的监理实施程序。首先要确认试验室，然后将选定的试验室到当地质量监督机构备案并得到认可，同时，要将项目监理机构中负责见证取样的监理工程师在该质量监督机构备案。

6. 级配管理质量的监控

(1)拌和原材料的质量控制。使用的原材料除材料本身质量要符合规定外，材料本身的级配也必须符合相关规定，如粗集料的粒径级配、细集料的级配曲线要在规定的范围内。

(2)材料配合比的审查。

(3)现场作业的质量控制。

7. 计量工作质量的监控

(1)施工过程中使用的计量仪器、检测设备、称重衡器的质量控制。

(2)从事计量作业人员技术水平资格的审核。

(3)现场计量操作的质量控制。

8. 质量记录资料的监控

(1)施工现场质量管理检查记录资料。

(2)工程材料质量记录。

(3)施工过程作业活动质量记录资料。

9. 工地例会的管理

工地例会是施工过程中参加建设项目各方沟通情况、解决分歧、达成共识、作出决定的主要渠道，也是监理工程师进行现场质量控制的重要场所。

四、作业技术活动结果的质量控制方案的编制

1. 作业技术活动结果的控制内容

(1)基槽(基坑)的验收。

(2)隐蔽工程的验收。

(3)工序交接的验收。

(4)检验批、分项、分部工程的验收。

(5)联动试车或设备的试运转。

(6)单位工程或整个工程项目的竣工验收。

(7)不合格品的处理。

(8)成品保护。所谓成品保护一般是指在施工过程中，有些分项工程已经完成，而其他一些分项工程尚在施工，或者在其分项工程施工过程中，某些部位已完成，而其他部位正在施工，在这种情况下，承包单位必须负责对已完成部分采取妥善措施予以保护，以免因成品缺乏保护或保护不善而造成操作损坏或污染，影响工程整体质量。根据需要保护的建筑产品的特点，可以分别对产品采取“防护”“覆盖”“封闭”等保护措施，以及合理安排施工

顺序来达到保护成品的目的。

2. 作业技术活动结果检验的程序与方法

(1)检验程序。

1)实测。

2)分析。

3)判断。

4)纠正或认可。

(2)质量检验的主要方法。对于现场所用原材料、半成品、工序过程或工程产品质量进行检验的方法，一般可分为三类，即目测法、量测法以及试验法。

1)目测法：即凭借感官进行检查，也可以叫作观感检验。这类方法主要是根据质量要求，采用看、摸、敲、照等手法对检查对象进行检查。

2)量测法：就是利用量测工具或计量仪表，将实际量测结果与规定的质量标准或规范的要求相对照，从而判断质量是否符合要求。量测的手法可归纳为靠、吊、量、套。

3)试验法：指通过进行现场试验或试验室试验等理化试验手段，取得数据，分析判断质量情况。

单元三　竣工验收阶段质量控制方案的编制

一、施工质量验收的基本规定

(1)施工现场质量管理应有相应的施工技术标准、健全的质量管理体系、施工质量检验制度和综合施工质量水平评价考核制度，并做好施工现场质量管理检查记录。

(2)建筑工程施工质量应按下列要求进行验收：

1)建筑工程施工质量应符合《建筑工程施工质量验收统一标准》(GB 50300—2013)，以及相关专业验收规范的规定。

2)建筑工程施工应符合工程勘察、设计文件的要求。

3)参加工程施工质量验收的各方人员应具备规定的资格。

4)工程质量的验收应在施工单位自行检查评定的基础上进行。

5)隐蔽工程在隐蔽前应由施工单位通知有关方进行验收，并应形成验收文件。

6)涉及结构安全的试块、试件以及有关材料，应按规定进行见证取样检测。

7)检验批的质量应按主控项目和一般项目验收。

8)对涉及结构安全和使用功能的分部工程应进行抽样检测。

9)承担见证取样检测及有关结构安全检测的单位应具有相应资质。

10)工程的观感质量应由验收人员通过现场检查，并应共同确认。

二、检验批的划分及质量验收

(一)检验批的划分

分项工程可由一个或若干个检验批组成，检验批可根据施工及质量控制和专业验收需要按楼层、施工段、变形缝等进行划分。

(二)检验批合格质量的质量规定

(1)主控项目和一般项目的质量抽样检验合格。

(2)具有完整的施工操作依据、质量检查记录。

从以上的规定可以看出，检验批的质量验收包括质量资料的检查和主控项目、一般项目的检验两个方面的内容。

(三)检验批按规定验收

1. 资料检查

质量控制资料反映了检验批从原材料到验收的各施工工序的施工操作依据，检查情况以及保证质量所必需的管理制度等。对其完整性的检查，实际上是对过程控制的确认，这是检验批合格的前提。所要检查的资料主要包括以下几项：

(1)图纸会审、设计变更、洽商记录。

(2)建筑材料、成品、半成品、建筑构配件、器具和设备的质量证明书及进场检(试)验报告。

(3)工程测量、放线记录。

(4)按专业质量验收规范规定的抽样检验报告。

(5)隐蔽工程检查记录。

(6)施工过程记录和施工过程检查记录。

(7)新材料、新工艺的施工记录。

(8)质量管理资料和施工单位操作依据等。

2. 主控项目和一般项目的检验

为确保工程质量、使检验批的质量符合安全和使用功能的基本要求，各专业质量验收规范对各检验批的主控项目和一般项目的子项合格质量都给予了明确规定。检验批的合格质量主要取决于对主控项目和一般项目的检验结果。主控项目是对检验批的基本质量起决定性影响的检验项目，因此，其必须全部符合有关专业工程验收规范的规定。这意味着主控项目不允许有不符合要求的检验结果，即这种项目的检查具有否决权。而其一般项目则可按专业规范的要求处理。

3. 检验批的质量验收记录

检验批的质量验收记录由施工项目专业质量检查员填写，监理工程师(建设单位专业技术负责人)组织项目专业质量检查员等进行验收。

三、分项工程的划分及质量验收

(一)分项工程的划分

分项工程应按主要工种、材料、施工工艺、设备类别等进行划分。建筑工程分部(子分部)工程、分项工程的具体划分见《建筑工程施工质量验收统一标准》(GB 50300—2013)。

(二)分项工程的质量验收

分项工程的质量验收在检验批的基础上进行。一般情况下，两者具有相同或相近的性质，只是批量的大小不同而已。因此，将有关的检验批汇集构成分项工程。分项工程合格质量的条件比较简单，只要构成分项工程的各检验批的验收资料文件完整，并且均已验收合格，则分项工程验收合格。

1. 分项工程质量验收合格应符合的规定

(1)分项工程所含的检验批均应符合合格质量规定。

(2)分项工程所含的检验批的质量验收记录应完整。

2. 分项工程质量验收记录

分项工程质量应由监理工程师(建设单位项目专业技术负责人)组织项目专业技术负责人等进行验收。

四、分部(子分部)工程的划分及质量验收

(一)分部(子分部)工程的划分

(1)分部(子分部)工程的划分应按专业性质、建筑部位确定。

(2)当分部(子分部)工程较大或较复杂时，可按施工程序、专业系统及类别等划分为若干子分部工程。

(二)分部(子分部)工程的质量验收

1. 分部(子分部)工程质量验收合格应符合的规定

(1)分部(子分部)工程所含各分项工程的质量均应验收合格。

(2)质量控制资料应完整。

(3)地基与基础、主体结构和设备安装等分部工程有关安全及功能的检验和抽样检测结果应符合有关规定。

(4)观感质量验收应符合要求。

分部(子分部)工程的质量验收在其所含各分项工程质量验收的基础上进行。首先，分部(子分部)工程的各分项工程必须已验收且相应的质量控制资料文件必须完整，这是验收的基本条件。另外，由于各分项工程的性质不尽相同，因此，对分部(子分部)工程不能简单地组合而加以验收，还需增加以下两类检查：对涉及安全和使用功能的地基基础、主体结构、有关安全及重要使用功能的安装分部工程，应进行有关见证取样、送样试验或抽样检测，如建筑物垂直度、标高、全高测量记录，建筑物沉降观测测量记录，给水管道通水试验记录，暖气管道、散热器压力试验记录，照明动力全负荷试验记录等。关于观感质量验收，这类检查往往难以定量，只能以观察、触摸或简单量测的方式进行，并依个人的主观印象判断，检查结果并不给出“合格”或“不合格”的结论，而是综合给出质量评价。评价的结论为“好”“一般”和“差”三种。对于评价为“差”的检查点应通过返修等处理进行补救。

2. 分部(子分部)工程质量验收记录

分部(子分部)工程质量应由总监理工程师(建设单位项目专业负责人)组织施工项目经理和有关勘察、设计单位项目负责人进行验收。

五、单位工程的划分及质量验收

(一)单位工程的划分

(1)具备独立施工条件并能形成独立使用功能的建筑物及构筑物为一个单位工程。

(2)规模较大的单位工程，可将其能形成独立使用功能的部分划分为一个子单位工程。

(3)室外工程可根据专业类别和工程规模划分单位(子单位)工程。

(二)单位(子单位)工程质量验收

(1)单位(子单位)工程质量验收合格应符合下列规定：

1)单位(子单位)工程所含各分部(子分部)工程的质量均应验收合格。

2)质量控制资料应完整。

3)单位(子单位)工程所含各分部(子分部)工程有关安全和功能的检验资料均应完整。

4)主要功能项目的抽查结果应符合相关专业质量验收规范的规定。

5)观感质量验收应符合要求。

单位(子单位)工程质量验收也称质量竣工验收，是建筑工程投入使用前的最后一次验收，也是最重要的一次验收。验收合格的条件有五个，除构成单位(子单位)工程的各分部(子分部)工程应该合格、有关的资料文件应完整外，还应进行以下三个方面的检查：

①复查。对涉及安全和使用功能的分部(子分部)工程应进行检验资料的复查。不仅要全面检查其完整性(不得有漏检缺项)，而且对分部工程(子分部)验收时补充进行的见证抽样检验报告也要复核。这种强化验收的手段体现了对安全和主要使用功能的重视。

②抽查。另外，对主要使用功能还需进行抽查。使用功能的检查是对建筑工程和设备安装工程最终质量的综合检查，也是用户最为关心的内容。因此，在分项分部工程验收合格的基础上，竣工验收时再作全面检查。抽查项目是在检查资料文件的基础上由参加验收的各方人员商定，并用计量、计数的抽样方法确定检查部位。检查要求按有关专业工程施工质量验收标准的要求进行。

③观感质量检查。最后，还需由参加验收的各方人员共同进行观感质量检查。检查的方法、内容、结论等应在分部(子分部)工程的相应部分中阐述，最后共同确定其是否通过验收。

(2)单位(子单位)工程质量竣工验收记录。

六、工程施工质量不符合要求时的处理

一般情况下，不合格现象在检验批的验收时就应发现并及时处理，必须尽快将所有质量隐患消灭在萌芽之中，否则将影响后续检验批和相关的分项工程、分部工程的验收。在非正常情况可按下述规定进行处理：

(1)经返工重做或更换器具、设备的检验批，应重新进行验收。这种情况是指主控项目不能满足验收规范规定或一般项目超过偏差限制的子项不符合检验规定的要求时，应及时处理检验批。其中，严重的缺陷应推倒重来，一般的缺陷可通过返修或更换器具、设备予以解决，应允许施工单位在采取相应的措施后重新验收。若能够符合相应的专业工程质量验收规范，则应认为该检验批合格。

(2)经有资质的检测单位鉴定达到设计要求的检验批，应予以验收。这种情况是指个别检验批发现试块强度等级不满足要求的问题，难以确定是否验收时，应请具有资质的法定检测单位检测，当鉴定结果能够达到设计要求时，应允许该检验批通过验收。

(3)经有资质的检测单位鉴定达不到设计要求，但经原设计单位核算认可并能满足结构

安全和使用功能的检验批，可予以验收。这种情况是指，一般情况下，相关规范标准给出了满足安全和功能的最低限度要求，而设计往往在此基础上留有一些余量。不满足设计要求和符合相应规范标准的要求，两者并不矛盾。

(4)经返修或加固的分部、分项工程，虽然改变外形尺寸但仍能满足安全使用的要求，可按技术处理方案和协商文件进行验收。这种情况是指更为严重的缺陷或范围超过检验批的更大范围内的缺陷，可能影响结构的安全性和使用功能，如经法定检测单位检测鉴定以后，认为达不到规范标准的相应要求，即不能满足最低限度的安全储备和使用功能，则必须按一定的技术方案进行加固处理，使之能满足安全使用的基本要求。这样会造成一些永久性的缺陷，如改变结构的外形尺寸、影响一些次要的使用功能等。为了避免社会财富更大的损失，在不影响安全和主要使用功能的条件下，可按处理技术方案和协商文件进行验收，但不能将其作为轻视质量而回避责任的一种出路，这是应该特别注意的。

(5)通过返修或加固仍不能满足安全使用要求的分部(子分部)工程、单位(子单位)工程，严禁验收。

七、建筑工程施工质量验收的程序和组织

(一)检验批及分项工程的验收程序与组织

检验批由专业监理工程师组织项目专业质量检验员等进行验收，分项工程由专业监理工程师组织项目专业技术负责人等进行验收。

检验批和分项工程是建筑工程施工质量的基础，因此，所有检验批和分项工程均应由监理工程师或建设单位项目技术负责人组织验收。验收前，施工单位先填好“检验批和分项工程的验收记录”(有关监理记录和结论不填)，并由项目专业质量检验员和项目专业技术负责人，分别在检验批和分项工程质量检验记录的相关栏目中签字，然后由监理工程师组织，严格按规定程序进行验收。

(二)分部工程的验收程序与组织

分部工程应由总监理工程师(建设单位项目负责人)组织施工单位项目负责人和项目技术、质量负责人等进行验收。由于地基基础、主体结构技术性能要求严格，技术性强，关系到整个工程的安全，因此，规定与地基基础、主体结构分部工程相关的勘察、设计单位工程项目负责人和施工单位技术、质量部门负责人也应参加相关分部工程的验收。

(三)单位(子单位)工程的验收程序与组织

1. 竣工初验收的程序

当单位(子单位)工程达到竣工验收条件后，施工单位应在自查、自评工作完成后，填写工程竣工报验单，并将全部竣工资料报送项目监理机构，申请竣工验收。总监理工程师应组织各专业监理工程师，对竣工资料及各专业工程的质量情况进行全面检查，对检查出的问题，应督促施工单位及时整改。对需要进行功能试验的项目(包括单机试车和无负荷试车)，监理工程师应督促施工单位及时进行试验，并对重要项目进行监督、检查，必要时请建设单位和设计单位参加。监理工程师应认真审查试验报告单，并督促施工单位搞好成品保护和现场清理。

经项目监理机构对竣工资料及实物全面检查，验收合格后，由总监理工程师签署工程

竣工报验单，并向建设单位提出质量评估报告。

2. 正式验收

建设单位收到工程验收报告后，应由建设单位(项目)负责人组织施工(含分包单位)、设计、监理等单位(项目)负责人进行单位(子单位)工程验收。单位(子单位)工程由分包单位施工时，分包单位对所承包的工程项目应按规定的程序检查评定，总包单位应派人参加。分包工程完成后，应将工程有关资料交总包单位。建设工程经验收合格，方可交付使用。

建设工程竣工验收应当具备下列条件：

(1)完成建设工程设计和合同约定的各项内容。

(2)有完整的技术档案和施工管理资料。

(3)有工程使用的主要建筑材料、建筑构配件和设备的进场试验报告。

(4)有勘察、设计、施工、工程监理等单位分别签署的质量合格文件。

(5)有施工单位签署的工程保修书。

在一个单位工程中，对满足生产要求或具备使用条件、施工单位已预验、监理工程师已初验通过的子单位工程，建设单位可组织进行验收。由几个施工单位负责施工的单位工程，当其中的施工单位所负责的子单位工程已按设计完成，并经自行检验，也可组织正式验收，办理交工手续。在整个单位工程进行全部验收时，已验收的子单位工程验收资料应作为单位工程验收的附件。

在竣工验收时，对某些剩余工程和缺陷工程，在不影响交付的前提下，经建设单位、设计单位、施工单位和监理单位协商，施工单位应在竣工验收后的限定时间内完成。

参加验收的各方对工程质量的验收意见不一致时，可请当地建设行政主管部门或工程质量监督机构协调处理。

房屋建筑工程质量保修范围及期限如下：

(1)地基基础工程和主体结构工程，其保修期限为设计文件规定的该工程的合理使用年限。

(2)屋面防水工程、有防水要求的卫生间、房间和外墙面的防渗漏，其保修期限为5年。

(3)供热和供冷系统，其保修期限为两个采暖期、供冷期。

(4)电气管线、给水排水管道、设备安装的保修期限为2年。

(5)装修工程的保修期限为2年。

房屋建筑工程的保修期限从工程竣工验收合格之日起计算。

(四)单位工程竣工验收备案

单位工程质量验收合格后，建设单位应在规定时间内，将工程竣工验收报告和有关文件报建设行政管理部门备案。

(1)凡在中华人民共和国境内新建、改建、扩建各类房屋的建筑工程和市政基础设施工程的竣工验收，均应按有关规定进行备案。

(2)国务院建设行政主管部门和有关专业部门负责全国工程竣工验收的监督管理工作。县级以上地方人民政府建设行政主管部门负责本行政区域内工程的竣工验收备案管理工作。

单元四 建筑工程质量管理的统计方法

一、统计调查表法

统计调查表法又称统计调查分析法，它是利用专门设计的统计表对质量数据进行收集、整理和粗略分析质量状态的一种方法。

在质量活动中，利用统计调查表收集数据，其优点为简便灵活、便于整理、实用有效。它没有固定格式，可根据需要和具体情况，设计出不同的统计调查表。常用的有以下几种：

(1)分项工程作业质量分布调查表。

(2)不合格项目调查表。

(3)不合格原因调查表。

(4)施工质量检查评定用调查表。

统计调查表同分层法结合起来应用，可以更好、更快地找出问题的原因，以便采取改进的措施。如采用统计调查表法对地梁混凝土外观质量和尺寸偏差进行调查。混凝土外观质量和尺寸偏差调查表，见表 3-1。

表 3-1 混凝土外观质量和尺寸偏差调查表

分部分项工程名称	地梁混凝土	操作班组	
生产时间		检查时间	
检查方式和数量		检查员	
检查项目名称	检查记录		合计
漏筋	正		5
蜂窝	正正		10
裂缝	一		1
尺寸偏差	正正		10
总计			26

二、分层法

分层法又称分类法，是将调查收集的原始数据，根据不同的目的和要求，按某一性质进行分组、整理的分析方法。常用的分层标志有以下几种：

(1)按操作班组或操作者分层。

(2)按使用机械设备型号分层。

(3)按操作方法分层。

(4)按原材料供应单位、供应时间或等级分层。

(5)按施工时间分层。

(6)按检查手段、工作环境分层。

项目案例

案例 3-1

【背景资料】

某钢筋焊接质量调查数据如下：调查点 100 个，其中不合格的有 25 个，不合格率为 25%。

【问题】

分析如何提高钢筋焊接质量。

【答案】

经查明，这批钢筋是由 A、B、C 三个工人进行焊接的，采用同样的焊接工艺，焊条由两个厂家提供。采用分层法进行分析，可按焊接操作者和焊条供应厂家进行分层，见表 3-2 和表 3-3。

表 3-2　按焊接操作者分层

操作者	不合格	合格	不合格率/%
A	15	35	30
B	6	25	19
C	4	15	21
合计	25	75	25

表 3-3　按焊条供应厂家分层

供应厂家	不合格	合格	不合格率/%
甲	10	35	22
乙	15	40	27
合计	25	75	25

从表中得知，操作者 B 的操作水平较高，工厂甲的焊条质量较好。

分层法是质量控制统计分析方法中最基本的一种方法。其他统计方法一般都要与分层法配合使用，如排列图法、直方图法、控制图法、相关图法等。通常，首先利用分层法将原始数据分门别类，然后再进行统计分析。

三、排列图法

排列图法是利用排列图寻找影响质量主次因素的一种有效方法。排列图又称帕累托图或主次因素分析图。其是由两个纵坐标、一个横坐标、几个连起来的直方形和一条曲线所组成的。左侧的纵坐标表示产品频数，右侧的纵坐标表示累计频率，横坐标表示影响质量的各个因素或项目，按影响质量程度的大小从左到右排列，底宽相同，直方形的高度表示该因素影响的大小。

下面结合案例说明排列图法的绘制。

项目案例

案例 3-2

【背景资料】

某工地现浇混凝土构件尺寸质量检查结果整理后见表 3-4。

【问题】

为改进并保证质量，应对这些不合格点进行分析，以便找出混凝土构件尺寸质量的薄弱环节。

【答案】

(1)收集整理数据。收集整理混凝土构件尺寸各项目不合格点的数据资料，见表 3-4。

表 3-4　不合格点项目频数、频率统计表

序号	项目	频数	频率/%	累计频率/%
1	截面尺寸	65	61	61
2	轴线位置	20	19	80
3	垂直度	10	9	89
4	标高	8	8	97
5	其他	3	3	100
合计		106	100	

(2)绘制排列图。排列图的绘制步骤如下：

1)画横坐标。将横坐标按项目数等分，并按项目数从大到小的顺序由左至右排列，该案例中横坐标分为五等份。

2)画纵坐标。左侧的纵坐标表示项目不合格点数，即频数，右侧纵坐标表示累计频率。要求纵频数对应累计频率 100%。

3)画频数直方形。以频数为高画出各项目的直方形。

4)画累计频率曲线。从横坐标左端点开始，依次连接各项目直方形右边线及所对应的累计频率值的交点，所得的曲线即累计频率曲线。

本项目中混凝土构件尺寸不合格点排列图，如图 3-1 所示。

(3)排列图的观察与分析。

1)观察直方形。排列图中的每个直方形都表示一个质量问题或影响因素。影响程度与各直方形的高度成正比。

2)确定主次因素。在实际应用中，通常利用 A、B、C 分区法进行确定，按累计频率划分为(0~80%)、(80%~90%)、(90%~100%)三部分，与其对应的影响因素分别为 A、B、C 三类。A 类为主要因素，是重点要解决的对象；B 类为次要因素；C 类为一般因素，

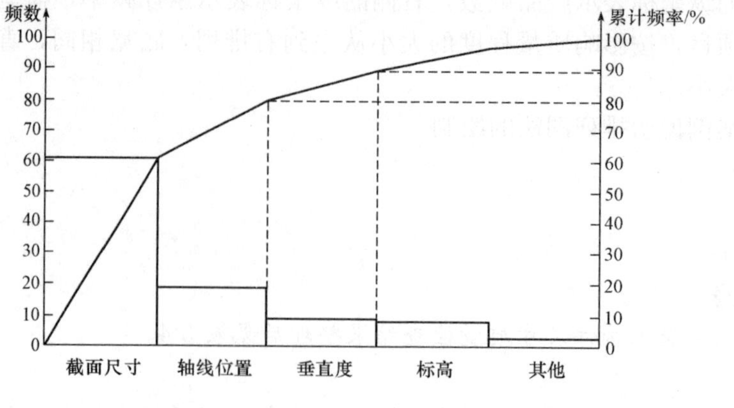

图 3-1 混凝土构件尺寸不合格点排列图

不作为解决的重点。

本案例中，累计频率曲线所对应的 A、B、C 三类影响因素分别如下：

A 类为主要因素，是指截面尺寸、轴线位置；B 类为次要因素，是指垂直度；C 类为一般因素，有标高和其他项目。综上分析结果，下步应重点解决 A 类等质量问题，如图 3-2 所示。

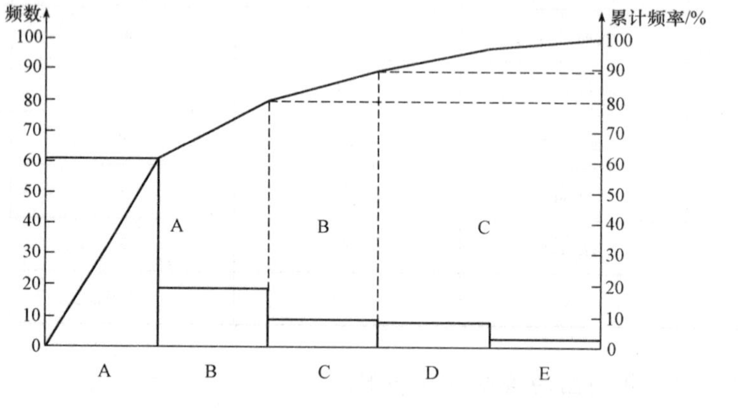

图 3-2 混凝土构件尺寸不合格点排列分析图

(4)排列图的应用。排列图可以形象、直观地反映主次因素，其主要应用如下：

1)按不合格点的因素分类，可以判断造成质量问题的主要因素，找出工作中的薄弱环节。

2)按生产作业分类，可以找出生产不合格品最多的关键工序，进行重点控制。

3)按生产班组或单位分类，可以分析比较各单位技术水平和质量管理水平。

4)将采取提高质量措施前后的排列图对比，可以分析措施是否有效。

四、因果分析图法

因果分析图法是利用因果分析图来系统整理分析某个质量问题(结果)与其影响因素之间的关系，采取相应措施，解决存在的质量问题的方法。因果分析图也称为特性要因图，其又因形状被称为树枝图或鱼刺图。

(1)因果分析图的基本形式如图 3-3 所示。

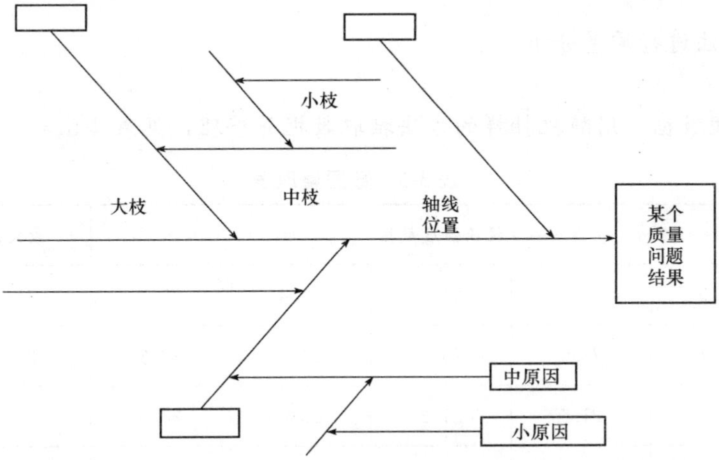

图 3-3　因果分析图的基本形式

从图 3-3 中可以看出，因果分析图由质量特性(即质量结果，指某个质量问题)、要因(产生质量问题的主要原因)、枝干(指表示不同层次的原因的一系列箭线)、主干(指较粗的直接指向质量结果的水平箭线)等组成。

(2)因果分析图的绘制。因果分析图的绘制步骤与图中箭头方向相反，是从“结果”开始将原因逐层分解的，具体步骤如下：

1)明确质量问题——结果。作图时首先由左至右画出一条水平主干线，箭头指向一个矩形框，框内注明研究的问题，即结果。

2)分析确定影响质量特性的大方面的原因。一般来说，影响质量的因素有五大方面，即人、机械、材料、方法和环境。另外，还可以按产品的生产过程进行分析。

3)将每种大原因进一步分解为中原因、小原因，直至可以对分解的原因采取具体措施加以解决为止。

4)检查图中的所列原因是否齐全，可以对初步分析结果广泛征求意见，并作必要补充及修改。

5)选出影响大的关键因素，作出标记“△”，以便重点采取措施。

五、直方图法

直方图法即频数分布直方图法，它是将收集到的质量数据进行分组整理，绘制成频数分布直方图，用以描述质量分布状态的一种分析方法，所以又称为质量分布图法。通过对直方图的观察与分析，可以了解产品质量的波动情况，掌握质量特性的分布规律，以便对质量状况进行分析判断、评价工作过程能力等。

项目案例

案例 3-3

【背景资料】

某工程项目浇筑强度等级为 C20 的混凝土，为对其抗压强度进行质量分析，共收集了 50 份抗压强度试验报告单。

【问题】

试用直方图法进行质量分析。

【答案】

(1)收集整理数据。用随机抽样的方法抽取数据并整理，见表 3-5。

表 3-5　数据整理表　　N/mm^2

序号	抗压强度数据					最大值	最小值
1	23.9	21.7	24.5	21.8	25.3	25.3	21.7
2	25.1	23.0	23.1	23.7	23.6	25.1	23.0
3	22.9	21.6	21.2	23.8	23.5	23.8	21.2
4	22.8	25.7	23.2	21.0	23.0	25.7	21.0
5	22.7	24.6	23.3	24.8	22.9	24.8	22.7
6	22.6	25.8	23.5	23.7	22.8	25.8	22.6
7	24.3	24.4	21.9	22.2	27.0	27.0	21.9
8	26.0	24.2	23.4	24.9	22.7	26.0	22.7
9	25.2	24.1	25.0	22.3	25.9	25.9	22.3
10	23.9	24.0	22.4	25.0	23.7	25.0	22.4

计算极差 R。极差 R 是数据中最大值和最小值之差。

$$X_{min}=21.0\ N/mm^2$$

$$X_{max}=27.0\ N/mm^2$$

$$R=X_{max}-X_{min}=27.0-21.0=6.0(N/mm^2)$$

(2)对数据分组，确定组数 K、组距 H 和组限。

1)确定组数的原则是分组的结果能正确地反映数据的分布规律。组数应根据数据多少来确定。组数过少，会掩盖数据的分布规律；组数过多，会使数据过于凌乱分散，也不能显示出质量分布状况。本案例中组数 $K=7$。

2)确定组距 H，组距是组与组之间的间隔，即一个组的范围，各组距应相等，于是有：

$$极差\approx组距\times组数$$

即

$$R\approx H\cdot K$$

本案例中：$H=R/K=6/7=0.86\approx1(N/mm^2)$

3)确定组限。每组的最大值为上限，最小值为下限，上、下限统称为组限。

本案例采取第一种办法划分组限，即每组上限不计入该组内。

第一组上限：$X_{min}-H/2=21.0-1/2=20.5$

第一组下限：$20.5+H=20.5+1=21.5$

第二组上限：第二组上限＝第一组下限＝21.5

第二组下限：21.5＋1＝22.5

以此类推，最高组限为 26.5～27.5，分组结果覆盖了全部数据。

(3)编制数据频数统计表。统计各组频数，频率总和应等于全部数据的个数。本项目的频数统计结果见表 3-6。

表 3-6　频数(频率)分布表

组号	组限/(N·mm^{-2})	频数
1	20.5～21.5	2
2	21.5～22.5	7
3	22.5～23.5	13
4	23.5～24.5	14
5	24.5～25.5	9
6	25.5～26.5	4
7	26.5～27.5	1
合计		50

从表 3-6 中可以看出，浇筑强度等级为 C20 的混凝土 50 份试块的抗压强度试验报告单是各不相同的，这说明质量特性值是有波动的。为了更直观、更形象地表现质量特征值的这种分布规律，应进一步绘制出直方图。

(4)绘制直方图。直方图可分为频数直方图、频率直方图、频率密度直方图三种。最常见的是频数直方图。

在频数直方图中，横坐标表示质量特征值，纵坐标表示频数。根据表 3-6 可以画出以组距为底，以频数为高的 K 个直方图，得到混凝土强度的频数直方图，如图 3-4 所示。

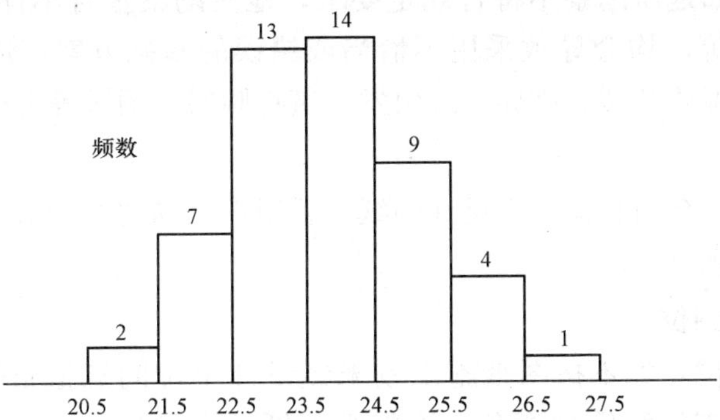

图 3-4　混凝土强度的频数直方图

(5)直方图的观察与分析。根据直方图的形状来判断质量分布状态，正常型的直方图是中间高，两侧低，左、右基本对称的图形，这是理想的质量控制结果；出现非正常型直方图，表明生产过程或收集数据和作图的方法有问题，这就要进一步分析判断，找出原因，从而采取措施加以纠正。凡属非正常型直方图，其图形分布有各种不同缺陷，归纳起来一般有5种类型，即折齿型、缓坡型、孤岛型、双峰型、绝壁型。

(6)将直方图与质量标准比较，判断实际生产过程能力。

单元五　建筑工程质量问题和事故的处理

由于影响建筑工程质量的因素众多而且复杂多变，建筑工程在施工过程中难免会出现各种各样不同程度的质量问题，甚至是质量事故。质量管理人员应当区分工程质量不合格、质量问题和质量事故，掌握处理工程质量问题的方法和程序以及质量事故的处理程序。

一、建筑工程质量问题及处理

(一)建筑工程质量问题的成因

建筑工程质量问题的成因错综复杂，而且一项质量问题往往是由多种原因所引起的，但归纳其基本的因素主要有以下几个方面。

1. 违背建设程序

建设程序是工程项目建设过程及其客观规律的反映。不按建设程序办事，如边设计边施工、不经竣工验收便交付使用等，常常是导致工程质量问题的重要原因。

2. 违反法规行为

违反法规行为，如无证设计、无证施工、越级设计、越级施工、工程招投标中的不公平竞争、超常的低价中标、非法分包、转包、挂靠，擅自修改设计等，势必会严重影响工程质量。

3. 地质勘探失真

地质勘探失真，如地质勘察不符合规定要求，地质勘察报告不详细、不准确、不能全面反映实际地基情况等，均会导致采用不恰当或错误的基础方案，造成地基不均匀沉降、失稳，使上部结构或墙体开裂、破坏，或引发建筑物倾斜、倒塌等工程质量问题。

4. 设计差错

设计差错，如盲目套用其他工程设计图纸、采用不正确的结构方案、设计计算错误等，都会引起工程质量问题。

5. 施工与管理不到位

施工与管理不到位，如不按图纸施工或未经设计单位同意擅自修改设计；图纸未经会审，仓促施工；施工组织管理紊乱，不熟悉图纸，盲目施工；施工方案考虑不周，施工顺序颠倒；技术交底不清，违章作业；疏于质量检查、验收等。这些均会导致工程质量问题。

6. 使用不合格的材料、制品及设备

使用不合格的材料，如钢筋、水泥、外加剂、砌块等原材料，预拌混凝土、预拌砂浆等半成品材料，使用不合格的预制构件、配件，以及使用有质量缺陷的建筑设备等，必然

会造成工程质量问题。

7. 自然环境因素

自然环境因素，是指空气温度、湿度、暴雨、大风、洪水、雷电、日晒等，均可能成为工程质量问题的诱因。

8. 使用不当

对建筑物或设施使用不当也易造成质量问题。如未经校核验算就任意对建筑物加层，任意拆除承重结构部位，任意在结构物上开槽、打洞，削弱承重结构截面等，也会引起工程质量问题。

(二)建筑工程质量问题的处理

当发生工程质量问题时，应当按以下程序进行处理：

(1)判定质量问题的严重程度。对于可以通过返修或返工弥补的，可签发“监理通知”，责成施工单位写出质量问题调查报告，提出处理方案，并填写“监理通知回复单”。监理工程师审核后，作出批复，必要时需经建设单位、设计单位认可，对处理结果应重新进行检验。

(2)对于需要加固补强的质量问题以及存在的质量问题影响下道工序、分项工程质量的情况，监理工程师应签发“工程暂停令”，责令施工单位停止存在质量问题的部位、与其有关联的部位以及下道工序的施工，必要时应要求施工单位采取防护措施。监理工程师应责成施工单位提交质量问题调查报告，由设计单位提出处理方案，并在征得建设单位同意后，批复施工单位处理。对处理的结果应当重新进行检验。

(3)施工单位接到“监理通知”后，应在监理工程师的组织参与下，尽快进行质量问题调查，并编写调查报告。调查报告应全面、详细、客观、准确。调查报告主要包括以下内容：

1)与质量问题有关的工程情况；

2)发生质量问题的时间、地点、部位、性质、现状及发展变化等情况；

3)调查中的有关数据和资料；

4)原因分析与判断；

5)是否需要采取临时防护措施；

6)质量问题处理补救的建议方案；

7)涉及的有关人员、责任，预防类似质量问题再次出现的措施等。

(4)监理工程师审核、分析质量问题调查报告，判断、确认质量问题产生的原因。

(5)在分析原因的基础上，认真审核、签认质量问题处理方案。

(6)指令施工单位按既定的处理方案实施处理并进行跟踪检查。

(7)监理工程师在质量问题处理完毕后，组织有关人员对处理结果进行严格的检查、鉴定和验收，并写出质量问题处理报告，报建设单位、监理单位存档。

质量问题处理报告的内容主要包括：

1)对处理过程的描述；

2)调查与核查的情况，包括有关数据、资料；

3)原因分析结果；

4)处理的依据；

5)审核认可的质量问题处理方案；

6)实施处理中的有关原始数据、验收记录和资料；

7)对处理结果的检查、鉴定和验收结论；

8)质量问题处理结论。

二、建筑工程质量事故的特点、分类及处理

(一)建筑工程质量事故的特点

1. 复杂性

建筑工程的特点是产品固定，生产流动；产品多样，结构类型不一；露天作业多，自然条件复杂多变；材料品种、规格多，材料性能各异；多工种、多专业交叉施工，相互干扰大；工艺要求不同，施工方法各异，技术标准多样等。因此，影响工程质量的因素繁多，造成质量事故的原因错综复杂，即使是同一类质量事故，其原因却可能多种多样或截然不同。例如，就墙体开裂质量事故而言，其产生的原因就可能是：设计计算有误，承载力不足引起开裂；结构构造不良引起开裂；地基不均匀，沉降引起开裂；冷缩及干缩应力引起开裂；冻胀力引起开裂；施工质量低劣、偷工减料或材质不良引起开裂等。所以，对质量事故的性质、原因进行分析时，必须对质量事故发生的背景进行认真调查，结合具体情况仔细判断。

2. 严重性

建筑工程项目一旦出现质量事故，其影响较大。轻者影响施工顺利进行，拖延工期，增加工程费用；严重者则会留下隐患，成为危险的建筑，影响施工功能或不能使用；更严重的还会引起建筑物的失稳、倒塌，造成人身伤亡及财产的巨大损失。所以，对于建筑工程质量事故问题不能掉以轻心，必须高度重视，加强对工程建设的监督管理，防患于未然，力争将事故消灭于萌芽之中，以确保建筑物的安全使用。

3. 可变性

许多建筑工程的质量问题出现后，其质量状态并非稳定于发现时的初始状态，而是有可能随着时间的推移而不断地发展、变化。例如，地基基础或桥墩的超量沉降可能随上部荷载的持续作用而继续发展；混凝土结构出现的裂缝可能随环境温度的变化而变化，或随荷载的变化及荷载作用时间而变化等。因此，有些在初始阶段并不严重的质量问题，如不能及时进行处理，有可能发展成严重的质量事故。

4. 多发性

建筑工程中有些质量事故，往往在一些工程中经常发生，从而成为多发性的质量通病，例如预制构件裂缝、悬挑梁板断裂、钢屋架失稳等。因此，要及时分析原因、总结经验，采取有效的预防措施。

(二)建筑工程质量事故的分类

1. 按事故造成的后果分类

(1)未遂事故。发现质量问题后及时采取措施，未造成经济损失、延误工期或其他不良后果者，均属于未遂事故。

(2)已遂事故。凡出现不符合质量标准或设计要求，造成经济损失、工期延误或其他不

良后果者，均构成已遂事故。

2. 按事故的责任分类

(1)指导责任事故。这是指工程实施指导或管理失误所造成的质量事故，例如由于追求进度赶工、放松或不按质量标准进行作业控制和检验、降低施工质量标准等。

(2)操作责任事故。这是指在施工过程中，实施操作者不按规程或标准实施操作所造成的质量事故，例如浇筑混凝土时随意加水调整混凝土坍落度、混凝土拌合物产生了离析现象仍浇筑入模、土方填压施工未按要求控制土料含水量及压实遍数等。

3. 按事故产生的原因分类

(1)技术原因引发的质量事故。这是指在工程项目实施中设计、施工在技术上失误所造成的质量事故，例如结构设计计算错误，地质情况估计错误，盲目采用技术上不成熟、实际应用中未充分验证其可靠性的新技术，采用不适宜的施工方法或工艺等。

(2)管理原因引发的质量事故。这是指管理上的不完善或失误所引发的质量事故，例如施工单位的质量管理体系不完善、质量管理措施落实不力，检测仪器设备因管理不善而失准，导致进料检验不准等原因引起的质量问题。

(3)社会、经济原因引发的质量事故。这主要是指社会上存在的不正之风、经济犯罪等干扰工程建设的错误行为所导致的质量事故，例如盲目追求利润而置工程质量于不顾；在建筑市场上压价投标，中标后则依靠违法手段或修改方案追加工程款，或偷工减料；层层转包，或违法分包工程等。这些都是导致工程质量事故的不可忽视的原因，应当给以充分重视。

4. 按施工造成损失的程度分类

(1)一般质量事故。凡具备下列条件之一者为一般质量事故：直接经济损失在 5 000 元(含 5 000 元)以上，不满 50 000 元的；影响使用功能和工程结构安全，造成永久质量缺陷的。

(2)严重质量事故。凡具备下列条件之一者为严重质量事故：直接经济损失在 50 000 元(含 50 000 元)以上，不满 100 000 元的；影响使用功能和工程结构安全，存在重大质量隐患的；事故性质恶劣或造成两人以下重伤的。

(3)重大质量事故。凡具备下列条件之一者为重大质量事故，属于建筑工程重大事故范畴：工程倒塌或报废；由于质量事故，造成人员死亡或重伤 3 人以上；直接经济损失在 100 000 元以上。

三、建筑工程质量事故的处理

工程质量事故发生后，必须对事故进行调查与处理。

(一)暂停质量事故部位和与其有关联部位的施工

工程质量事故发生后，总监理工程师应签发“工程暂停令”，要求施工单位停止进行质量缺陷部位和与其有关联部位及下道工序的施工，并要求施工单位采取必要的措施，防止事故扩大并保护好现场。同时，要求质量事故发生单位迅速按类别和等级向相应的主管部门上报，并于 24 小时内写出书面报告。

质量事故报告的主要内容包括事故发生的单位名称、工程名称、部位、时间、地点，事故概况和初步估计的直接损失，事故发生原因的初步分析，事故发生后所采取的措施，其他相关的各种资料。

(二)监理方应配合事故调查组进行调查

监理工程师应积极协助事故调查组的工作，客观地提供相应证据。若监理方无责任，监理工程师可应邀参加调查组，参与事故调查；若监理方有责任，则应予以回避，但应配合调查组工作。

(三)在事故调查的基础上进行事故原因分析，正确判断事故原因

事故原因分析是确定事故处理措施方案的基础。正确的处理来源于对事故原因的正确判断，只有对调查中所得到的调查资料、数据进行详细、深入的分析，才能找出造成事故的真正原因。

(四)在事故原因分析的基础上，研究确定事故处理方案

监理工程师接到质量事故调查组提出的技术处理意见后，可组织相关单位研究，并责成相关单位完成技术处理方案，而后予以审核签认。质量事故技术处理方案，一般应委托原设计单位提出，由其他单位提供的技术处理方案，应经原设计单位同意签认。技术处理方案的制订，应征求建设单位的意见。技术处理方案必须依据充分，应在质量事故的部位、原因全部查清的基础上确定，必要时应委托法定工程质量检测单位进行质量鉴定或请专家论证，以确保技术处理方案的可靠和可行，保证结构的安全和使用功能。事故处理方案应经监理工程师审查同意后，报请建设单位和相关主管单位核查、批准。

(五)施工单位按批复的处理方案实施处理

技术处理方案核签后，由监理工程师指令施工单位按批复的处理方案实施处理。监理工程师应要求施工单位对此制定详细的施工方案，必要时应编制监理实施细则，对工程质量事故技术处理的施工质量进行监理，对技术处理过程中的关键部位和关键工序应进行旁站监理，并会同设计单位、建设单位及有关单位等共同检查认可。

(六)对质量事故处理完工部位重新检查、鉴定和验收

施工单位对质量事故处理完毕后应进行自检并报验结果，监理工程师应组织有关人员对处理结果进行严格的检查、鉴定和验收。事故单位编写“质量事故处理报告”交监理工程师审核签认，并提交建设单位，而后上报有关主管部门。

“质量事故处理报告”的内容主要包括工程质量事故的情况，质量事故的调查情况及事故原因分析，事故调查报告中提出的事故防范及整改措施意见，质量事故处理方案及技术措施，质量事故处理中的有关原始数据、记录、资料。事故处理后检查验收情况，给出质量事故结论意见。

项目案例

案例 3-4

【背景资料】

某饭店进行职工餐厅的装修改造，工程于2012年11月30日开工，预计于2013年1月15日竣工。其主要施工项目包括旧结构拆改、墙面抹灰、吊顶、涂料、墙地砖铺设、更换门窗等。某装饰公司承接了该项目工程的施工，为保证工程质量，对抹灰工程进行了重点控制。高级抹灰的允许偏差和检验方法见表3-7。

表 3-7　高级抹灰的允许偏差和检验方法

项次	项目	高级抹灰允许偏差/mm	检验方法
1	表面平整	4	用 2 m 直尺和楔形塞尺检查
2	阴阳角垂直	2	用 2 m 托线板和尺检查
3	立面垂直	3	
4	阴阳角方正	2	用 200 mm 方尺检查
5	分格条(缝)平直	—	拉 5 m 线和尺检查

为防止墙面抹灰开裂，应采取以下措施：

(1)抹灰施工要分层进行。

(2)对抹灰厚度大于 55 mm 的抹灰面要增加钢丝网片以防止开裂。

(3)对墙、柱、门窗洞口的阳角作 1∶2 水泥砂浆暗护角处理。

(4)在有防水要求的墙面抹灰水泥砂浆中掺入一定配合比的外加剂，在施工前进行试配。

【问题】

(1)案例中所示高级抹灰的允许偏差有无错误？如有错误，请指出。

(2)防止墙面抹灰开裂的技术措施有无不妥和缺项？若有，请补充改正。

(3)在抹灰工程中需对哪些材料进行复试？复试项目有哪些？

(4)在冬期施工条件下，对墙面抹灰工程施工要采取哪种技术措施？

【答案】

(1)高级抹灰的表面平整的允许偏差值应为 2 mm。

(2)防止墙面抹灰开裂的技术措施不妥，应改为“抹灰厚度大于 35 mm 的抹灰面要增加钢丝网片以防止开裂”，并增加“各抹灰层与基层粘结必须牢固，抹灰层无脱层、空鼓、爆灰、裂缝”。

(3)在抹灰工程中要对水泥进行复试，主要复试项目为水泥凝结时间、水泥安定性。

(4)冬期施工应符合下列规定：

1)抹灰温度不低于 5 ℃，室内环境不低于 5 ℃。

2)冬期施工要注意室内通风换气工作，排除室内湿气，应设专人负责开闭门窗和测温工作，保证抹灰不受冻。

案例 3-5

【背景资料】

某吊顶装修工程，使用半年后发现顶面石膏板开始出现裂缝、翘曲等现象，甚至部分石膏板开始脱落。经检查发现，该屋顶有渗漏现象，其造成吊顶龙骨变形及吊顶用材料膨胀。

【问题】

(1)造成该质量事故的原因是什么？

(2)经调查发现该屋面工程采用了刚性防水层，请简述刚性防水层的做法。

(3)为防止出现类似质量事故，施工单位在进行暗龙骨吊顶工程施工时应注意哪些质量控制要点？

【答案】

(1)造成该质量事故的主要原因是漏水，直接原因是龙骨受水后变形。

(2)用不小于40 mm厚的C20细石混凝土，间隙6 m设分格缝，并用丙烯酸等防水弹性材料嵌缝。也可在细石混凝土中掺入直径为0.3 mm、长为30 mm的钢纤维。

(3)施工单位在进行暗龙骨吊顶工程施工时，应注意的质量控制要点有以下几项：

1)吊顶标高、尺寸、起拱和造型应符合设计要求。

2)饰面材料的材质、品种、规格、图案和颜色应符合设计要求。

3)暗龙骨吊顶工程的吊杆、龙骨和饰面材料的安装必须牢固。

4)吊杆、龙骨的材质、规格、安装间距及连接方式应符合设计要求；金属吊杆、龙骨应经过表面防腐处理，木吊杆、龙骨应经过防腐防火处理。

5)对石膏板的接缝应按其施工工艺标准进行板缝防裂处理；安装双层石膏板时，面层板与基层板的接缝应该错开，且不得在同一根龙骨上接缝。

6)饰面材料表面应洁净、色泽一致，不得有翘曲、裂缝及缺损，压条应平直、宽窄一致。

7)饰面板上的灯具、烟感器、喷淋头、风口篦子等设备的位置应合理、美观，与饰面板的交接处应吻合、严密。

8)金属吊杆、龙骨的接缝应均匀一致，角缝应吻合，表面应平整，无翘曲、锤印；木质吊杆、龙骨应顺直，无劈裂、变形。

9)吊顶内填充吸声材料的品种和铺设厚度应符合设计要求，并应有防散落措施。

案例3-6

【背景资料】

某宾馆老板要对客房进行装修施工，在门窗、吊顶、地面等分项工程施工完成后，施工单位根据设计要求对吊顶及墙面进行涂饰施工。其乳胶漆墙面做法包括基体清理，嵌、批腻子，刷底涂料，磨砂纸，涂面层涂料等。

漆墙面做法包括：

1)喷(刷)罩面涂料一道。

2)喷面漆一道。

3)喷(刷)底漆一道。

4)基体清理。

【问题】

(1)请给出乳胶漆的施工工艺流程。

(2)请按照先后顺序将漆墙面做法排序。

(3)基层处理的质量是影响涂饰工程质量的最主要因素，请针对以下不同基层，回答基层处理要求：

1)新建筑物的混凝土或抹灰基层在涂饰前应如何处理？

2)旧墙面在涂饰涂料前，基层应如何处理？

3)混凝土或抹灰基层涂刷溶剂型涂料时，含水率有什么要求？涂刷乳液型涂料时，含水率有什么要求？木材基层的含水率是如何规定的？

4)基层腻子有什么要求？

5)厨房、卫生间墙面必须使用哪种类型的腻子？

6)以石膏板面为基层时，其质量要求如何？

【答案】

(1)基层清理→嵌、批腻子→磨砂纸→刷底涂料→涂面层涂料(后三道工序要反复几次)。

(2)4)→3)→2)→1)。

(3)基层处理的要求。

1)新建筑物的混凝土或抹灰基层在涂饰前应涂刷抗碱封闭底漆。

2)旧墙面在涂饰涂料前应清理疏松的旧装修层，并涂刷界面剂。

3)混凝土或抹灰基层涂刷溶剂型涂料时，含水率不得大于8%；涂刷乳液型涂料时，含水率不得大于10%；木材基层的含水率不得大于12%。

4)基层腻子应平整、坚实、牢固、无粉化、起皮和裂缝。

5)厨房卫生间墙面必须使用耐水腻子。

6)以石膏板面为基层的质量要求：应表面干净、光滑无污染，割面整齐，接缝处理严密，无挂胶，应对钉帽进行防锈处理，与骨架紧贴牢固、稳定性好。面层满刮腻子并平整、坚实、牢固，无粉化、起皮、裂缝，腻子黏结强度应符合相关规定。

案例3-7

【背景资料】

某商业大厦建筑工程项目中，建设单位通过招标选定某施工单位承担该建筑工程项目的施工任务。工程竣工时，施工单位经过初验，认为已按合同约定的等级完成施工，提请竣工验收，并已将全部的质量保证资料复印齐全以供审核。11月25日，该工程通过建设单位、监理单位、设计单位和施工单位四方的验收。

【问题】

(1)请简要说明竣工验收的程序。

(2)工程竣工验收备案工作应由谁负责办理？工作的实现过程如何？备案登记机关是哪个单位？

(3)工程竣工验收备案应报送哪些资料？

【答案】

(1)工程竣工验收程序。

1)工程完工后，施工单位向建设单位提交工程竣工报告，申请工程竣工验收，实行监理的工程，工程竣工报告需经总监理工程师签署意见。

2)建设单位收到工程竣工报告后，对符合竣工验收要求的工程，组织勘察、设计、施工，监理单位和其他有关方面的专家组成验收组，制定验收方案。

3)建设单位在工程竣工验收7个工作日前将验收的时间、地点及验收组名单书面通知负责监督该工程的工程质量监督机构。

4)建设单位组织工程竣工验收。

建设、勘察、设计、施工、监理单位分别汇报工程合同履行情况和在工程建设各个环节执行法律、法规和工程建设强制性标准的情况；审阅建设、勘察、设计、施工、监理单位的工程档案资料；实地查验工程质量；对工程勘察、设计、施工、设备安装质量和各管理环节等方面作出全面评价，形成经验收组人员签署的工程竣工验收意见。

参与工程竣工验收的建设、勘察、设计、施工、监理等各方面不能形成一致意见时，应当协商提出解决的办法，待意见一致后，重新组织工程竣工验收。

(2)工程竣工验收备案工作应由建设单位负责。建设单位应当自工程竣工验收合格之日起15个工作日内，依照《房屋建筑工程和市政基础设施工程竣工验收备案管理暂行办法》的规定，向工程所在地的县级以上地方人民政府建设行政主管部门备案。

(3)应报送的资料包括：

1)“竣工验收备案表”一式两份。

2)工程开工立项文件。

3)工程质量监督注册表。

4)单位工程验收记录。

5)监理单位签署的“竣工移交证书”。

6)公安消防部门出具的认可文件和准许使用文件。

7)建筑工程室内环境竣工检测报告。

8)工程质量保修书或保修合同。

9)建设单位提出的“工程竣工验收报告”、设计单位提出的“工程质量检查意见”、施工单位提供的“工程报告”、监理单位提出的“工程质量评估报告”。

10)备案机关认为需要提供的有关资料，如房屋权属文件或租赁协议、房屋原结构状况检查意见。

11)法规、规章规定必须提供的其他文件。

案例3-8

【背景资料】

某商业建筑工程，地上6层，采用砂石地基，砖混结构，建筑面积为24 000 m^2，外窗采用铝合金窗，内外采用金属门。在施工过程中发生了如下事件：

事件一：砂石地基施工中，施工单位采用细砂(掺入30%的碎石)进行铺填。

监理工程师检查发现其分层铺设厚度和分段施工的上、下层搭接长度不符合规范要求，令其整改。

事件二：二层现浇混凝土楼板出现收缩裂缝，经项目经理部分析，认为原因有：混凝土原材料质量不合格(骨料含泥量大)、水泥和掺合料用量超出规定，同时提出了相应的防治措施：选用合格的原材料、合理控制水泥和掺合料用量。

监理工程师认为项目经理部的分析不全面，要求进一步完善原因分析和防治方法。

事件三：监理工程师检查门窗工程时发现：外窗未进行“三性检查”、内门采用“先立后砌”的安装方式、外窗采用射钉固定的安装方式。

监理工程师对所存在的问题提出整改要求。

事件四：建设单位在审查施工单位提交的工程竣工资料时，发现工程资料有涂改、违规使用复印件等情况，要求施工单位进行整改。

【问题】

(1)事件一中，砂石地基所采用的原材料是否正确？砂石地基还可以采用哪些原材料？除事件一列出的项目外，在砂石地基施工过程中还应检查哪些内容？

(2)事件二中，出现裂缝的原因还可能有哪些？补充完善其他常见的防治方法。

(3)事件三中，建筑外墙铝合金窗的“三性检查”是指什么？分别写出错误安装方式的正确做法。

(4)针对事件四，分别写出工程竣工资料在修改以及使用复印件时的正确做法。

【答案】

(1)事件一：

1)正确(用细砂，碎石含量为25%～35%)。

2)还可以采用质地坚硬的中砂、粗砂、砾砂、碎(卵)石、石屑。

3)在施工过程中必须检查分层厚度、分段施工时搭接部分的压实情况、含水量、压实遍数、压实系数、平整度、标高等。

(2)原因还有：混凝土水胶比、坍落度偏大，和易性差；混凝土浇筑振捣差，养护不及时或者养护方法不当，养护龄期不足。

防治措施：根据现场情况、图纸和规范，由有资质的试验室配置合适的混凝土配合比，并确保拌制质量；确保混凝土浇筑振捣密实，并在初凝前进行二次抹压；确保混凝土及时养护，并保证养护质量满足要求。

(3)事件三：

1)窗户的三性：气密性、水密性、抗风压性。

2)内门应先砌后立；窗要采用膨胀螺栓或者预埋件连接。

(4)工程资料不得随意修改，当必须修改时，应实行划改，并由划改人签字。当其为复印件时，提供单位应在复印件上加盖单位公章，并有经办人签字和日期，注明原件存放于何处，提供单位应对资料的真实性负责。

案例 3-9

【背景资料】

某建筑工程，建筑面积为108 000 m^2，采用现浇剪力墙结构，地下3层，地上50层。基础埋深为14.4 m，底板厚为1.2 m，底板混凝土强度等级为C35。

底板钢筋施工时，对于板底处的HRB335级直径为16 mm的钢筋，施工单位在征得监理单位和建设单位同意后，用HPB300级直径为10 mm的钢筋进行等强度代换。

施工单位选定了某商品混凝土搅拌站，由该搅拌站为其制定底板混凝土施工方案。在底板混凝土浇筑时，当地最高大气气温为28 ℃时，混凝土最高入模温度为50 ℃。

浇筑完成12小时后采用覆盖一层塑料膜一层保温岩棉的方式养护7天。

测温记录显示：混凝土内部最高温度为75 ℃，其表面最高温度为45 ℃。

监理工程师检查发现底板表面混凝土有裂缝，经钻芯取样检查，取样样品均有贯通裂缝。

【问题】

(1)该基础底板钢筋代换是否合理？说明理由。钢筋进场时应对哪些指标进行复试？

(2)商品混凝土供应站编制大体积混凝土施工方案是否合理？说明理由。

(3)本工程基础底板产生裂缝的主要原因有哪些？

(4)控制大体积混凝土裂缝的常用措施是什么？

【答案】

(1)该基础底板钢筋代换不合理。因为钢筋代换时，应征得设计单位的同意，对于底板这种重要受力构件，不宜用HPB300代换HRB335。

钢筋进场时应对其屈服强度、抗拉强度、伸长率和冷弯进行复试。有抗震设防要求的框架结构的纵向受力钢筋抗拉强度实测值与屈服强度实测值之比不应小于1.25，钢筋屈服强度实测值与强度标准值之比不应大于1.3。

(2)由商品混凝土供应站编制大体积混凝土施工方案不合理，因为大体积混凝土施工方案应由施工单位编制，混凝土搅拌站应根据现场提出的技术要求做好混凝土试配。

(3)本工程基础底板产生裂缝的主要原因有：

1)混凝土的入模温度过高；

2)混凝土浇筑后未在12小时内进行覆盖，且养护天数远远不够；大体积混凝土由于水化热高，内部与表面温差过大，会产生裂缝。

(4)大体积温凝土裂缝控制的常用措施：

1)优先选用低水化热的矿渣水泥拌制混凝土，并适当使用缓凝剂。

2)在保证混凝土设计强度等级的前提下，适当降低水灰比，减少水泥用量。

3)降低混凝土的入模温度，控制混凝土内外的温差。

4)及时对混凝土覆盖保温、保湿材料。

5)可预埋冷却水管，通入循环水将混凝土内部热量带出，进行人工导热。

6)对于超长大体积混凝土应选用留置变形缝、后浇带等方法控制结构，使其不出现有害裂缝。

7)结合结构配筋，配置控制温度和收缩的构造钢筋。

8)大体积混凝土浇筑宜采用二次振捣工艺，应及时对浇筑面进行二次抹压处理，减少表面收缩裂缝。

案例3-10

【背景资料】

某建筑公司承接一项综合楼任务，建筑面积为100 828 m^2，地下3层，地上26层，采用箱形基础，主体为框架-剪力墙结构。该项目地处城市主要街道交叉路口，是该地区的标志性建筑物。因此，施工单位在施工过程中，加强了对工序质量的控制。在第五层楼板、梁钢筋隐蔽工程验收时发现整个楼板、梁受力钢筋型号不对，位置放置错误。施工单位非常重视，及时进行了返工处理。在第十层混凝土部分试块检测时发现强度达不到设计要求，但经有资质的检测单位检测鉴定，实体强度达到了使用要求。由于加强了预防和检查，没有再发生类似的情况。该楼最终顺利完工，达到验收条件后，建设单位组织了竣工验收。

【问题】

(1)简述第五层楼板、梁钢筋隐蔽工程验收的要点。

(2)第十层的质量问题是否需要处理？请说明理由。

(3)如果第十层混凝土强度经检测达不到要求，施工单位应如何处理？

(4)对该综合楼工程主体工程如何组织质量验收？

(5)若该工程地下采用防水混凝土施工，出现了施工缝处局部漏水的现象，并发现有常温给水管道穿墙部位出现渗漏水，在技术处理上应采取什么措施？如地下防水设有后浇带，说明后浇带的防水施工技术要求。

【答案】

(1)第五层楼板、梁钢筋隐蔽工程验收的要点是：

1)按施工图核查受力钢筋的位置，检查钢筋的品种、规格、数量、位置、间距、形状。

2)检查钢筋混凝土保护层厚度、构造钢筋是否符合构造要求。

3)检查钢筋锚固长度、箍筋加密区及加密间距。

4)检查钢筋接头：如绑扎搭接，要检查搭接长度、接头位置和数量(错开长度、接头百分率)；对焊接接头或机械连接，要检查外观质量，取样进行力学性能试验，检查接头位置(相互错开)和数量(接头百分率)是否达到要求。

(2)第十层的混凝土不需要处理，若混凝土试块经检测强度不足，但对工程实体混凝土进行的测试证明能够达到设计强度要求，也无须进行处理。

(3)如果第十层混凝土强度经检测达不到设计要求，应按以下程序处理：

1)施工单位应将试块检测和实体检测情况向监理单位和建设单位报告。

2)由原设计单位进行核算。如经设计单位核算，混凝土结构满足结构安全和工程使用功能，可予以验收；如经设计单位核算，混凝土强度不能满足要求，需根据混凝土实际强度情况制定拆除、重建、加固补强、结构卸荷、限制使用等相应的处理方案。

3)施工单位按批准的处理方案进行处理。

4)施工单位将处理结果报请监理单位进行检查验收。

5)施工单位剖析发生质量事故的原因，并采取预防措施予以防范。

(4)该综合楼主体工程质量验收规定：由建设单位负责组织实施建设工程主体验收工作，建设工程质量监督部门对建设工程主体验收实施监督，该工程的施工、监理、设计、勘察等单位参加。建设工程主体验收按施工企业自评、设计认可、监理核定、业主验收、政府监督的程序进行，对主体工程的实体和工程资料进行全面验收。

(5)对于施工缝处的渗漏现象可根据渗漏水压的大小情况，采用促凝胶浆或氰凝灌浆堵漏。对于不渗漏的施工缝，可沿缝剔成“八”字形凹槽，将松散石子剔除，洗刷干净，用水泥素浆打底，抹1：2.5水泥砂浆找平压实。对于水压较小的常温管道穿墙渗漏水采用直接堵漏法处理：沿裂缝剔成“八”字形边坡沟槽，采用水泥胶浆将沟槽挤压密实，达到强度后，在表面做防水层。对于水压较大的常温管道穿墙渗漏水采用下线堵漏法处理：沿裂缝剔成“八”字形边坡沟槽，挤压水泥胶浆同时留线孔或钉孔，使漏水顺眼流出，经检查无渗漏后，沿沟槽抹素浆、砂浆各一道，待其有强度后再堵漏水孔眼，最后对整条裂缝做防水层。

后浇带的防水混凝土施工应符合下列规定：后浇带应在其两侧混凝土龄期达到42天后再施工；后浇带应采用补偿收缩混凝土，其强度等级不得低于两侧混凝土；后浇带混凝土的养护时间不得少于28天。

案例3-11

【背景资料】

随着社会经济的发展和施工技术的进步，现代工程建设呈现规模不断扩大、技术复杂程度高等特点，大规模的单体工程和综合性建筑比比皆是，而工程质量方面的问题所造成的损失也往往是巨大的。重庆市綦江县彩虹桥是一座长为102 m，宽为10 m，桥净空跨度为120 m的中承式拱桥，于1994年11月动工，于1996年2月完工正式投入使用，耗资368万元。1999年1月4日，整座大桥突然垮塌，桥上群众和武警战士全部坠入綦江中，经奋力抢救，14人受伤，40人遇难死亡，直接经济损失为630万元。

【问题】

(1)分析造成该质量事故的直接原因。

(2)分析造成该质量事故的间接原因。

【答案】

(1)经调查，造成该质量事故的直接原因是：

1)吊杆锁锚问题，主拱钢绞线锁锚方法错误；

2)主拱钢管焊接问题，主拱钢管在工厂加工中，对接焊缝普遍存在裂纹、未焊透、未熔合、气孔、夹渣等严重缺陷，质量达不到施工及验收规范规定的二级焊缝验收标准；

3)钢管混凝土问题，主钢管内混凝土强度未达设计要求，局部有漏灌现象，在主拱肋板处甚至出现1 m多长的空洞；

4)设计问题，设计粗糙，随意更改，施工中对主拱钢结构的材质、焊接质量、接头位置及锁锚质量均无明确要求。

(2)经调查，在成桥增设花台等荷载后，主拱承载力不能满足相应规范要求。造成该质量事故的间接原因是：

1)建设过程严重违反基本建设程序。未进行设计审查，未进行施工招投标，未办理建筑施工许可手续，未进行工程竣工验收。

2)管理混乱。工程总承包关系混乱，总承包单位严重失职；施工管理混乱，设计变更随意，手续不全，技术管理薄弱，责任不落实，关键工序及重要部位的施工质量无人把关；材料及构配件进场管理失控，不按规定进行试验检测，外协加工单位加工的主拱钢管未经焊接质量检测合格就交付施工方使用；质监部门未严格审查项目建设条件就受理质监委托，且未认真履行职责，对项目未经验收就交付使用的错误做法未有效制止；工程档案资料管理混乱，无专人管理；未经验收，强行使用。

因此，如何更好地对工程进行质量管理、科学评价工程质量，是建筑工程施工管理的重要工作内容。

项目小结

建筑工程施工质量管理是施工项目建设中与进度管理、成本管理并列的三大管理目标之一，是保证施工项目按期按量完成，确保施工进度、施工安全，降低施工成本的重要措施，是衡量施工项目管理水平的重要标志。

明确建筑工程项目质量控制的方法，能够对施工准备阶段、施工过程阶段、竣工验收阶段编制施工质量控制方案并进行控制是建筑工程施工质量管理的关键所在。

项目习题

一、单选题

1. 在施工工艺顺序过程中，若前道工序施工完成后将被后一道工序所掩盖、包裹而再无法检查其质量，前道工序通常被称为(　　)工程。

A. 特种　　B. 隐蔽　　C. 零星　　D. 覆盖

2. 对于重要的工序或对工程质量有重大影响的工序，在自检、互检的基础上，还要组织专职人员进行(　　)检查。

A. 开工前　　B. 隐蔽工程　　C. 成品保护　　D. 工序交接

3. 采用测量工具对完成的施工部位进行检测，通过实测数据与施工规范及质量标准所规定的允许偏差对照，来判断质量是否合格的方法是(　　)。

A. 目测法　　B. 实测法　　C. 试验检查法　　D. 规范对照法

4. 为了保护成品，楼梯间与其他踏步饰面宜在整个饰面工程完成后，再按(　　)顺序进行。

A. 按层分段　　B. 自下而上

C. 自上而下　　D. 自中间向上下同时进行

5. 装饰工程中，一般先涂刷油漆再安装玻璃，其主要目的是有利于(　　)。

A. 缩短工期　　B. 节约成本

C. 加快进度　　D. 成品保护

6. (　　)的划分按专业的性质和建筑部位确定。

A. 单位工程　　B. 分部工程

C. 分项工程　　D. 检验批

7. 根据《建筑工程施工质量验收统一标准》(GB 50300—2013)，建筑工程中对安全、卫生、环境保护和公众利益起决定性作用的检验项目称为(　　)。

A. 重点项目　　B. 一般项目　　C. 主控项目　　D. 次要项目

8. 房屋建筑工程的地基基础工程，保修期限为(　　)。

A. 1 年　　B. 2 年

C. 5 年　　D. 设计文件规定的合理使用年限

9. 房屋建筑工程的屋面防水工程，保修期限为(　　)。

A. 1 年　　B. 2 年

C. 5 年　　D. 设计文件规定的合理使用年限

10. 建筑工程验收时，若建筑工程质量不符合要求，且经有资质的检测单位检测鉴定达不到设计要求，但是经(　　)核算认可能够满足结构安全和使用功能的检验批，可予验收。

A. 建设单位　　B. 总监理工程师

C. 项目技术负责人　　D. 原设计单位

11. 屋面工程按建筑工程质量验收层次划分属于(　　)。

A. 单位工程　　B. 分部工程　　C. 分项工程　　D. 检验批

12. 有效决策是建立在数据和信息分析的基础上，是质量管理的(　　)原则。

A. 持续改进　　B. 基于事实的决策方法

C. 全员参与　　D. 过程方法

13. 组织与供方是相互依存的，互利的关系可增强双方创造价值的能力，是质量管理的(　　)原则。

A. 以顾客为关注焦点　　B. 管理的系统方法

C. 基于事实的决策方法　　D. 与供方互利的关系

14. 致力于制定质量目标并规定必要的运行过程和相关资源以实现质量目标定义的是(　　)。

A. 质量目标　　B. 质量方针　　C. 质量策划　　D. 质量控制

15. 以提高质量、降低消耗为目标，通过分析和诊断确定质量管理的方针和目标以及达到这些目标的具体措施和方法，是质量保证体系运转方式的(　　)阶段。

A. 实施　　B. 检查　　C. 处理　　D. 计划

16. 按已制订的计划，扎扎实实地去实施，是质量保证体系运转方式的(　　)阶段。

A. 实施　　B. 检查　　C. 处理　　D. 计划

17. 对照计划，检查执行效果，及时发现计划执行过程中的问题，是质量保证体系运转方式的(　　)阶段。

A. 实施　　B. 检查　　C. 处理　　D. 策划

18. 工程质量检查的方法可归纳为目测法、量测法和试验法，目测法包括(　　)四种方法。

A. 看、摸、敲、照　　B. 看、摸、量、套

C. 靠、吊、量、套　　D. 敲、照、量、套

19. 按同一生产条件或按规定的方式汇总起来供检验用的一定数量的检验体所定义的是(　　)。

A. 检查批　　B. 验收批　　C. 检验批　　D. 评定批

20. 建筑工程中对安全、卫生、环境保护和公众利益起决定性作用的检验项目是(　　)项目。

A. 一般　　B. 重要　　C. 关键　　D. 主控

二、多选题

1. 施工项目现场采用量测法进行质量检查，其手段有(　　)。

A. 靠　　B. 量　　C. 敲　　D. 套

2. 建筑工程施工时，施工技术交底的内容包括(　　)。

A. 施工范围　　B. 施工进度要求

C. 施工工艺要点　　D. 保证质量的措施

3. 见证取样和送检是指在(　　)人员的见证下，由施工单位的取样员对工程中涉及结构安全的材料进行现场取样。

A. 建设单位　　B. 监理单位

C. 设计单位　　D. 勘察单位

4. 在施工项目现场进行质量检查的方法有(　　)。

A. 目测法　　B. 量测法

C. 试验法　　D. 问卷法

三、判断题

1. 工程质量的好坏是建筑工程的各方面、各环节工作质量的综合反映，是要依靠质量检验检查出来的。(　　)

2. 质量管理是有计划、有系统的活动，为了实施质量管理，需要建立质量管理体系。(　　)

3. 任何使用资源将输入转化为输出的活动或一组活动可视为一个工作。(　　)

4. 致力于增强满足质量要求的能力是质量管理的一部分，其定义的是质量保证。(　　)

5. 记录可用于为可追塑性提供文件，并提供验证。(　　)

6. 应建立并保持记录，以提供符合要求和使质量管理体系有效运行的证据。(　　)

7. 全面管理的观点就是进行全过程、全企业、全方位、全时段的管理。(　　)

8. 以预防为主，就是对产品质量进行事前控制，把事故消灭在发生之前，使每道工序都处于受控状态。(　　)

9. 在工程质量管理中，要注重让有资历、有经验的人员进行经验管理。(　　)

10. 质量保证体系的运转方式是通过 4 个阶段 7 个步骤来实现的。(　　)

11. 频数直方图法和排列图法的运用有一个共同的特点，就是需要进行数据整理和分析。(　　)

12. 质量检查与质量验收的具体检测方法和手段是相同的，两者的概念也是一致的。(　　)

四、案例题

【背景资料】

某办公楼建筑面积为 23 723 m^2，共 6 层，为现浇钢筋混凝土框架结构，项目施工时发生如下事件：

事件一：在一～四层钢筋下料时，剩下许多长度为 1～2 m 的钢筋，技术人员对工人作技术交底，要求将钢筋用闪光对焊接长至 6 m(每根钢筋至少有 2～3 个焊接接头)，用于 5 层框架中。

事件二：为了加快模板与支撑的周转，技术人员对工人作技术交底，要求现浇混凝土时，多做两组混凝土标准养护试块，待标准养护试块强度达到设计的 75%时，立即拆除梁板(跨度均小于 8 m)模板与支撑。

【问题】

(1)事件一中技术人员对工人作技术交底的要求是否正确？为什么？

(2)事件二中技术人员对工人作技术交底的要求是否正确？为什么？

(3)施工单位现场质量检查的方法有哪些？

(4)为降低成本和保证质量，施工单位对进场材料质量控制的要领是什么？

项目四　建筑工程施工进度管理

学习目标

知识目标　熟悉施工项目进度管理的基本概念；熟悉施工进度计划的编制和实施；掌握施工进度计划的检查；掌握施工进度计划的调整。

能力目标　能够编制等节奏流水施工组织方式的施工进度计划；能够编制异节奏流水施工组织方式的施工进度计划；能够编制无节奏流水施工组织方式的施工进度计划；能够采用双代号网络图编制施工进度计划；能够编制工程项目进度计划的调整方法及措施。

项目分析

施工项目进度管理是施工项目建设中与质量管理、成本管理并列的三大管理目标之一，是保证施工项目按期完成，合理安排资源供应，确保施工质量、施工安全，降低施工成本的重要措施，是衡量施工项目管理水平的重要标志。

单元一　建筑工程项目进度计划的编制

一、建筑工程项目进度管理概述

(一)进度与进度管理的概念

1. 进度

进度通常是指工程项目实施结果的进展状况。工程项目进度是一个综合的概念，除工期外，还包括工程量、资源消耗等。进度的影响因素是多方面、综合性的，因而，进度管理的手段及方法也应该是多方面的。

2. 进度指标

按照一般的理解，工程进度既然是项目实施结果的进展状况，就应该以项目任务的完成情况，如工程的数量来表达。但由于工程项目对象系统通常是复杂的，常常很难选定一个恰当的、统一的指标来全面反映工程的进度。例如，对于一个小型的房屋建筑单位工程，它包括地基与基础、主体结构、建筑装饰、建筑屋面、建筑给水、排水及采暖等多个分部工程，而不同的工程活动的工程数量单位是不同的，很难用工程完成的数量来描述单位工程、分部工程的进度。

在现代工程项目管理中，人们赋予进度以结合性的含义，将工程项目任务、工期、成本有机地结合起来，由于每种工程项目在实施过程中都要消耗时间、劳动力、材料、成本等才能完成任务，而这些消耗指标是对所有工作都适用的消耗指标，因此，有必要形成一个综合性的指标体系，从而全面反映项目的实施进展状况。综合性进度指标将使各个工程活动，分部、分项工程直至整个项目的进度描述更加准确、方便。目前，应用较多的是以下四种指标：

(1)持续时间。项目与工程活动的持续时间是进度的重要指标之一。人们常用实际工期与计划工期相比较来说明进度完成情况。例如，某工作计划工期为 30 天，该工作已进行 15 天，则工期已完成 50%。此时能说施工进度已达到 50%吗？恐怕不能。因为工期与人们通常概念上的进度是不同的。对于一般工程来说，工程量等于工期与施工效率(速度)的乘积，而工作速度在施工过程中是变化的，受很多因素的影响，如管理水平、环境变化等，又如工程受质量事故影响，时间过了一半，而工程量只完成了三分之一。一般情况下，实际工程中工作效率与时间的关系如图 4-1 所示。开始阶段施工效率低(投入资源少、工作配合不熟练)；中期效率最高(投入资源多，工作配合协调)；后期速度慢(工作面小，资源投入少)，并且工程进展过程中会有各种外界的干扰或者不可预见因素所造成的停工，施工的实际效率与计划效率常常是不相同的。此时如果用工期的消耗来表示进度，往往会产生误导。只有在施工效率与计划效率完全相同时，工期消耗才能真正代表进度。通常，使用这一指标与完成的实物量、已完工程的价值量或者资源消耗等指标结合起来对项目进展状况进行分析。

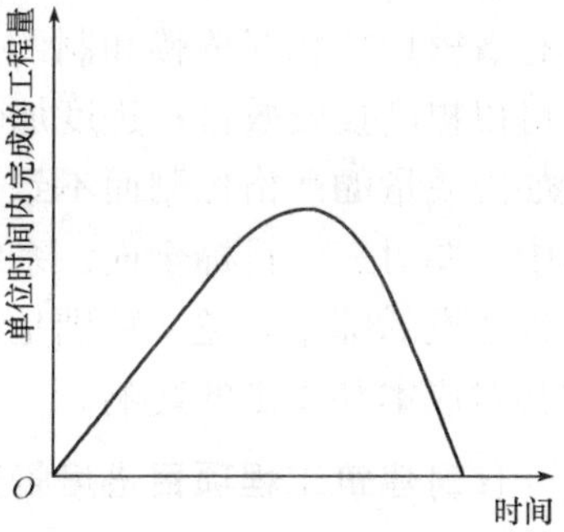

图 4-1　工作效率与时间的关系

(2)完成的实物量。可用完成的实物量表示进度。例如，设计工作按完成的资料量计量；混凝土工程按完成的体积计量；设备安装工程按完成的吨位计量；管线、道路工程用长度计量等。这个指标的主要优点是直观、简单明确、容易理解，适用于描述单一任务的专项工程，如道路、土方工程等。例如，某公路工程总工程量为 5 000 m，已完成 500 m，则进度已达到 10%。该指标的统一性较差，不适合描述综合性、复杂工程的进度，如分部工程、分项工程的进度。

(3)已完工程的价值量。已完工程的价值量是指已完成的工作量与相应合同价格或预算价格的乘积。其将各种不同性质的工程量从价值形态上统一起来，可方便地将不同的分项工程统一起来，能够较好地反映由多种不同性质的工作所组成的复杂、综合性工程的进度状况。例如，人们经常说某工程已完成合同金额的 80%等，这就是用已完工程的价值量来描述进度状况。它是人们很喜欢用的进度指标之一。

(4)资源消耗指标。常见的资源消耗指标有工时、机械台班、成本等。其有统一性和较好的可比性。各种项目均可用它们作为衡量进度的指标，以便于统一分析尺度。在实际应用中，常常将资源消耗指标与工期(持续时间)指标结合在一起使用，以此来对工程进展状况进行全面的分析。例如，将工期与成本指标结合起来分析进度是否实质性拖延及成本超支。在实际工程中，使用资源消耗指标来表示工程进度时应注意以下问题：

1)投入资源数量与进度背离时会产生错误的结论。例如，某项活动计划需要 60 工时，现已用 30 工时，则工时消耗已达到 50%，如果计划劳动效率与实际劳动效率完全相同，则进度已达到 50%，如果计划劳动效率与实际劳动效率不相同，用工时消耗来表示进度就会产生误导。

2)在实际工程中，计划工程量与实际工程量常常不同，例如，某工作计划工时为 60 工时，而在实际实施过程中，由于实际施工条件变化，施工难度增加，应该需要80工时，现已用掉20工时，进度达到30%，而实际上只完成了25%，因此，正确结果只能在计划正确，并按预定的效率施工时才能得到。

3)用成本反映进度时，以下成本不计入：返工、窝工、停工增加的成本，材料及劳动力价格变动造成的成本变动。

3. 进度管理

工程项目进度管理是指根据进度目标的要求，对工程项目各阶段的工作内容、工作程序、持续时间和衔接关系编制计划，将该计划付诸实施，在实施的过程中，经常检查实际工作是否按计划要求进行，对出现的偏差分析原因，采取补救措施或调整、修改原计划直至工程竣工、交付使用。进度管理的最终目的是确保项目工期目标的实现。

工程项目进度管理是建筑工程项目管理的一项核心管理职能。由于建筑项目是在开放的环境中进行的，置身于特殊的法律环境之下，且生产过程中的人员、工具与设备的流动性，产品的单件性等都决定了进度管理的复杂性及动态性，必须加强项目实施过程中的跟踪控制。进度控制与质量控制、投资控制是工程项目建设中并列的三大目标之一。它们之间有着密切的相互依赖和制约关系。通常，进度加快，需要增加投资，但工程能提前使用就可以提高投资效益；进度加快有可能影响工程质量，而质量控制严格则有可能影响进度，但如因质量的严格控制而不致返工，又会加快进度。因此，项目管理者在实施进度管理工作中，要对三个目标全面、系统地加以考虑，正确处理好进度、质量和投资的关系，提高工程建设的综合效益。特别是对一些投资较大的工程，在采取进度控制措施时，要特别注意其对成本和质量的影响。

(二)建筑工程项目进度管理的目的和任务

进度管理的目的是通过控制实现工程的进度目标。通过进度计划控制，可以有效地保证进度计划的落实与执行，减少各单位和部门之间的相互干扰，确保施工项目工期目标以及质量、成本目标的实现，同时，也为可能出现的施工索赔提供依据。

施工项目进度管理是项目施工中的重点控制环节之一，它是保证施工项目按期完成、合理安排资源供应和节约工程成本的重要措施。建筑工程项目不同的参与方都有各自的进度控制的任务，但都应该围绕投资者早日发挥投资效益的总目标去展开。建筑工程项目不同参与方的进度管理任务见表4-1。

表4-1 建筑工程项目不同参与方的进度管理任务

参与方名称	任务	进度涉及时段
业主方	控制整个项目实施阶段的进度	设计准备阶段、设计阶段、施工阶段、物资采购阶段、动用前准备阶段
设计方	根据设计任务委托合同控制设计进度，并能满足施工、招标投标、物资采购进度协调	设计阶段
施工方	根据施工任务委托合同控制施工进度	施工阶段
供货方	根据供货合同控制供货进度	物资采购阶段

(三)建筑工程项目进度管理的方法和措施

建筑工程项目进度管理的方法主要有规划、控制和协调。规划是指确定施工项目总进度控制目标和分进度控制目标，并编制其进度计划；控制是指在施工项目实施的全过程中，比较施工实际进度与施工计划进度，出现偏差及时采取措施调整；协调是指协调与施工进度有关的单位、部门和工作队组之间的进度关系。

建筑工程项目进度管理采取的主要措施有组织措施、技术措施、合同措施和经济措施。

1. 组织措施

组织措施主要包括建立施工项目进度实施和控制的组织系统，订立进度控制工作制度，检查时间、方法，召开协调会议，落实各层次进度控制人员、具体任务和工作职责；确定施工项目进度目标，建立施工项目进度控制目标体系。

2. 技术措施

采取技术措施时应尽可能采用先进施工技术、方法和新材料、新工艺、新技术，保证进度目标的实现。落实施工方案，在发生问题时，及时调整工作之间的逻辑关系，加快施工进度。

3. 合同措施

采取合同措施时以合同形式保证工期进度的实现，即保持总进度控制目标与合同总工期一致，分包合同的工期与总包合同的工期相一致，供货、供电、运输、构件加工等合同规定的提供服务时间与有关的进度控制目标一致。

4. 经济措施

经济措施是指落实进度目标的保证资金，签订并实施关于工期和进度的经济承包责任制，建立并实施关于工期和进度的奖惩制度。

(四)建筑工程项目进度管理的基本原理

1. 动态控制原理

工程进度控制是一个不断变化的动态过程，在项目开始阶段，实际进度按照计划进度的规划进行运动，但由于外界因素的影响，实际进度的执行往往会与计划进度出现偏差，出现超前或滞后的现象。这时应通过分析偏差产生的原因，采取相应的改进措施，调整原来的计划，使二者在新的起点上重合，并发挥组织管理作用，使实际进度继续按照计划进行。在一段时间后，实际进度和计划进度又会出现新的偏差。因此，工程进度控制出现了一个动态的调整过程。

2. 系统原理

工程项目是一个大系统，其进度控制也是一个大系统，进度控制中，计划进度的编制受到许多因素的影响，不能只考虑某一个因素或几个因素。进度控制组织和进度实施组织也具有系统性，因此，工程进度控制具有系统性，应该综合考虑各种因素的影响。

3. 信息反馈原理

信息反馈是工程进度控制的重要环节，施工的实际进度通过信息反馈给基层进度控制工作人员，在分工的职责范围内，信息经过加工逐级反馈给上级主管部门，最后到达主控制室，主控制室整理统计各方面的信息，经过比较分析作出决策，调整进度计划。进度控制不断调整的过程实际上就是信息不断反馈的过程。

4. 弹性原理

工程进度计划工期长、影响因素多，因此，进度计划的编制就会留出余地，使计划进度具有弹性。进行进度控制时应利用这些弹性，缩短有关工作的时间，或改变工作之间的搭接关系，使计划进度和实际进度吻合。

5. 封闭循环原理

项目进度控制的全过程是一个计划、实施、检查、比较分析、确定调整措施、再计划的封闭的循环过程。

6. 网络计划技术原理

网络计划技术原理是工程进度控制的计划管理和分析计算的理论基础。在进度控制中，要利用网络计划技术原理编制进度计划，根据实际进度信息，比较和分析进度计划，又要利用网络计划的工期优化、工期与成本优化和资源优化的理论调整计划。

(五)建筑工程项目进度管理的内容

1. 项目进度计划

工程项目进度计划包括项目的前期、设计、施工和使用前的准备等内容。项目进度计划的主要内容就是制订各级项目进度计划，包括进行总控制的项目总进度计划、进行中间控制的项目分阶段进度计划和进行详细控制的各子项进度计划，并对这些进度计划进行优化，以达到对这些项目进度计划的有效控制。

2. 项目进度实施

工程项目进度实施就是在资金、技术、合同、管理信息等方面进度保证措施落实的前提下，使项目进度按照计划实施。施工过程中存在各种干扰因素，其将使项目进度的实施结果偏离进度计划，项目进度实施的任务就是预测这些干扰因素，对其风险程度进行分析，并采取预控措施，以保证实际进度与计划进度吻合。

3. 项目进度检查

工程项目进度检查的目的是了解和掌握建筑工程项目进度计划在实施过程中的变化趋势和偏差程度。其主要内容有跟踪检查、数据采集和偏差分析。

4. 项目进度调整

工程项目进度调整是整个项目进度控制中最困难、最关键的内容。其包括以下几个方面的内容：

(1)偏差分析。分析影响进度的各种因素和产生偏差的前因后果。

(2)动态调整。寻求进度调整的约束条件和可行方案。

(3)优化控制。调控的目标是使进度、费用变化最小，达到或接近进度计划的优化控制目标。

(六)建筑工程项目进度管理目标的制定

进度管理目标的制定应在项目分解的基础上进行。其包括项目进度总目标和分阶段目标，也可根据需要确定年、季、月、旬(周)目标，里程碑事件目标等。里程碑事件目标是指关键工作的开始时刻或完成时刻。

在确定施工进度管理目标时，必须全面细致地分析与建设工程进度有关的各种有利因素和不利因素，只有这样才能制订出一个科学、合理的进度管理目标。确定施工进度管理目标的主要依据有：建设工程总进度目标对施工工期的要求，工期定额、类似工程项目的实际进度，工程难易程度和工程条件的现实情况等。

在确定施工进度分解目标时，还应考虑以下几个方面：

(1)对于大型建筑工程项目，应根据尽早提供可动用单元的原则，集中力量分期分批建设，以便尽早投入使用，尽快发挥投资效益。这时，为保证每一动用单元能形成完整的生产能力，就要考虑这些动用单元交付使用时所必需的全部配套项目。因此，要处理好前期动用和后期建设的关系、每期工程中主体工程与辅助及附属工程之间的关系等。

(2)结合本工程的特点，参考同类建设工程的经验来确定施工进度目标，避免只按主观愿望盲目确定进度目标，从而在实施过程中造成进度失控。

(3)合理安排土建与设备的综合施工。按照它们各自的特点，合理安排土建施工与设备基础、设备安装的先后顺序及搭接、交叉或平行作业，明确设备工程对土建工程的要求和土建工程为设备工程提供施工条件的内容及时间。

(4)做好资金供应能力、施工力量配备、物资(材料、构配件、设备)供应能力与施工进度的平衡工作，确保工程进度目标的要求，从而避免其落空。

(5)考虑外部协作条件的配合情况。其包括施工过程中及项目竣工所需的水、电、气、通信、道路及其他社会服务项目的满足程度和满足时间。它们必须与有关项目的进度目标相协调。

(6)考虑工程项目所在地区的地形、地质、水文、气象等方面的限制条件。

二、建筑工程项目进度的主要影响因素

建筑工程项目的特点决定了其在实施过程中，将受到诸多因素的影响，其中大多数都对施工进度产生影响。为了有效地控制项目进度，必须充分认识和估计这些影响因素，以便事先采取措施，消除其影响，使施工尽可能按进度计划进行。施工进度的主要影响因素有内部因素和外部因素。另外，还有一些不可预见因素的影响。

(一)内部因素

1. 技术性失误

项目施工单位采用技术措施不当，施工方法选择或施工顺序安排有误，施工中发生技术事故，缺乏应用新技术、新工艺、新材料、新设备的经验，不能保证工程质量等，都会影响施工进度。

2. 施工组织管理不利

对工程项目的特点和实现的条件判断失误、编制的施工进度计划不科学、贯彻进度计划不得力、流水施工组织不合理、劳动力和施工机具调配不当、施工平面布置及现场管理不严密、解决问题不及时等，都将影响项目施工进度计划的执行。

由此可见，提高项目经理部的管理水平和技术水平、提高施工作业层的素质是极为重要的。

(二)外部因素

影响项目施工进度实施的单位主要是施工单位，但是建设单位(或业主)、监理单位、设计单位、总承包单位、资金贷款单位、材料设备供应单位、运输单位、供水供电部门及

政府的有关主管部门等，都可能给施工的某些方面造成困难而影响项目施工进度，例如设计单位图纸供应不及时或有误，业主要求设计方案变更，材料和设备不能按期供应或质量、规格不符合要求，不能按期拨付工程款或在施工中资金短缺等。

(三)不可预见的因素

项目施工中所出现的意外事件，如战争、严重自然灾害、火灾、重大工程事故、工人罢工、企业倒闭、社会动乱等，都会影响项目施工进度。

三、建筑工程项目进度计划的编制

(一)建筑工程项目进度计划的表示方法

编制项目进度计划通常需要借助两种方式，即文字说明与各种进度计划图表。其中，前者是用文字形式说明各时间阶段内应完成的项目建设任务，以及所要达到的项目进度要求；后者是指用图表形式来表达项目建设各项工作任务的具体时间顺序安排。根据图表形式的不同，项目进度计划的表达有横道图、斜线图、线型图、网络图等形式。

1. 用横道图表示项目进度计划

横道图有水平指示图表和垂直指示图表两种。在水平指示图表中，横坐标表示流水施工的持续时间，纵坐标表示开展流水施工的施工过程、专业工作队的名称、编号和数目，呈梯形分布的水平线表示流水施工的开展情况；在垂直指示图表中，横坐标表示流水施工的持续时间，纵坐标表示开展流水施工所划分的施工段编号，n 条斜线段表示各专业工作队或施工过程开展流水施工的情况。

横道图表示法的优点是表达方式较直观，使用方便，很容易看懂，绘图简单方便，计算工作量小；其缺点是工序之间的逻辑关系不易表达清楚，适用于手工编制，不便于用计算机编制。由于不能进行严格的时间参数计算，故其不能确定计划的关键工作、关键线路与时差，计划调整只能采用手工方式，工作量较大。这种计划难以适应大进度计划系统的需要。

2. 用网络图表示项目进度计划

网络图的表达方式有单代号网络图和双代号网络图两种。单代号网络图是指组织网络图的各项工作由节点表示，以箭线表示各项工作的相互制约关系，采用这种符号从左向右绘制而成的网络图；双代号网络图是指组成网络图的各项工作由节点表示，以箭线表示工作的名称，将工作的名称写在箭线上方，将工作的持续时间(小时、天、周)写在箭线下方，箭尾表示工作的开始，箭头表示工作的结束，采用这种符号从左向右绘制而成的网络图。

与横道图相比，网络图的优点是网络计划能明确表达各项工作之间的逻辑关系；通过网络时间参数的计算，可以找出关键线路和关键工作；通过网络时间参数的计算，可以明确各项工作的机动时间；网络计划可以利用电子计算机进行计算、优化和调整。其缺点是计算劳动力、资源消耗量时，与横道图相比较困难；不像横道计划那样直观明了，但这可以通过绘制时标网络计划得到弥补。

(二)建筑工程项目流水施工

1. 流水施工的组织方式与特点

流水施工是建筑工程中最为常见的施工组织形式，能有效地控制工程进度。

(1)流水施工的组织方式。

1)将拟建施工项目中的施工对象分解为若干个施工过程，即划分为若干个工作性质相同的分部分项工程或工序。

2)将施工项目在平面上划分为若干个劳动量大致相等的施工段。

3)在竖向上划分成若干个施工层，并按照施工过程成立相应的专业工作队。

4)各专业队按照一定的施工顺序依次完成各个施工对象的施工过程，同时，保证施工在时间和空间上连续、均衡和有节奏地进行，使相邻两专业队能最大限度地搭接作业。

(2)流水施工的特点。

1)尽可能地利用工作面进行施工，工期比较短。

2)各工作队实现了专业化施工，有利于提高技术水平和劳动生产率，也有利于提高工程质量。

3)专业工作队能够连续施工，同时，相邻专业队的开工时间能够最大限度地搭接。

4)单位时间内投入的劳动力、施工机具、材料等资源量较为均衡，有利于资源供应的组织。

5)为施工现场的文明施工和科学管理创造了有利条件。

2. 流水施工的基本组织形式

流水施工按照流水节拍的特征可分为有节奏流水施工和无节奏流水施工。其中，有节奏流水施工又可分为等节奏流水施工与异节奏流水施工。

(1)等节奏流水施工是指在有节奏流水施工中，各施工过程的流水节拍都相等的流水施工。在流水组织中，每一个施工过程本身在各施工段中的作业时间(流水节拍)都相等，各个施工过程之间的流水节拍也相等，故等节奏流水施工的流水节拍是一个常数。

(2)异节奏流水施工是指在有节奏流水施工中，各施工过程的流水节拍各自相等而不同施工过程之间的流水节拍不尽相等的流水施工。在流水组织中，每一个施工过程本身在各施工段上的流水节拍都相等，但是不同施工过程之间的流水节拍不完全相等。在组织异节奏流水施工时，按每个施工过程流水节拍之间是某个常数的倍数，可以组织成倍节拍流水施工。

(3)无节奏流水施工是指在组织流水施工时，全部或部分施工过程在各个施工段上的流水节拍不相等的流水施工。这种施工是流水施工中最常见的一种。其特点是：各施工过程在各施工段上的作业时间(流水节拍)不全相等，且无规律；相邻施工过程的流水步距不尽相等；专业工作队数等于施工过程数；专业工作队能够在施工段上连续作业，但有的施工段之间可能有空闲时间。

3. 流水施工的基本参数

在组织施工项目流水施工时，用来表达流水施工在工艺流程、空间布置和时间安排等方面的状态参数，称为流水施工参数。其包括工艺参数、空间参数和时间参数。

(1)工艺参数。工艺参数是指在组织施工项目流水施工时，用来表达流水施工在施工工艺方面进展状态的参数。其包括施工过程和流水强度。施工过程是指在组织工程流水施工时，根据施工组织及计划安排需要，将计划任务划分成的子项。

1)施工过程划分的粗细程度由实际需要而定，可以是单位工程，也可以是分部工程、分项工程或施工工序。

2)根据其性质和特点不同，施工过程一般分为三类，即建造类施工过程、运输类施工过程和制备类施工过程。

3)由于建造类施工过程占有施工对象的空间，直接影响工期的长短，因此，必须将其列入施工进度计划，其大多被作为主导施工过程或关键工作。

4)施工过程的数目一般用 n 表示，它是流水施工的主要参数之一。

流水强度是指某施工过程(专业工作队)在单位时间内所完成的工作量，也称为流水能力或生产能力。流水强度可用下式计算：

$$V_i = \sum R_i S_i$$

式中 V_i——某施工过程(专业工作队)的流水强度；

R_i——投入该施工过程中的第 i 种资源量(施工机械台数或工人数)；

S_i——投入该施工过程中的第 i 种资源的产量定额；

$\sum$——投入该施工过程中各资源种类数之和。

(2)空间参数。空间参数是指在组织施工项目流水施工时，用来表达流水施工在空间布置上开展状态的参数。其包括工作面和施工段。

1)工作面是指某专业工种的工人或某种施工机械进行施工的活动空间。工作面的大小，表明能够安排施工人数或机械台数的多少；每个作业的工人或每台施工机械所需的工作面的大小，取决于单位时间内其完成的工作量和安全施工的要求；工作面确定的合理与否，直接影响专业工作队的生产效率。

2)施工段是指将施工对象在平面或空间上划分成若干个劳动量大致相等的施工段落，或称作流水段。施工段的数目一般用 m 表示，它是流水施工的主要参数之一。

(3)时间参数。时间参数是指在组织施工项目流水施工时，用来表达流水施工在时间安排上所处状态的参数。其包括流水节拍、流水步距和流水施工工期三个指标。

1)流水节拍是指在组织施工项目流水施工时，某个专业工作队在一个施工段上的施工时间。影响流水节拍数值大小的因素主要有施工项目所采取的施工方案，各施工段投入的劳动力人数或机械台班、工作班次，各施工段工程量的多少。

2)流水步距是指在组织施工项目流水施工时，相邻两个施工过程(或专业工作队)相继开始施工的最小时间间隔。流水步距一般应满足各施工过程按各自的流水速度施工，始终保持工艺的先后顺序；各施工过程的专业工作队投入施工后尽可能保持连续作业；相邻两个施工过程(或专业工作队)在满足连续施工的条件下，能最大限度地实现合理搭接等要求。

3)流水施工工期是指从第一个专业工作队投入流水施工开始，到最后一个专业工作队完成流水施工为止的整个持续时间。由于一项建设工程往往包含许多流水组，故流水施工工期一般均不是整个工程的总工期。

(三)建筑工程项目网络计划技术的应用

常用网络计划有双代号网络计划、单代号网络计划、双代号时标网络计划、搭接网络计划四种类型。

1. 网络计划的应用程序

网络计划的应用程序一般包括四个阶段、十个步骤，见表 4-2。

表 4-2 网络计划的应用程序

编制阶段	编制步骤	编制阶段	编制步骤
(1)计划准备阶段	1)调查研究	(3)计算时间参数及确定关键线路阶段	6)计算工作持续时间
	2)确定网络计划目标		7)计算网络计划时间参数
(2)绘制网络图阶段	3)进行项目分解		8)确定关键线路和关键工作
	4)分析逻辑关系	(4)网络计划优化阶段	9)优化网络计划
	5)绘制网络图		10)编制优化后的网络计划

(1)计划准备阶段。

1)调查研究。调查研究的目的是掌握充分、准确的资料，从而为确定合理的进度目标、编制科学的进度计划提供可靠的依据。

调查研究的内容包括：工程任务情况、实施条件、设计资料，有关标准、定额、规程、制度，资源需求与供应情况，资金需求与供应情况，有关统计资料、经验、总结及历史资料。

调查研究的方法有实际观察、测算、询问、会议调查、资料检索、分析预测等。

2)确定网络计划目标。网络计划的目标由工程项目的总目标所决定的，一般可分为以下三类：

①时间目标。时间目标即工期目标，是指建筑工程施工合同中规定的工期或有关主管部门要求的工期。时间目标的确定应以建筑安装工程工期定额为依据，同时，应充分考虑类似工程的实际进展情况、气候条件，以及工程难易程度和建设条件的落实情况等因素，建筑工程施工进度安排，必须以建筑安装工程工期定额为最高时限。

②时间一资源目标。资源是指在工程建设过程中所需投入的劳动力、原材料及施工机具等。在一般情况下，时间一资源目标分为两类，即资源有限和工期最短，即在一种或几种资源供应能力有限的情况下，寻求工期最短的计划安排；工期固定，资源均衡，即在工期固定的前提下，寻求资源需用量尽可能均衡的计划安排。

③时间一成本目标。时间一成本目标是指以限定的工期寻求最低成本的工期安排。

(2)绘制网络图阶段。

1)进行项目分解。将工程项目由粗到细进行分解，是编制网络计划的前提。如何进行工程项目的分解，工作划分得粗细程度如何，将直接影响到网络图的结构。对于控制性网络计划，其工作划分得应粗一些，而对于实施性网络计划，其工作应划分得细一些。工作划分的粗细程度，应根据实际需要来确定。

2)分析逻辑关系。分析各项工作之间的逻辑关系时，既要考虑施工程序或工艺技术过程，又要考虑组织安排或资源调配的需要。对施工进度计划而言，分析其工作之间的逻辑关系时，应考虑施工工艺的要求、施工方法和施工机械的要求、施工组织的要求、施工质量的要求、当地的气候条件、安全技术的要求等问题。分析逻辑关系的主要依据是施工方案、有关资源供应情况和施工经验等。

3)绘制网络图。根据已确定的逻辑关系，即可绘制网络图。可以绘制单代号网络图，也可以绘制双代号网络图，还可以根据需要，绘制双代号时标网络计划。

(3)计算时间参数及确定关键线路阶段。

1)计算工作持续时间。工作持续时间是指完成该工作所花费的时间。其计算方法有多种，既可以凭以往的经验进行估算，也可以通过试验推算。当有定额可用时，还可以利用时间定额或产量定额，同时，考虑工作面及合理的劳动组织进行计算。

2)计算网络计划时间参数。网络计划时间参数一般包括工作最早开始时间、工作最早完成时间、工作最迟开始时间、工作最迟完成时间、工作总时差、工作自由时差、节点最早时间、节点最迟时间、相邻两项工作之间的时间间隔、计算工期等。应根据网络计划的类型及使用要求选算上述时间参数。网络计划时间参数的计算方法有图上计算法、表上计算法、公式法等。

3)确定关键线路和关键工作。在计算网络计划时间参数的基础上，便可根据有关时间参数确定网络计划中的关键线路和关键工作。

(4)网络计划优化阶段。

1)优化网络计划。当初始网络计划的工期能满足所要求的工期，资源需求量也能得到满足时，则无须进行网络优化，此时的初始网络计划即可作为正式的网络计划，否则，需要对初始网络计划进行优化。

根据工程项目所追求的目标不同，网络计划的优化包括工期优化、费用优化和资源优化三种。应根据工程的实际需要选择不同的优化方法。

2)编制优化后的网络计划。根据网络计划的优化结果，可绘制优化后的网络计划，同时编制网络计划说明书。网络计划说明书的内容包括编制原则和依据、主要计划指标一览表、执行计划的关键问题、需要解决的主要问题与主要措施，以及其他需要说明的问题。

2. 双代号网络计划的时间参数及关键线路

(1)时间参数的计算。

1)双代号网络计划时间参数的计算方法有公式计算法、表算法、图算法、计算机计算法。图算法简便、明确，边算边标于图上，深受欢迎，但对大型网络计划必须用计算机进行计算。

2)计算双代号网络计划时间参数的步骤为：工作持续时间→最早开始时间→最早完成时间→计划工期→最迟完成时间→最迟开始时间→总时差→自由时差。

3)工作持续时间 D_{i-j} 的计算。计算方法有以下两种：

①定额计算法，其计算公式为

$$D_{i-j}=Q_{i-j}/RS$$

式中 D_{i-j}——$i-j$ 工作的持续时间；

Q_{i-j}——$i-j$ 工作的工程量；

R——工作人数；

S——产量定额(劳动定额)。

②三时估计法，其计算公式为

$$D_{i-j}=(a+4c+b)/6$$

式中 D_{i-j}——$i-j$ 工作的持续时间；

a——工作的乐观(最短)时间估计值；

b——工作的悲观(最长)时间估计值；

c——工作的最可能持续时间估计值。

4)工作 $i-j$ 最早开始时间 ES_{i-j} 的计算。

①工作 $i-j$ 最早开始时间 ES_{i-j} 应从网络计划的起点节点开始，顺箭线方向依次逐项

计算。

②以起点节点 i 为箭尾节点的工作 $i—j$，当未规定其最早开始时间 ES_{i-j} 时，其值应等于零。

③当工作 $i—j$ 只有一项紧前工作 $h—i$ 时，最早开始时间 ES_{i-j} 为

$$ES_{i-j}=ES_{h-i}+D_{h-i}$$

④当工作 $i—j$ 有多个紧前工作时，其最早开始时间 ES_{i-j} 为

$$ES_{i-j}=\max\{ES_{h-i}+D_{h-i}\}$$

式中 ES_{h-i}——工作 $i—j$ 的紧前工作 $h—i$ 的最早开始时间；

D_{h-i}——工作 $i—j$ 的紧前工作 $h—i$ 的持续时间。

5)工作 $i—j$ 最早完成时间 EF_{i-j} 的计算。工作 $i—j$ 最早完成时间是指各紧前工作完成后，本工作有可能完成的最早时刻。按下式计算：

$$EF_{i-j}=ES_{i-j}+D_{i-j}$$

6)网络计划工期的计算。网络计划工期 T_c 是指根据时间参数计算得到的工期。按下式计算：

$$T_c=\max\{EF_{i-n}\}$$

式中 EF_{i-n}——以终点节点($j=n$)为箭头节点的工作 $i—n$ 的最早完成时间。

网络计划工期 T_c 是指按要求工期和计算工期确定的作为实施目标的工期。当规定了要求工期 T_r 时，$T_p \leqslant T_r$；当未规定要求工期 T_r 时，$T_p=T_c$。

7)工作 $i—j$ 最迟完成时间 EF_{i-j} 的计算。工作最迟完成时间指在不影响整个任务按期完成的前提下，工作必须完成的最迟时刻。工作最迟完成时间应从网络计划的终点节点开始，逆着箭线方向依次逐项计算。以终点节点($j=n$)为箭头节点的工作的最迟完成时间 LF_{i-n}，应按网络计划工期 T_p 确定，即

$$LF_{i-n}=T_p$$

其他工作 $i—j$ 最迟完成时间 LF_{i-j} 应按下式计算：

$$LF_{i-j}=\min\{LF_{j-k}-D_{j-k}\}$$

8)工作 $i—j$ 最迟开始时间 LS_{i-j} 的计算。工作最迟开始时间是指在不影响整个任务按期完成的前提下，工作必须开始的最迟时刻。工作 $i—j$ 最迟开始时间 LS_{i-j} 应按下式计算：

$$LS_{i-j}=LF_{i-j}-D_{i-j}$$

9)工作 $i—j$ 总时差 TF_{i-j} 的计算。工作总时差指在不影响总工期的前提下，某项工作所具有的可利用的机动时间。按下式计算：

$$TF_{i-j}=LS_{i-j}-ES_{i-j}$$

或

$$TF_{i-j}=LF_{i-j}-EF_{i-j}$$

10)工作 $i—j$ 自由时差 FF_{i-j} 的计算。工作自由时差是指在不影响其紧后工作最早开始的前提下，某项工作所具有的机动时间。自由时差的计算应符合以下规定：

当工作 $i—j$ 有紧后工作 $j—k$ 时，其自由时差应为

$$FF_{i-j}=ES_{j-k}-ES_{i-j}-D_{i-j}$$

以终点节点($j=n$)为箭头节点的工作，其自由时差应按网络计划 T_p 确定，即

$$FF_{i-j}=T_p-ES_{i-n}-D_{i-n}$$

(2)关键线路的确定。关键线路是自始至终全部由关键工作组成的线路，或线路上总的

工作持续时间最长的线路。

1)确定关键线路的方法。将关键工作自左而右依次首尾连接而成的线路就是关键线路。关键工作是网络计划中总时差最小的工作。当计划工期与计算工期相等时，这个“最小值”为零；当计划工期大于计算工期时，这个“最小值”为正；当计划工期小于计算工期时，这个“最小值”为负。

2)关键线路在网络图中不止一条，可能同时存在几条。

3)关键线路并不是一成不变的，在一定条件下，关键线路和非关键线路可以相互转换。

3. 单代号网络计划的时间参数及关键线路

单代号网络计划的时间参数和双代号网络计划的时间参数基本相同。其计算顺序也基本相同，只是在计算自由时差之前要计算时间间隔 LAG_{i-j}。相邻两项工作之间的时间间隔是指其紧后工作的最早开始时间与本工作最早完成时间的差值，即

$$LAG_{i-j}=ES_{i-j}-EF_{i-j}$$

若某项工作有多项紧后工作，则其自由时差要取其与紧后工作时间间隔的最小值，即

$$FF_{i-j}=\min\{LAG_{i-j}\}$$

关键线路可以通过以下两种方法确定：

(1)利用关键工作确定关键线路。将所有关键工作相连，并保证相邻两项关键工作之间的时间间隔为零而构成的线路，即关键线路。

(2)利用相邻两项工作之间的时间间隔确定关键线路。从网络计划的终点节点开始逆着箭线方向依次找出相邻两项工作之间时间间隔为零的线路，即关键线路。

4. 双代号时标网络计划

(1)时标网络计划的特点。其特点为：时间参数一目了然；由于箭线的长短受时标的制约，故绘图比较麻烦，修改网络计划的工作持续时间时，必须重新绘图；绘图时可以不进行计算；只有在图上没有直接表示出来的时间参数，如总时差、最迟开始时间和最迟完成时间，才需要进行计算。所以，使用时标网络计划可以大量节省计算时间，可以直接在时标网络图上进行资源优化和调整，并可在时标网络计划图上使用“实际进度前锋线”进行网络计划管理。时标网络计划适用于作业计划或短期计划的编制。

(2)时标网络计划的绘制特点。实际工作以实箭线表示，虚工作以虚箭线表示，自由时差以波形线表示；当实箭线之后有波形线且其末端有垂直部分时，其垂直部分用实线绘制；当虚箭线有时差且其末端有垂直部分时，其垂直部分用虚箭线绘制。

(3)双代号时标网络图的绘制要求。时间长度是以所有符号在时标表上的水平位置及其水平投影长度表示的，与其所代表的时间值相对应；节点的中心必须对准时标的刻度线；虚工作必须以垂直虚线表示，有时差时加波形线表示；时标网络计划宜按最早时间编制，不宜按最迟时间编制；时标网络计划编制前，必须先绘制无时标网络计划；绘制时标网络计划图时可以在以下两种方法中任选一种：先计算无时标网络计划的时间参数，再按计划在时标表上进行绘制；不计算时间参数，直接根据无时标网络计划在时标表上进行绘制。

(4)双代号时标网络计划关键线路的确定。自终点节点至起点节点逆箭线方向朝起点节点观察，自始至终不出现波形线的线路，即关键线路。

5. 搭接网络计划

(1)搭接网络计划的特点。搭接网络计划的计算图形与单代号网络计划的计算图形相

比，搭接网络计划必须有虚拟的起点节点和虚拟的终点节点。另外，搭接网络计划的计算与单代号网络计划的计算相比，两者的差别有以下几点：搭接网络计划的计算要考虑搭接关系；处理在计算最早开始时间的过程中出现负值的情况（将该节点与虚拟起点节点相连，令 $FTS_{i,j}=0$，并将负值升值为零）；处理在计算最迟完成时间的过程中出现最迟完成时间大于计算工期的情况（将此节点与虚拟终点节点相连，令 $FTS_{i,j}=0$，将此值降值为计算工期）；计算间隔时间时要考虑时距并在多个结果中取小值。

（2）搭接网络计划的计算。

1）用搭接网络计划的时距计算时间参数使用的公式。

当有 $STS_{i,j}$ 时距时：$ES_j=ES_i+STS_{i,j}$，$LS_i=LS_j-STS_{i,j}$

当有 $FTF_{i,j}$ 时距时：$EF_j=EF_i+FTF_{i,j}$，$LF_i=LF_j-FTF_{i,j}$

当有 $STF_{i,j}$ 时距时：$EF_j=ES_i+STF_{i,j}$，$LS_i=LF_j-STF_{i,j}$

当有 $FTS_{i,j}$ 时距时：$ES_j=EF_i+FTS_{i,j}$，$LF_i=LS_j-FTS_{i,j}$

2）计算间隔时间的公式。

$$LAG_{i,j}=\min\begin{cases}ES_j=ES_i-STS_{i,j}\\EF_j=EF_i-FTF_{i,j}\\EF_j=ES_i-STF_{i,j}\\ES_j=EF_i-FTS_{i,j}\end{cases}$$

（3）关键线路的确定。单代号搭接网络计划的关键线路是：从起点节点到终点节点，将时间间隔为零的节点项相连而形成的通路。

单元二　建筑工程项目进度控制

一、建筑工程项目进度监测与调整的过程

（一）建筑工程项目进度控制的实施系统

建筑工程项目进度控制的实施系统是建设单位委托监理单位进行进度控制，监理单位根据建设监理合同分别对建设单位、设计单位、施工单位的进度控制实施监督，各单位都按本单位编制的各种进度计划实施，并接受监理单位的监督。各单位的进度控制实施又相互衔接和联系，进行合理而协调的运行，从而保证进度控制总目标的实现。

（二）建筑工程项目进度监测的系统过程

为了掌握项目的进度情况，在进度计划执行一段时间后就要检查实际进度是否按照计划进度顺利进行。在进度计划执行发生偏离时，编制调整后的施工进度计划，以保证进度控制总目标的实现。

在施工项目的实施过程中，为了进行施工进度控制，进度控制人员应经常性地、定期地跟踪检查施工实际进度情况，主要是收集施工项目进度材料，进行统计整理和对比分析，确定实际进度与计划进度之间的关系，其主要工作包括以下内容。

1. 进度计划执行中的跟踪检查

跟踪检查施工实际进度是分析施工进度、调整施工进度的前提。其目的是收集实际施

工进度的有关数据。跟踪检查的时间、方式、内容和收集数据的质量，将直接影响控制工作的质量和效果。

应按统计周期的规定进行定期检查，并应根据需要进行不定期检查。进度计划的定期检查包括规定的年、季、月、旬、周、日检查。不定期检查是指根据需要由检查人(组织)确定的专题(项)检查。其检查内容应包括工程量的完成情况、工作时间的执行情况、资源使用和与进度的匹配情况、上次检查提出问题的整改情况以及检查者确定的其他检查内容。

跟踪检查的主要工作是定期收集反映实际项目进度的有关数据。其收集的方式：一是以报表的形式收集；二是进行现场实地检查。收集的数据质量要高，不完整或不正确的进度数据将导致不全面或不正确的决策。为了全面准确地了解进度计划的执行情况，管理人员还必须认真做好以下三个方面的工作：

(1)经常定期地收集进度报表资料。进度报表是反映实际进度的主要方式之一，执行单位要经常填写进度报表。管理人员根据进度报表数据了解工程的实际进度。

(2)现场检查进度计划的实际执行情况。加强进度检查工作，要掌握实际进度的第一手资料，使其数据更准确。

(3)定期召开现场会议。定期召开现场会议，可使管理人员与执行单位有关人员面对面了解实际进度情况，同时也可以协调有关方面的进度。

究竟多长时间进行一次进度检查，这是管理人员应当确定的问题。通常，进度控制的效果与收集信息资料的时间间隔有关，不进行定期的进度信息资料收集，就难以达到进度控制的效果。进度检查的时间间隔与工程项目的类型、规模、各相关单位有关条件等多方面因素有关，可视具体情况每月、每半月或每周进行一次，在特殊情况下，甚至可能每天进行一次。

2. 整理、统计和分析收集的数据

对收集到的施工项目实际进度数据，需要进行必要的整理，形成具有可比性的数据。一般可以按实物工程量、工作量和劳动消耗量以及累计百分比整理与统计实际收集的数据，以便与相应的计划进行对比。

将收集的资料整理和统计成与计划进度具有可比性的数据后，将施工项目实际进度与计划进度进行比较。通常采用的比较方法有横道图比较法、S形曲线比较法、香蕉形曲线比较法、前锋线比较法。通过比较可得出实际进度与计划进度一致、超前和拖后三种情况。

3. 将实际进度与计划进度进行对比

将实际进度与计划进度进行对比是指将实际进度的数据与计划进度的数据进行比较。通常可以利用表格和图形进行比较，从而得出实际进度比计划进度拖后、超前还是与其一致。

当实际进度与计划进度进行比较，判断出现偏差时，首先应分析该偏差对后续工作和对总工期的影响程度，然后才能决定是否调整以及调整的方法与措施。其具体步骤如下：

(1)分析出现进度偏差的工作是否为关键工作。若出现偏差的工作为关键工作，则无论偏差大小，其都将影响后续工作按计划施工并使工程总工期拖后，必须采取相应措施调整后期施工计划，以便确保计划工期；若出现偏差的工作为非关键工作，则需要进一步根据偏差值与总时差和自由时差进行比较分析，才能确定对后续工作和总工期的影响程度。

(2)分析进度偏差时间是否大于总时差。若某项工作的进度偏差时间大于该工作的总时差，则其将影响后续工作和总工期，必须采取措施进行调整；若进度偏差时间小于或等于该工作的总时差，则其不会影响工程总工期，但是否影响后续工作，需分析此偏差与自由时差的大小关系才能确定。

(3)分析进度偏差时间是否大于自由时差。若某项工作的进度偏差时间大于该工作的自由时差，说明此偏差必然对后续工作产生影响，应该如何调整，应根据后续工作的允许影响程度而定；若进度偏差时间小于或等于该工作的自由时差，则其对后续工作毫无影响，不必调整。

(三)建筑工程进度调整的系统过程

在项目进度监测过程中一旦发现实际进度与计划进度不符，即出现进度偏差时，进度控制人员必须认真分析产生偏差的原因及其对后续工作和总工期的影响，并采取合理的调整措施，确保进度总目标的实现。

1. 分析产生进度偏差的原因

经过进度监测的系统过程，了解实际进度产生的偏差。为了调整进度，管理人员应深入现场进行检查，分析产生偏差的原因。

2. 分析偏差对后续工作和总工期的影响

在查明产生偏差的原因之后，作必要的调整之前，要分析偏差对后续工作和总工期的影响，确定是否应当调整。

3. 确定影响后续工作和总工期的限制条件

在分析了偏差对后续工作和总工期的影响后，需要采取一定的调整措施时，应当首先确定进度可调整的范围。其主要指关键工作、关键线路、后续工作的限制条件以及总工期允许变化的范围。其往往与签订的合同有关，要认真分析，尽量防止后续分包单位提出索赔。

4. 采取进度调整措施

采取进度调整措施，应以后续工作的总工期的限制条件为依据，对原进度计划进行调整，以保证按要求的进度实现目标。在对实施的进度计划分析的基础上，应确定调整原计划的措施，一般主要有以下几种：

(1)改变某些工作间的逻辑关系。若检查的实际施工进度产生的偏差影响了总工期，在工作之间的逻辑关系允许改变的条件下，可以改变关键线路和超过计划工期的非关键线路上的有关工作之间的逻辑关系，达到缩短工期的目的。用这种方法调整的效果是很显著的。例如，把依次进行的有关工作改成平行的或相互搭接的，以及分成几个施工段进行流水施工等，都可以达到缩短工期的目的。

(2)缩短某些工作的持续时间。这种方法是不改变工作之间的逻辑关系，而是缩短某些工作的持续时间，使施工进度加快，并保证实现计划工期的方法。被压缩持续时间的工作是位于实际施工进度的拖延而引起总工期增长的关键线路和某些非关键线路上的工作。这种方法实际上就是采用网络计划优化的方法。

(3)资源供应的调整。如果资源供应发生异常(供应满足不了需要)，应采用资源优化方法对计划进行调整，或采取应急措施，使其对工期的影响最小化。

(4)增减工程量。增减工程量主要是指改变施工方案、施工方法，从而导致工程量的增加或减少。

(5)起止时间的改变。起止时间的改变应在相应工作时差范围内进行。每次调整必须重新计算时间参数，观察该项调整对整个施工计划的影响。调整时可采用的方法有：将工作在其最早开始时间和其最迟完成时间范围内移动、延长工作的持续时间、缩短工作的持续时间。

5. 实施调整后的进度计划

在项目的继续实施中，执行调整后的进度计划。此时管理人员要及时协调有关单位的关系，并采取相应的经济、组织与合同措施。

二、建筑工程项目进度计划实施的分析对比

建筑工程项目进度比较与计划调整是实施进度控制的主要环节。计划是否需要调整以及如何调整，必须以施工实际进度与计划进度进行比较分析后的结果作为依据和前提。因此，施工项目进度比较分析是进行计划调整的基础。常用的比较方法有以下几种。

(一)横道图比较法

用横道图编制实施进度计划，是人们常用的、很熟悉的方法。其简明、形象和直观，编制方法简单，使用方便。

横道图比较法是指将实施过程中检查实际进度收集的数据，经加工整理后直接用横道线平行绘于原计划的横道线处，进行实际进度与计划进度的比较。

例如，某钢筋混凝土基础工程，分三段组织流水施工时，将其施工的实际进度与计划进度比较，如图 4-2 所示。

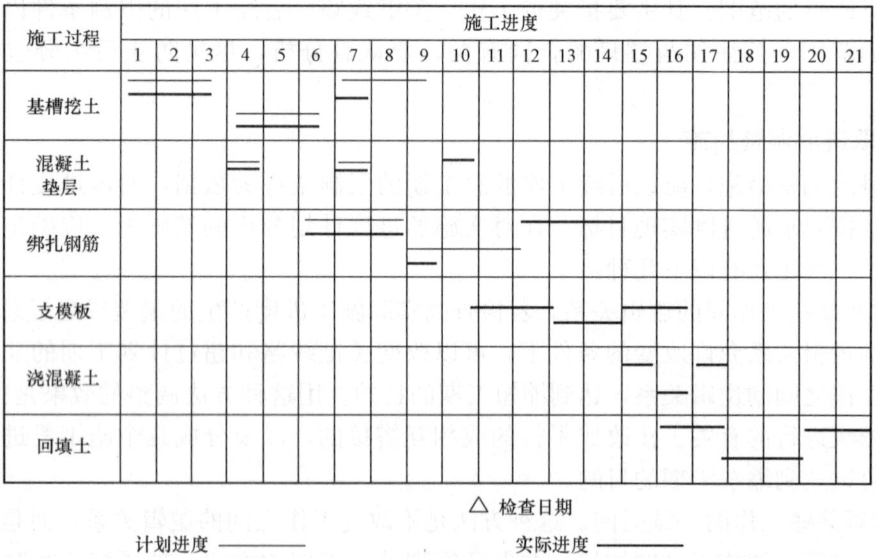

图 4-2　实际进度与计划进度比较横道图

图 4-2 所表达的比较方法，仅适用于工程项目中的各项工作都是匀速进展的情况，即每项工作在单位时间内完成的任务量都相等的情况。事实上，工程项目中各项工作的进展

不一定是匀速的。根据工程项目中各项工作的进展是否匀速，可以分别采用以下两种方法进行实际进度与计划进度的比较。

1. 匀速进展横道图比较法

匀速进展是指在工程项目中，每项工作在单位时间内完成的任务量都是相等的，即工作的进展速度是均匀的。此时每项工作累计完成的任务量与时间呈线性关系。完成的任务量可以用实物工程量、劳动消耗量或费用支出表示。为了便于比较，通常用上述物理量的百分比表示。

因此，匀速进度横道图比较法的比较步骤如下：

(1)编制横道图进度计划。

(2)在进度计划上标出检查日期。

(3)将检查收集的实际进度数据，按比例用涂黑的粗线标于计划进度线的下方。

(4)比较分析实际进度与计划进度。涂黑的粗线右端与检查日期重合，表明实际进度与计划进度一致；涂黑的粗线右端在检查日期左侧，表明实际进度拖后；涂黑的粗线右端在检查日期的右侧，表明实际进度超前。

需要注意的是，该方法仅适用于从开始到结束的整个工作过程，其进展速度均为固定不变的情况。如果工作的进展速度是变化的，则不能采用这种方法进行实际进度与计划进度的比较，否则，会得出错误的结论。

2. 非匀速进展横道图比较法

当工作在不同单位时间里的进展速度不相等时，累计完成的任务量与时间的关系就不可能是线性关系。若仍采用匀速进展横道图比较法，就不能反映实际进度与计划进度的对比情况，此时，应采用非匀速进展横道图比较法进行工作实际进度与计划进度的比较。

非匀速进展横道图比较法在用涂黑粗线表示工作实际进度的同时，还要标出其对应时刻完成任务量的累计百分比，并将该百分比与其同时刻计划完成任务量的累计百分比相比，判断工作实际进度与计划进度之间的关系。

采用非匀速进展横道图比较法时，步骤如下：

(1)绘制横道图进度计划。

(2)在横道线上方标出各主要时间工作的计划完成任务量累计百分比。

(3)在横道线下方标出相应时间工作的实际完成任务量累计百分比。

(4)用涂黑粗线标出工作的实际进度，从开始之日标起，同时，反映出该工作在实施过程中的连续与间断情况。

(5)通过比较同一时刻实际完成任务量累计百分比和计划完成任务量累计百分比，判断工作实际进度与计划进度之间的关系。如果同一时刻横道线上方累计百分比大于横道线下方累计百分比，表明实际进度拖后，拖后的任务量为两者之差；如果同一时刻横道线上方累计百分比小于横道线下方累计百分比，表明实际进度超前，超前的任务量为两者之差；如果同一时刻横道线上、下方两个累计百分比相等，表明实际进度与计划进度一致。

横道图比较法虽有记录和比较简单、现象直观、易于掌握、使用方便等优点，但由于其以横道计划为基础，因此带有不可克服的局限性。在横道计划中，各项工作之间的逻辑关系表达不明确，关键工作和关键线路无法确定。一旦某些工作实际进度出现偏差，就难以预测其对后续工作和工作总工期的影响，也就难以确定相应的进度计划调整方法。因此，横道图比较法主要用于工程项目中某些工作实际进度与计划进度的局部比较。

(二)S形曲线比较法

S形曲线比较法是以横坐标表示进度时间，以纵坐标表示累计完成任务量，绘制出一条按计划时间累计完成任务量的S形曲线，将工程项目的各检查时间实际完成的任务量绘在S形曲线图上，进行实际进度与计划进度的比较的一种方法。

从整个工程项目的施工全过程看，一般是开始和结束时，单位时间投入的资源量较少，中间阶段单位时间内投入的资源量较多，与其相关单位时间完成的任务量也呈同样的变化，如图4-3(a)所示；而随时间进展累计完成的任务量，则应该呈S形变化，如图4-3(b)所示。这种以S形曲线判断实际进度与计划进度关系的方法，称为S形曲线比较法。

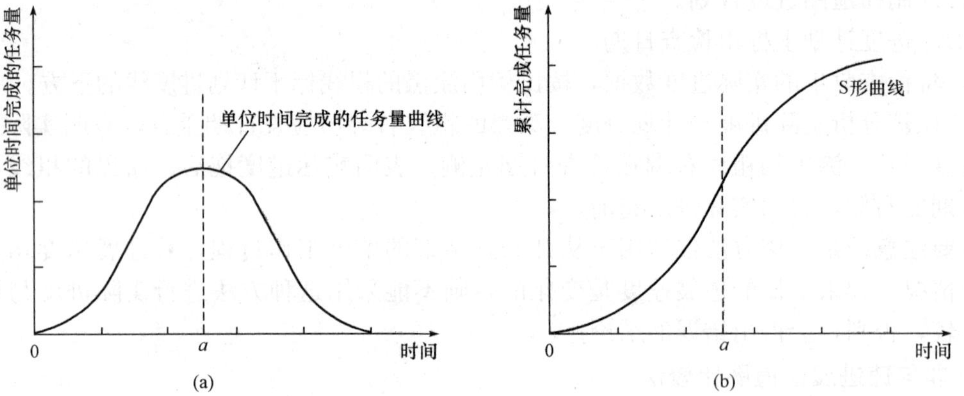

图4-3 时间与完成任务量关系曲线

(a)单位时间完成的任务量；(b)累计完成任务量

S形曲线比较法同横道图比较法一样，是通过图上直观对比进行施工实际进度与计划进度的比较的方法。

在工程施工中，按规定的检查时间将检查时测得的施工实际进度的数据资料，经整理统计后绘制在计划进度S形曲线的同一个坐标图上，如图4-4所示。

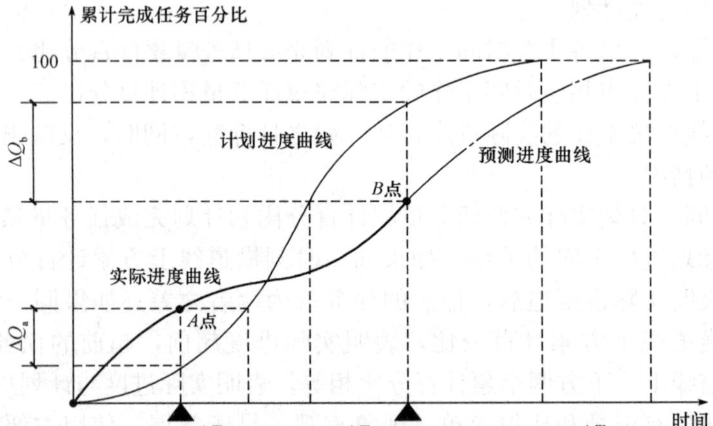

图4-4 S形曲线的比较图

运用图4-4中的两条S形曲线，可以进行如下比较：

(1)工作实际进度与计划进度的关系。实际进度在计划进度S形曲线左侧(如A点)，则表示此时刻实际进度已比计划进度超前；反之，则表示实际进度比计划进度拖后(如B点)。

(2)实际进度超前或拖后的时间。从图中可以得知实际进度比计划进度超前或拖后的具体时间，用ΔT_a和ΔT_b表示。

(3)工作量完成情况。由实际完成S形曲线上的一点与计划S形曲线相对应点的纵坐标可得此时已超额或拖欠的工作量的百分比差值，用ΔQ_a和ΔQ_b表示。

(4)后期工作进度预测。在实际进度偏离计划进度的情况下，如工作不调整，仍按原计划安排的速度进行(图中点画线所示)，则总工期必将超前或拖延，从图中也可得知此时工期的预测变化值，用ΔT_c表示。

(三)"香蕉"形曲线比较法

1."香蕉"形曲线的形成

"香蕉"形曲线是两条S形曲线组合成的闭合曲线。从S形曲线的绘制过程中可知，任一工程项目，从某一时间开始施工，根据其计划进度要求而确定的施工进展时间与相应的累计完成任务量的关系都可以绘制出一条计划进度的S形曲线。

因此，按任何一个工程项目的施工计划，都可以绘制出两种曲线：以最早开始时间安排进度而绘制的S形曲线，称为ES曲线；以最迟开始时间安排进度而绘制的S形曲线，称为LS曲线。

两条S形曲线都是从计划的开始时刻开始和完成时刻结束，因此两条曲线是闭合的，ES曲线在LS曲线的左上方，两条曲线之间的距离是中间段大，向两端逐渐变小，在端点处重合，形成一个形如"香蕉"的闭合曲线，故称为"香蕉"形曲线，如图4-5所示。

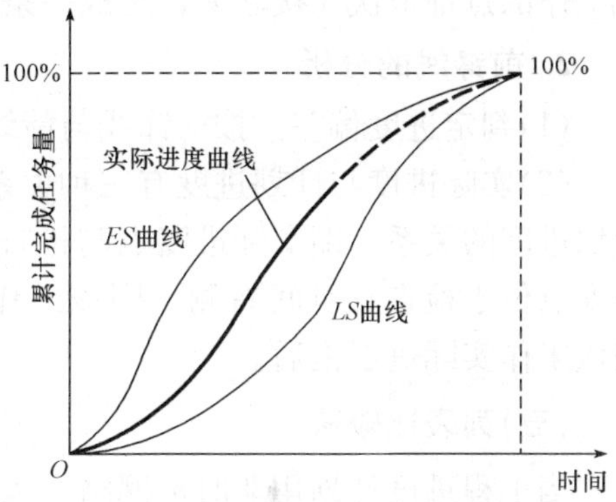

图4-5 "香蕉"形曲线比较法

2."香蕉"形曲线比较法的作用

(1)"香蕉"形曲线主要是起控制作用。严格控制实际进度的变动范围，使实际进度的曲线处于"香蕉"形曲线范围内，就能保证按期完工。

(2)确定是否调整后期进度计划。进行施工实际进度与计划进度的ES曲线和LS曲线的比较，以便确定是否应采取措施调整后期的施工进度计划。

(3)预测后期工程发展趋势。确定在检查时的施工进展状态下，预测后期工程施工的ES曲线和LS曲线的发展趋势。

(四)前锋线比较法

前锋线比较法是通过绘制某检查时刻工程项目实际进度前锋线，进行工程实际进度与计划进度比较的方法。其主要适用于时标网络计划。前锋线是指在原时标网络计划上，从检查时刻的时标点出发，用点画线依次将各项工作实际进展位置点连接而成的折线。前锋线比较法就是通过实际进度前锋线与原进度计划中各工作箭线交点的位置来判断工作与计划进度的偏差，进而判定该偏差对后续工作及总工期影响程度的一种方法。

前锋线比较法适用于时标网络计划，如图4-6所示。

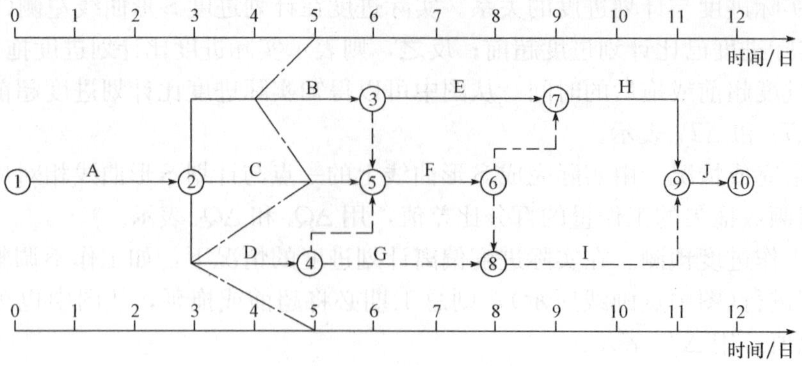

图 4-6 网络计划前锋线比较图

1. 前锋线的绘制

在时标网络计划中，从检查时刻的时标点出发，首先连接与其相邻的工作箭线的实际进度点，由此再去连接该箭线相邻工作箭线的实际进度点，依此类推，将检查时刻正在进行工作的点都依次连接起来，组成一条一般为折线的前锋线。

2. 前锋线的分析

(1)判定进度偏差。按前锋线与箭线交点的位置判定工程实际进度与计划进度的偏差。

(2)实际进度与计划进度有三种关系。前锋线明显地反映出检查日有关工作实际进度与计划进度的关系，即实际进度点与检查日时间相同，则该工作实际与计划进度一致；实际进度点位于检查日时间右侧，则该工作实际进度超前；实际进度点位于检查日时间左侧，则该工作实际进展拖后。

(五)列表比较法

当工程进度计划用非时标网络图表示时，可以采用列表比较法进行实际进度与计划进度的比较。这种方法是记录检查日期应该进行的工作名称及其已经完成作业的时间，然后列表计算有关时间参数，并根据工作总时差进行实际进度与计划进度的比较。

用列表比较法进行实际进度与计划进度的比较，其步骤如下：

(1)对于实际进度检查日期应该进行的工作，根据已经完成作业的时间，确定其尚需作业时间。

(2)根据原进度计划计算原计划时间与原计划任务实际完成最终时间的差距。

(3)计算工作尚有总时差，其值等于从工作检查日期到原计划最迟完成时间的尚余时间与该工作尚需作业时间之差。

(4)比较实际进度与计划进度，可能有以下几种情况：

1)如果工作尚有总时差与原有总时差相等，说明该工作实际进度与计划进度一致。

2)如果工作尚有总时差大于原有总时差，说明该工作实际进度超前，超前的时间为两者之差。

3)如果工作尚有总时差小于原有总时差，且仍为非负值，说明该工作实际进度拖后，拖后的时间为两者之差，但不影响总工期。

4)如果工作尚有总时差小于原有总时差，且为负值，说明该工作实际进度拖后，拖后的时间为两者之差，此时工作实际进度偏差将影响总工期。

三、建筑工程项目施工阶段的进度控制

(一)施工进度计划的动态检查

在施工进度计划的实施过程中，各种因素的影响，常常会打乱原始计划的安排而出现进度偏差。因此，进度控制人员必须对施工进度计划的执行情况进行动态检查，并分析进度偏差产生的原因，以便为施工进度计划的调整提供必要的信息，其主要工作包括以下内容。

1. 跟踪检查施工实际进度

为了对施工进度计划的完成情况进行统计、进度分析和为调整计划提供信息，应对施工进度计划依据其实施记录进行跟踪检查。

跟踪检查施工实际进度是分析施工进度、调整进度计划的前提，其目的是收集实际施工进度的有关数据。跟踪检查的时间、方式、内容和收集数据的质量，将直接影响进度控制工作的质量和效果。

检查的时间与施工项目的类型、规模，施工条件和对进度执行要求程度有关，其通常分两类：一类是日常检查，另一类是定期检查。日常检查是常驻现场的管理人员每日对施工情况进行检查，采用施工记录和施工日志的方法记载下来；定期检查一般与计划安排的周期和召开现场会议的周期一致，可视工程的情况，每月、每半月、每旬或每周检查一次。若施工中遇到天气、资源供应等不利因素的严重影响，检查的间隔时间可临时缩短。定期检查应在制度中规定。

检查和收集资料时，一般采用进度报表方式或定期召开进度工作汇报会。为了保证汇报资料的准确性，进度控制的工作人员要经常地、定期地到现场勘察，准确地掌握施工项目的实际进度。

检查的内容主要包括在检查时间段内任务的开始时间、结束时间，已进行的时间，完成的实物量或工作量，劳动量消耗情况及主要存在的问题等。

2. 整理统计检查数据

对于收集到的施工实际进度数据，要进行必要的整理，并按计划控制的工作项目内容进行统计；要以相同的量和进度，形成与计划进度具有可比性的数据。其一般可以按实物工程量、工作量和劳动消耗量以及累计百分比，整理和统计实际检查的数据，以便与相应的计划完成量进行对比分析。

3. 对比分析实际进度与计划进度

将收集的资料整理和统计成与计划进度具有可比性的数据后，将实际进度与计划进度进行比较分析。通常采用的比较方法有横道图比较法、S 形曲线比较法、前锋线比较法、“香蕉”形曲线比较法、列表比较法等。通过比较得出实际进度与计划进度一致、超前及拖后三种情况，从而为决策提供依据。

4. 施工进度检查结果的处理

施工进度检查要建立报告制度，即将施工进度检查比较的结果、有关施工进度现状和发展趋势，以最简练的书面报告形式提供给有关主管人员和部门。

进度报告原则上由计划负责人或进度管理人员与其他项目管理人员(业务人员)协作编写。进度报告时间一般与进度检查时间相协调，一般每月报告一次，重要的、复杂的项目

每旬或每周报告一次。进度控制报告根据报告的对象不同，一般分为以下三个级别：

(1)项目概要级的进度报告。它是以整个施工项目为对象描述进度计划执行情况的报告。它是报给项目经理、企业经理或业务部门以及监理单位或建设单位(业主)的。

(2)项目管理级的进度报告。它是以单位工程或项目分区为对象描述进度情况的报告，重点是报给项目经理和企业业务部门及监理单位。

(3)业务管理级的进度报告。它是以某个重点部位或某项重点问题为对象编写的报告，供项目管理者及各业务部门使用，以便采取应急措施。

进度报告的内容根据报告的级别和编制范围的不同有所差异，主要包括：项目实施情况、管理概况、进度概要，项目施工进度、形象进度及简要说明，施工图纸提供进度，材料、物资、构配件供应进度，劳务记录及预测；日历计划，建设单位(业主)、监理单位和施工主管部门对施工者的变更指令等。

(二)施工进度计划的调整

1. 分析进度偏差的影响

在工程项目实施过程中，通过实际进度与计划进度的比较，发现有进度偏差时，需要分析该偏差对后续工作及总工期的影响，从而采取相应的调整措施对原进度计划进行调整，以确保工期目标的顺利实现。进度偏差的大小及其所处的位置不同，其对后续工作和总工期的影响程度是不同的，分析时需要利用网络计划中工作总时差和自由时差的概念进行判断。

(1)分析出现进度偏差的工作是否为关键工作。如果出现进度偏差的工作位于关键线路上，即该工作为关键工作，则无论其偏差有多大，都将对后续工作和总工期产生影响，必须采取相应的调整措施；如果出现偏差的工作是非关键工作，则需要根据进度偏差值与总时差和自由时差的关系作进一步分析。

(2)分析进度偏差是否超过总时差。如果工作的进度偏差大于该工作的总时差，则此进度偏差必将影响其后续工作和总工期，必须采取相应的调整措施；如果工作的进度偏差未超过该工作的总时差，则此进度偏差不影响总工期。至于其对后续工作的影响程度，还需要根据偏差值与其自由时差的关系作进一步分析。

(3)分析进度偏差是否超过自由时差。如果工作的进度偏差大于该工作的自由时差，则此进度偏差将对其后续工作产生影响，此时应根据后续工作的限制条件确定调整方法；如果工作的进度偏差未超过该工作的自由时差，则此进度偏差不影响后续工作，因此，原进度计划可以不作调整。

2. 施工项目进度计划的调整方法

通过检查分析，如果发现原有进度计划已不能适应实际情况，为了确保进度控制目标的实现或新的计划目标的确定，就必须对原有进度计划进行调整，以形成新的进度计划，作为进度控制的新依据。施工进度计划的调整方法主要有两种：一是改变某些工作间的逻辑关系，二是缩短某些工作的持续时间。在实际工作中，应根据具体情况选用上述方法进行进度计划的调整。

(1)改变某些工作间的逻辑关系。若检查的实际施工进度产生的偏差影响了总工期，在工作之间的逻辑关系允许改变的条件下，改变关键线路和超过计划工期的非关键线路上的有关工作之间的逻辑关系，达到缩短工期的目的。用这种方法调整的效果是很显著的，例如，可以把依次进行的有关工作改变为平行或互相搭接施工，以及分成几个施工段进行流水施工等，都可以达到缩短工期的目的。

(2)压缩关键工作的持续时间。这种方法是不改变工作之间的先后顺序关系，通过缩短网络计划中关键线路上工作的持续时间来缩短工期。这时通常需要采取一定的措施来达到目的。具体措施包括组织措施、技术措施、经济措施和其他配套措施。

组织措施就是增加工作面，组织更多的施工队伍；增加每天的施工时间(如采用“三班制”等)；增加劳动力和施工机械的数量等。技术措施就是改进施工工艺和施工技术，缩短工艺技术间歇时间；采用更先进的施工方法，以减少施工过程的数量；采用更先进的施工机械等。经济措施包括实行包干奖励、提高奖金数额、对所采取的技术措施给予相应的经济补偿等。其他配套措施有改善外部配合条件、改善劳动条件、实施强有力的调度等。

一般来说，不管采取何种措施，都会增加费用。因此，在调整施工进度计划时，应利用费用优化的原理选择费用增加量最小的关键工作作为压缩对象。

除分别采用上述两种方法来缩短工期外，有时由于工期拖延得太多，当采用某种方法进行调整，其可调整的幅度又受到限制时，还可以同时利用这两种方法对同一施工进度计划进行调整，以满足工期目标的要求。

(三)工程延期

在建筑工程施工过程中，其工期的延长可分为工程延误和工程延期两种。如果由于承包单位自身的原因，工程进度拖延，这称为工程延误；如果由于承包单位以外的原因，工程进度拖延，这称为工程延期。虽然它们都是使工期拖后，但由于性质不同，因而责任也就不同。如果属于工程延误，则由此造成的一切损失由承包单位承担。同时，业主还有权对承包单位进行误期违约罚款。如果属于工程延期，则承包单位不仅有权要求延长工期，而且还有权向业主提出赔偿费用的要求以弥补由此造成的额外损失。因此，对承包单位来说，及时向监理工程师申报工程延期是十分重要的。

1. 申报工程延期的条件

由于以下原因造成工期拖延，承包单位有权提出延长工期的申请，监理工程师应按合同规定，批准工程延期时间：

(1)监理工程师发出工程变更指令而导致工程量增加。

(2)合同所涉及的任何可能造成工程延期的原因，如延期交图、工程暂停、对合格工程的剥离检查及不利的外界条件等。

(3)异常恶劣的气候条件。

(4)由业主造成的任何延误、干扰或障碍，如未及时提供施工场地、未及时付款等。

(5)除承包单位自身外的其他任何原因。

2. 工程延期的审批程序

当工程延期事件发生后，承包单位应在合同规定的有效期内以书面形式通知监理工程师(即工程延期意向通知)，以便于监理工程师尽早了解所发生的事件，及时作出一些减少延期损失的决定。随后，承包单位应在合同规定的有效期内(或监理工程师可能同意的合理期限内)向监理工程师提交详细的申述报告(延期理由及依据)。监理工程师收到该报告后应及时进行调查核实，准确地确定工程延期的时间。

当延期事件具有持续性，承包单位在合同规定的有效期内不能提交最终详细的申述报告时，应先向监理工程师提交阶段性的详情报告。监理工程师应在调查核实阶段性报告的基础上，尽快作出延长工期的临时决定。临时决定延期的时间不宜太长，一般不超过最终批准的延期时间。

待延期事件结束后，承包单位应在合同规定的期限内向监理工程师提交最终的详情报告。监理工程师应复查详情报告的全部内容，然后确定该延期事件所需要的延期时间。

单元三 建筑工程项目物资供应的进度控制

建筑工程项目物资供应是指工程项目建设中所需各种材料、构配件、制品、各类施工机具和施工生产中使用的国内制造的大型设备、金属结构，以及国外引进的成套设备或单机设备等的供给。

一、建筑工程项目物资供应进度控制的概念

物资供应进度控制是物资管理的主要内容之一。项目物资供应进度控制是在一定的资源(人力、物力、财力)条件下，在实现工程项目一次性特定目标的过程中对物资的需求进行的计划、组织、协调和控制。其中，计划是把工程建设所需的物资供给纳入计划，进行预测、预控，使供给有序地进行；组织是划清供给过程诸方的责任、权利和利益，通过一定的形式和制度，建立高效率的组织保证体系，确保物资供应计划的顺利实施；协调主要是针对供应的不同阶段、所涉及的不同单位和部门所进行的沟通和协调，使物资供应的整个过程均衡而有节奏地进行；控制是对物资供应过程的动态管理，使物资供应计划的实施始终处在动态的循环控制过程中，经常定期地将实际供应情况与计划进行对比，发现问题并及时进行调整，确保工程项目所需的物资按时供给，最终实现供应目标。

根据工程项目的特点，在物资供应进度控制中应注意以下几个问题：

(1)由于规划项目的特殊性和复杂性，使物资的供应存在一定的风险，因此要求编制周密的计划并采用科学的管理方法。

(2)由于工程项目具有局部的系统性和状态的局部性，因此要求对物资的供应建立保证体系，并处理好物资供应与投资、质量、进度之间的关系。

(3)材料的供应涉及众多不同的单位和部门，因而使材料管理工作具有一定的复杂性，这就要求与有关的供应部门认真签订合同，明确供求双方的权利与义务，并加强各单位、各部门之间的协调。

二、建筑工程项目物资供应的特点

建筑工程项目在施工期间必须按计划逐步供应所需物资。建筑工程项目的特点是物资供应的数量大、品种多，材料和设备费用占整个工程的比例大，物资消耗不均匀，受内部和外部条件影响大以及物资供应市场情况复杂多变等。

三、建筑工程项目物资供应进度的目标

项目物资供应是一个复杂的系统过程，为了确保这个系统过程的顺利实施，必须首先

确定这个系统的目标(包括系统的分目标)，并以此目标制定不同时期和不同阶段的物资供应计划，用以指导实施。由此可见，物资供应目标的确定，是一项非常重要的工作，没有明确的目标，计划难以制定，控制工作便失去了意义。

物资供应的总目标就是按照需求适时、适地、按质、按量以及成套齐备地将物资提供给使用部门，以保证项目投资目标、进度目标和质量目标的实现。为了总目标的实现，还应确定相应的分目标。目标一经确定，应通过一定的形式落实到各有关的物资供应部门，并以此作为对其工作进行考核和评价的依据。

(一)物资供应与施工进度的关系

(1)物资供应滞后施工进度。在工程实施过程中，常遇到的问题就是由于物资的到货日期推迟而影响工程进度。在大多数情况下，引起到货日期推迟的因素是不可避免的，也是难以控制的。但是，如果管理人员随时掌握物资供应的动态信息，并且及时地采取相应的补救措施，就可以避免到货日期推迟所造成的损失或者将损失降到最低。

(2)物资供应超前施工进度。确定物资供应进度目标时，应合理安排供应进度及到货日期。物资过早进场，将会给现场的物资管理带来不利，增加投资。

(二)物资供应目标和计划的影响因素

在确定目标和编制供应计划时，应着重考虑以下几个问题：

(1)确定能否按工程项目进度计划的需要及时供应材料，这是保证工程进度顺利实施的物质基础。

(2)资金是否能够得到保证。

(3)物资的供应是否超出了市场供应能力。

(4)物资可能的供应渠道和供应方式。

(5)物资的供应有无特殊要求。

(6)已建成的同类或相似项目的物资供应目标和实际计划。

(7)其他条件，如市场、气候、运输能力等。

四、建筑工程项目物资供应计划的编制

项目物资供应计划是对工程项目施工及安装所需物资的预测和安排，是指导和组织工程项目的物资采购、加工、储备、供货和使用的依据。其最根本的作用是保障项目的物资需要，保证按施工进度计划组织施工。

物资供应计划的一般编制程序可分为准备阶段和编制阶段。准备阶段主要是调查研究，收集有关资料，进行需求预测和采购决策；编制阶段主要是核算施工需要量、确定储备、优化平衡、审查评价和上报或交付执行。

在编制的准备阶段必须明确物资的供应方式。一般情况下，按供货渠道可分为国家计划供应和市场自行采购供应；按供应单位可分为建设单位采购供应、专门物资采购部门供应、施工单位自行采购或共同协作分别采购供应。

项目案例

案例 4-1

本工程为一幢四层高校教学楼，建筑面积为 2 050 m^2。基础采用钢筋混凝土条形基础，

主体结构为现浇框架结构。屋面工程为现浇钢筋混凝土屋面板，贴一毡二油防水，外加架空隔热层。装修工程为铝合金窗、胶合板门，外墙用白色外墙砖贴面，内墙为普通抹灰，外加106涂料饰面。本工程计划工期为120天，工程已经具备施工条件。其总劳动量见表4-3。

表4-3　某幢四层框架结构教学楼劳动量一览表

序号	分项名称	劳动量/工日
一	基础工程	
1	基槽挖土	200
2	浇筑混凝土垫层	16
3	绑扎基础钢筋	48
4	浇筑基础混凝土	100
5	浇筑素混凝土墙基	60
6	回填土	64
二	主体结构	
7	脚手架	112
8	立柱筋	80
9	柱、梁、模板(含梯)支模	960
10	浇筑柱混凝土	320
11	安装梁、板筋(含梯)	320
12	浇筑梁、板混凝土(含梯)	720
13	拆模	160
14	砌墙(含门窗框)	720
三	屋面工程	
15	屋面防水层	56
16	屋面隔热层	36
四	装修工程	
17	楼地面及楼梯地面抹灰	480
18	天棚墙面中级抹灰	640
19	天棚墙面106涂料	46
20	铝合金窗	80
21	胶合板门	48
22	外墙面砖	450
23	油漆	45
五	室外工程	
六	水电工程	
24	卫生设备安装	
25	电气设备安装	

本工程由基础分部、主体分部、屋面分部、装修分部、水电分部组成。因各分部的各

分项工程的劳动量差异较大，无法按等节奏流水施工方式组织流水，故可采取一般异节奏方式组织流水，以保证各分部工程的各分项工程的施工过程的施工节奏相同，这样，可以使各专业班组在各施工过程的施工段上连续施工，无窝工现象，然后再考虑各分部之间的相互搭接施工。

根据施工工艺和组织要求，一般来说，本工程的水电部分一般随基础、主体结构的施工同步进行，它在工程进度关系上属于非主导施工过程，所以不将它列入施工进度中去，而将它随其他工程施工穿插进行；室外工程一般在工程的后期再进行施工，往往工程量不太大，属于零星工作，故仍按水电施工组织方式组织。所以，本工程仅考虑基础分部、主体分部、屋面分部、装修分部组织流水施工，具体组织方法如下：

(1)基础工程。基础工程包括基槽挖土、浇筑混凝土垫层、绑扎基础钢筋(含侧模安装)、浇筑基础混凝土、浇筑素混凝土墙基、回填土等施工过程。考虑到浇筑混凝土垫层劳动量比较小，可与挖土合并为一个施工过程，又考虑到浇筑基础混凝土与浇筑素混凝土墙基是同一工种，班组施工可合并为一个施工过程。

基础工程经过合并共为四个施工过程($n=4$)，可以组织全等节拍流水，考虑到工作面的因素，将其划分为两个施工段($m=2$)，流水节拍和流水施工工期计算如下：

基槽挖土和浇筑混凝土垫层的劳动量之和为216工日，安排27人组成施工班组，采用一班作业，根据工艺要求垫层施工完后需要养护一天，则流水节拍为

$$K_{基、垫}=Q_{基、垫}/(\text{每班劳动量}\times\text{施工段数})=\frac{200+16}{27\times2}=4(\text{天})$$

绑扎基础钢筋(含侧模安装)的劳动量为48工日，安排6人组成施工班组，采用一班作业，则流水节拍为

$$K_{扎筋}=Q_{扎筋}/(\text{每班劳动量}\times\text{施工段数})=\frac{48}{6\times2}=4(\text{天})$$

浇筑基础混凝土和浇筑素混凝土墙基的劳动量共为160工日，施工班组人数为20人，采用一班制，基础混凝土完成后需要养护一天，则流水节拍为

$$K_{混凝土}=Q_{混凝土}/(\text{每班劳动量}\times\text{施工段数})=\frac{160}{20\times2}=4(\text{天})$$

基础回填的劳动量为64工日，施工班组人数为8人，采用一班制，混凝土墙基完成后间歇一天回填，则流水节拍为

$$K_{基础回填}=Q_{基础回填}/(\text{每班劳动量}\times\text{施工段数})=\frac{64}{8\times2}=4(\text{天})$$

(2)主体结构。主体工程包括脚手架，立柱筋，柱、梁、模板(含梯)支模，浇筑柱混凝土，安装梁板筋(含梯)，浇筑浇梁、板混凝土(含梯)，拆模，砌墙(含门窗框)等分项工程。脚手架工程可穿插进行。由于每个施工过程的劳动量相差较大，其不利于按等节奏方式组织施工，故采取异节奏流水施工方式。

由于基础工程采取两个施工段组织施工，所以主体结构每层也考虑按两个施工段组织施工，即$n=7$，$m=2$，$m<n$，根据流水施工原理，可以发现：按此方式组织施工，工作面连续，专业工作队有窝工现象，但只要模板专业工作队连续施工，就能保证工程顺利进行，其余的班组人员可根据现场情况统一调配。

根据上述条件和施工工艺的要求，在组织流水施工时，为加快施工进度，既考虑工艺要求，也适当采用搭接的施工方式，所以本分部工程施工的流水节拍按如下方式确定。

立柱筋的劳动量为 80 工日，施工班组人数为 10 人，采用一班制，则流水节拍为

$$K_{立柱筋}=Q_{立柱筋}/(每班劳动量\times 施工段数)=\frac{80}{10\times 2\times 4}=1(天)$$

柱、梁、板模板(含梯)支模的劳动量为 960 工日，施工班组人数为 20 人，采用一班制，则流水节拍为

$$K_{支模}=Q_{支模}/(每班劳动量\times 施工段数)=\frac{960}{20\times 2\times 4}=6(天)$$

浇筑柱混凝土的劳动量为 320 工日，施工班组人数为 20 人，采用二班制，其流水节拍计算如下：

$$K_{浇柱混}=Q_{浇柱混}/(每班劳动量\times 施工段数\times 班次)=\frac{320}{20\times 2\times 4\times 2}=1(天)$$

安装梁、板筋(含梯)的劳动量为 320 工日，施工班组人数为 20，采用一班制，其流水节拍计算如下：

$$K_{梁、板筋}=Q_{梁、板筋}/(每班劳动量\times 施工段数)=\frac{320}{20\times 2\times 4}=2(天)$$

浇筑梁、板混凝土(含梯)的劳动量为 720 工日，施工班组人数为 30 人，采用三班制，其流水节拍计算如下：

$$K_{浇筑梁、板混凝土}=Q_{浇筑梁、板混凝土}/(每班劳动量\times 施工段数\times 班次)=\frac{720}{30\times 2\times 4\times 3}=1(天)$$

拆模(含梯)的劳动量为 160 工日，施工班组人数为 10 人，采用一班制，其流水节拍计算如下：

$$K_{拆模}=Q_{拆模}/(每班劳动量\times 施工段数)=\frac{160}{10\times 2\times 4}=2(天)$$

砌墙的劳动量为 720 工日，施工班组人数为 30 人，采用一班制，其流水节拍计算如下：

$$K_{砌墙}=Q_{砌墙}/(每班劳动量\times 施工段数)=\frac{720}{30\times 2\times 4}=3(天)$$

(3)屋面工程。屋面工程包括屋面防水层和屋面隔热层，考虑屋面防水要求高，所以屋面防水层和屋面隔热层不分段施工，即各自组织一个班组独立完成该项任务。

屋面防水层的劳动量为 56 工日，施工班组人数为 8 人，采用一班制，其施工延续时间为

$$K_{防水层}=Q_{防水层}/(每班劳动量\times 施工段数)=\frac{56}{8\times 1}=7(天)$$

屋面隔热层的劳动量为 36 工日，施工班组人数为 18 人，采用一班制，其施工延续时间为

$$K_{隔热层}=Q_{隔热层}/(每班劳动量\times 施工段数)=\frac{36}{18\times 1}=2(天)$$

(4)装修工程。装修工程包括楼地面及楼梯抹灰；铝合金窗、胶合板门；外墙用白色外墙砖贴面；天棚墙面为中级抹灰，外加 106 涂料和油漆等。由于装饰阶段施工过程多、工程量相差较大，组织等节拍流水比较困难、不经济，因此可以考虑采用异节拍流水或非节奏流水方式。从工程量中发现，泥瓦工的工程量较多，而且比较集中，因此可以考虑组织连续式的异节拍流水施工。

将楼地面及楼梯地面抹灰合为一个施工过程，天棚墙面中级抹灰为一个施工过程，铝合金窗为一个施工过程，胶合板门为一个施工过程，天棚墙面 106 涂料为一个施工过程，

油漆为一个施工过程，外墙面砖为一个施工过程，共7个施工过程，组织7个独立的施工班组进行施工。根据工艺和现场组织要求，可以考虑先进行1～6项组织流水施工方式，7项穿插进行。由于本装修工程共分4层，则施工段数可取4段，各施工过程的班组人数、工作班制及流水节拍依次如下：

楼地面及楼梯地面抹灰的劳动量为480工日，安排30人为一施工班组，采用一班作业，每班劳动量为30工日，则流水节拍为

$$K_{地面}=Q_{地面}/(每班劳动量\times施工段数)=\frac{480}{30\times4}=4(天)$$

天棚墙面中级抹灰的劳动量为640工日，安排40人为一施工班组，采用一班作业，每班劳动量为40工日，则流水节拍为

$$K_{抹灰}=Q_{抹灰}/(每班劳动量\times施工段数)=\frac{640}{40\times4}=4(天)$$

铝合金窗的劳动量为80工日，安排10人为一施工班组，采用一班作业，每班劳动量为10工日，则流水节拍为

$$K_{铝合金窗}=Q_{铝合金窗}/(每班劳动量\times施工段数)=\frac{80}{10\times4}=2(天)$$

胶合板门的劳动量为48工日，安排6人为一施工班组，采用一班作业，每班劳动量为6工日，则流水节拍为

$$K_{胶合板门}=Q_{胶合板门}/(每班劳动量\times施工段数)=\frac{48}{6\times4}=2(天)$$

天棚墙面106涂料的劳动量为46工日，安排6人为一施工班组，采用一班作业，每班劳动量为6工日，则流水节拍为

$$K_{涂料}=Q_{涂料}/(每班劳动量\times施工段数)=\frac{45}{6\times4}\approx2(天)$$

油漆的劳动量为45工日，安排6人为一施工班组，采用一班作业，每班劳动量为6工日，则流水节拍为

$$K_{油漆}=Q_{油漆}/(每班劳动量\times施工段数)=\frac{45}{6\times4}\approx2(天)$$

外墙面砖的劳动量为450工日，安排30人为一施工班组，采用一班作业，每班劳动量为30工日，该施工过程自上而下不分层连续进行施工，则持续时间为

$$K_{外墙砖}=Q_{油漆}/每班劳动量=\frac{450}{30\times1}=15(天)$$

单位工程施工网络计划如图4-7所示。

从图中可以看出，整个计划的工期为110天，满足合同规定的工期要求。若整个工程按既定的计划不能满足合同规定的工期要求，可以通过调整每班的作业人数、工作班次或工艺关系来满足合同规定的工期要求。

案例4-2

某五层教学楼为框架结构，建筑面积为2 500 m^2，平面形状为“一”字形，采用钢筋混凝土条形基础。主体为现浇框架结构，围护墙为空心砖砌筑。室内底层地面为缸砖，标准层地面为水泥砂，内墙、天棚为中级抹灰，面层使用106涂料，外墙镶贴面砖。屋面用柔性防水。本工程的基础、主体均分为三段施工，屋面不分段，内装修每层为一段，外装修自上而下一次完成。该工程的网络计划如图4-8所示，其劳动量见表4-4。

序号	分项名称	劳动量/工日	人数	班制	天数
	基础工程				
1	基础挖土	180	20	1	10
2	混凝土垫层	20	20	1	1
3	基础扎筋	40	20	1	2
4	基础混凝土(含墙基)	135	20	3	2
5	回填土	50	20	1	3
	主体工程				
6	脚手架	102			
7	构造柱筋	68	9	1	8
8	砌砖墙	1 120	20	1	56
9	构造柱模	80	10	1	8
10	构造柱混凝土	280	20	3	4
11	梁板模板(含梯)	528	23	1	22
12	梁板筋(含梯)	200	25	1	8
13	梁板混凝土(含梯)	600	25	3	8
14	拆柱梁板模板(含梯)	120	15	1	8
	屋面工程				
15	屋面防水层	54	10	1	5
16	屋面隔热层	32	16	1	2
	装修工程				
17	楼地面及楼梯抹灰	190	20	1	11
18	天棚中级抹灰	220	20	1	
19	墙中级抹灰	156	20	1	8
20	铝合金窗	24	4	1	6
21	胶合板门	20	3	1	6
22	油漆	19	3	1	6
23	外墙面砖	240	20	1	12
24	水电				

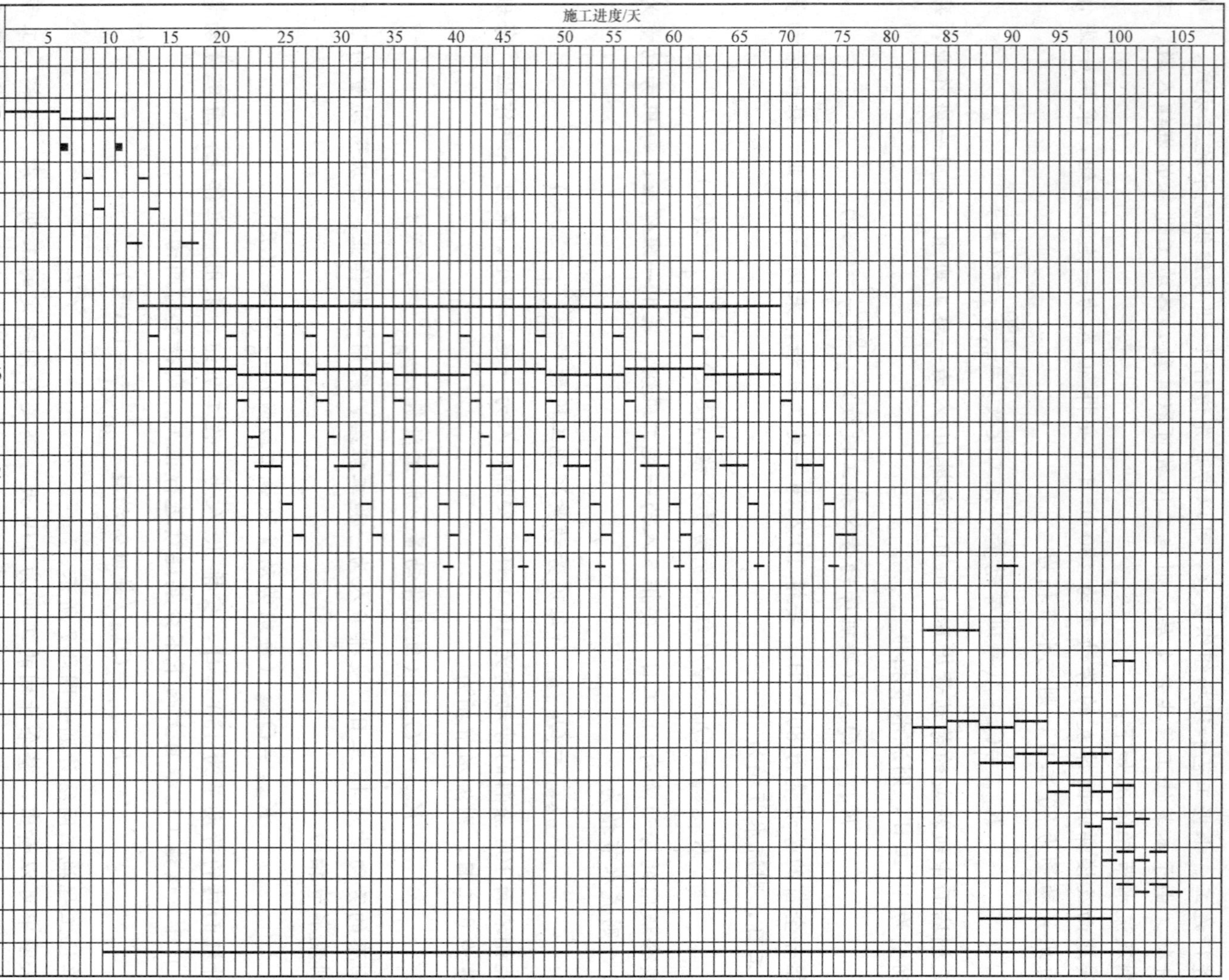

图 4-7 单位工程施工网络计划(一)

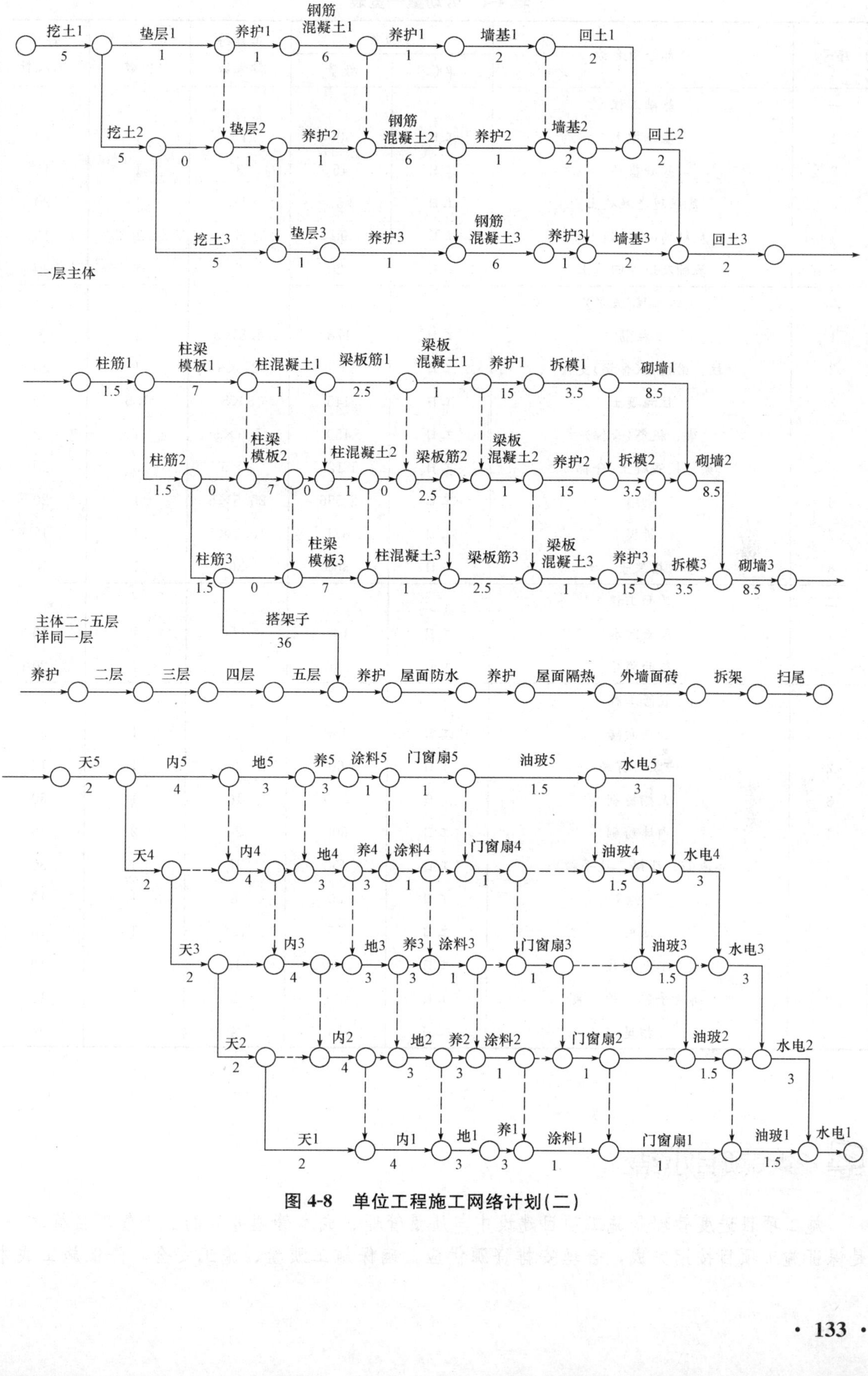

图 4-8　单位工程施工网络计划(二)

表 4-4　劳动量一览表

序号	分部分项名称	劳动量		工作持续天数	每天工作班数	每班工人数
		单位	数量			
一	基础工程					
1	基础挖土	工日	300	15	1	20
2	基础垫层	工日	45	3	1	15
3	基础现浇混凝土	工日	567	18	1	30
4	基础墙(素混凝土)	工日	90	6	1	15
5	基础及地坪回填土	工日	120	6	1	20
二	主体工程(五层)					
1	立柱筋	工日	178	4.5×5	1	8
2	柱、梁模板(含梯)支模	工日	2 085	21×5	1	20
3	柱混凝土	工日	445	3×5	1.5	20
4	梁、板筋(含梯)	工日	450	7.5×5	1	12
5	梁、板混凝土(含梯)	工日	1 125	3×5	3	20
6	砌墙	工日	2 596	25.5×5	1	20
7	拆模	工日	671	10.5×5	1	12
8	搭架子	工日	360	36	1	10
三	屋面工程					
1	屋面防水	工日	105	7	1	15
2	屋面隔热	工日	240	12	1	20
四	装修工程					
1	外墙面砖	工日	450	15	1	30
2	安装门窗扇	工日	60	5	1	12
3	天棚粉刷	工日	300	10	1	30
4	内墙粉刷	工日	600	20	2	30
5	楼地面、楼梯、扶手粉刷	工日	450	15	1	30
6	106 涂料	工日	50	5	1	10
7	油玻	工日	75	7.5	1	10
8	水电安装	工日	150	15	1	10
9	拆脚手架、拆井架	工日	20	2	1	10
	扫尾	工日	24	4	1	6

项目小结

施工项目进度管理是施工项目建设中与质量管理、成本管理并列的三大管理目标之一，是保证施工项目按期完成，合理安排资源供应，确保施工质量、施工安全，降低施工成本的重要措施，是衡量施工项目管理水平的重要标志。

明确建筑工程项目进度计划的编制方法，能够对编制的施工进度计划随着现场施工进度进行动态的调整，并采取合理的进度管理措施是建筑工程项目进度管理的关键所在。

项目习题

一、单选题

1. 各施工过程按一定的施工顺序，前一施工过程完成后，后一施工过程才开始施工，或前一个施工段完成后，后一个施工段才开始施工的施工组织方式是(　　)。

   A. 依次施工　　B. 平行施工　　C. 流水施工　　D. 成倍施工

2. 图 4-9 所示的进度计划表，其组织施工的方式最可能是(　　)。

栋号	施工进度/天						
	1	2	3	4	5	6	7
一	挖	垫	砌	填			
二		挖	垫	砌	填		
三			挖	垫	砌	填	
四				挖	垫	砌	填

图 4-9　进度计划表

   A. 依次施工　　B. 平行施工　　C. 流水施工　　D. 成倍施工

3. 组织流水施工时，为了消灭由于不同的施工队组不能同时在一个工作面上工作而产生的互等、停歇现象，为流水创造条件，应该(　　)。

   A. 减少作业人数　　B. 划分施工段　　C. 划分施工层　　D. 合并施工过程

4. 组织流水施工时，对于多层和高层建筑物，划分施工段时应满足合理组织施工的要求，即施工段的数目(　　)施工过程数。

   A. 小于　　B. 小于或等于　　C. 大于　　D. 大于或等于

5. 组织流水施工时，每个专业队在各个施工段上完成相应施工任务所需要的工作延续时间称为(　　)。

   A. 流水节拍　　B. 流水步距　　C. 流水强度　　D. 流水工期

6. 组织流水施工时，相邻两个专业队在保证施工顺序、满足连续施工、最大限度搭接和保证工程质量要求的前提下，相继进入同一施工段开始施工的最小时间间隔称为(　　)。

   A. 流水节拍　　B. 流水步距　　C. 流水强度　　D. 流水工期

7. 组织流水施工时，有时为了缩短工期，在工作面允许的条件下，如果前一工作队完成部分施工任务后，能够提前为后一个专业队提供工作面，使后者提前进入前一个施工段，则两者在同一施工段上施工的时间称为(　　)。

   A. 流水节拍　　B. 流水步距　　C. 平行搭接时间　　D. 组织间歇时间

8. 组织流水施工时，由建筑材料或现浇构件工艺性质决定的间歇时间称为(　　)。

A. 流水节拍　　B. 平行搭接时间　　C. 技术间歇　　D. 组织间歇

9. 组织流水施工时，由施工组织原因造成的间歇时间称为(　　)。

A. 流水节拍　　B. 平行搭接时间　　C. 技术间歇　　D. 组织间歇

10. 组织流水施工时，流水节拍、施工过程、施工段见表 4-5，则流水步距的计算正确的是(　　)。

表 4-5　流水施工(一)

施工段 / 施工过程	Ⅰ	Ⅱ	Ⅲ
①	1	2	3
②	2	1	3
③	2	2	2

A. $K_{①,②}=3$，$K_{②,③}=2$　　B. $K_{①,②}=3$，$K_{②,③}=3$

C. $K_{①,②}=2$，$K_{②,③}=2$　　D. $K_{①,②}=2$，$K_{②,③}=3$

11. 组织流水施工时，流水节拍、施工过程、施工段见表 4-6，则流水步距的计算正确的是(　　)。

表 4-6　流水施工(二)

施工段 / 施工过程	Ⅰ	Ⅱ	Ⅲ
①	2	2	3
②	1	2	3
③	2	1	2

A. $K_{①,②}=3$，$K_{②,③}=3$　　B. $K_{①,②}=4$，$K_{②,③}=3$

C. $K_{①,②}=4$，$K_{②,③}=4$　　D. $K_{①,②}=3$，$K_{②,③}=4$

12. 建筑工程采用依次施工方式组织施工时，其特点不包括(　　)。

A. 不能充分利用工作面　　B. 不利于提高劳动生产率

C. 若采用专业班组施工，有窝工现象　　D. 施工现场管理困难

13. 组织流水施工时，流水节拍、施工过程、施工段见表 4-7，则流水步距的计算正确的是(　　)。

表 4-7　流水施工(三)

施工段 / 施工过程	Ⅰ	Ⅱ	Ⅲ
①	3	1	2
②	1	2	2
③	2	1	2

A. $K_{①,②}=2$，$K_{②,③}=2$　　B. $K_{①,②}=2$，$K_{②,③}=3$

C. $K_{①,②}=3$，$K_{②,③}=2$　　D. $K_{①,②}=3$，$K_{②,③}=3$

14. 组织流水施工时，流水节拍、施工过程、施工段见表 4-8，则流水步距的计算正确的是(　　)。

表 4-8　流水施工(四)

施工过程 \ 施工段	Ⅰ	Ⅱ	Ⅲ
①	3	3	3
②	1	1	1
③	2	2	2

A. 均等于 2　　B. 均等于 3

C. $K_{①,②}=7$，$K_{②,③}=1$　　D. $K_{①,②}=1$，$K_{②,③}=7$

15. 组织流水施工时，流水节拍、施工过程、施工段见表 4-9，则该工程最适宜采用(　　)方式组织施工。

表 4-9　流水施工(五)

施工过程 \ 施工段	Ⅰ	Ⅱ	Ⅲ
①	2	3	1
②	4	2	1
③	2	1	5

A. 等节拍　　B. 异节拍　　C. 无节拍　　D. 无节奏

16. 采用等节拍组织流水施工时，下列说法错误的是(　　)。

A. 各施工过程之间流水节拍相等　　B. 各施工过程之间流水步距相等

C. 专业施工班组数大于施工过程数　　D. 流水步距等于流水节拍

17. 采用等步距异节拍组织流水施工时，下列说法错误的是(　　)。

A. 同一施工过程在各施工段之间流水节拍相等

B. 各施工过程之间流水步距相等

C. 专业施工班组数大于施工过程数

D. 流水步距等于流水节拍

18. 采用异步距异节拍组织流水施工时，下列说法错误的是(　　)。

A. 同一施工过程在各施工段之间流水节拍相等

B. 各施工过程之间流水步距相等

C. 专业施工班组数等于施工过程数

D. 施工段有空闲

19. 采用无节奏组织流水施工时，下列说法错误的是(　　)。

A. 各施工过程在各施工段之间流水节拍不尽相等

B. 各施工过程之间流水步距相等

C. 专业施工班组数等于施工过程数

D. 施工段有空闲

20. 下列组织流水施工的方式中，专业班组数大于施工过程数的是(　　)。

A. 等节拍流水　　B. 异步距异节拍流水

C. 等步距异节拍流水　　D. 无节奏流水

21. 建筑工程采用平行施工方式组织施工时，其特点不包括(　　)。

A. 不能充分利用工作面　　B. 工期短

C. 材料供应集中　　D. 施工现场管理困难

22. 某施工过程在单位时间内所完成的工程量，对应流水施工参数中的(　　)。

A. 施工过程数　　B. 流水强度　　C. 工作面　　D. 施工段

23. 进度计划表见表 4-10，其组织施工的方式最可能是(　　)。

表 4-10　进度计划表

栋号	施工进度/天															
	1	2	3	4	5	6	7	8	9	10	11	12	13	14	15	16
一	挖	垫	砌	填												
二					挖	垫	砌	填								
三									挖	垫	砌	填				
四													挖	垫	砌	填

A. 依次施工　　B. 平行施工　　C. 流水施工　　D. 成倍施工

24. 网络计划相比横道图计划，其所具有的优点不包括(　　)。

A. 逻辑关系表达清楚　　B. 简单明了

C. 便于管理者抓住主要矛盾　　D. 能够应用计算机技术

25. 图 4-10 所示为双代号网络图，下列属于平行工作的有(　　)。

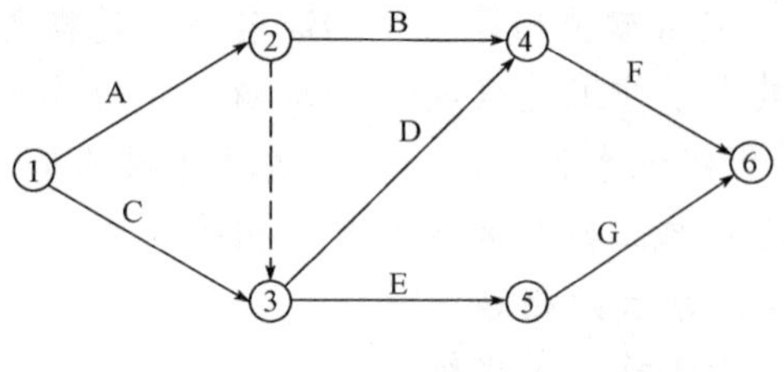

图 4-10　双代号网络图(一)

A. 工作 B 和工作 D　　B. 工作 D 和工作 E

C. 工作 D 和工作 F　　D. 工作 F 和工作 G

26. 双代号网络图中，节点是基本要素之一，下列关于节点的说法正确的是(　　)。

A. 消耗时间，消耗资源　　B. 不消耗时间，不消耗资源

C. 消耗时间，不消耗资源　　D. 不消耗时间，消耗资源

27. 双代号网络图中，虚箭线是基本要素之一，下列关于虚箭线的说法正确的是(　　)。

A. 消耗时间，消耗资源　　B. 不消耗时间，不消耗资源

C. 消耗时间，不消耗资源　　D. 不消耗时间，消耗资源

28. 图 4-11 所示为双代号网络图，箭线下方是工作持续时间(天)，则关键线路是(　　)。

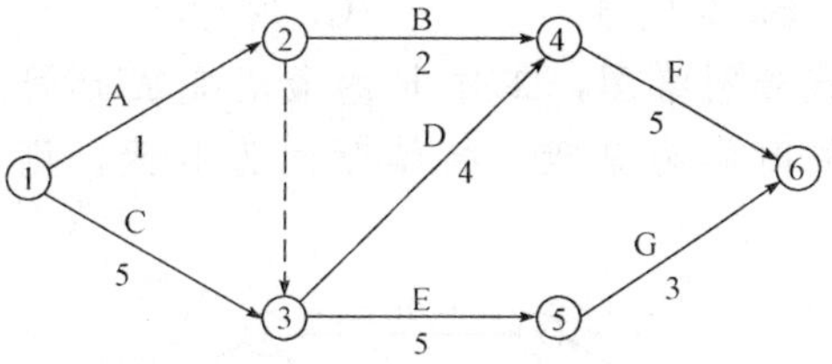

图 4-11　双代号网络图(三)

A. ①—③—④—⑥　　B. ①—②—③—④—⑥

C. ①—②—③—⑤—⑥　　D. ①—③—⑤—⑥

29. 双代号网络图中，关键线路是所有线路中(　　)。

A. 工作个数最多的　　B. 持续时间之和最大的

C. 节点编号之和最大的　　D. 工作个数最少的

30. 双代号网络图中，关键工作是指(　　)工作。

A. 紧前工作最多的　　B. 持续时间最长的

C. 节点编号最大的　　D. 关键线路上的

31. 根据双代号网络图的绘制规则(如图 4-12 所示)中砌隔墙、埋电线管两项工作的表示方法，下列说法正确的是(　　)。

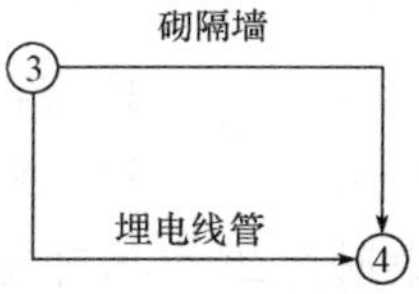

图 4-12　双代号网络图(三)

A. 表达正确　　B. 表达错误，有多余箭线

C. 表达错误，出现相同编号的工作　　D. 表达错误，出现循环回路

32. 由一条箭线与其前后两个节点来表示一项工作的网络图称为(　　)网络图。

A. 单代号　　B. 双代号　　C. 时标　　D. 横道

33. 图 4-13 所示为双代号网络图，工作 B 的最早开始时间为 3 天，持续时间为 5 天，工作 D 的最早开始时间为 5 天，持续时间为 4 天，工作 E 的最早开始时间为 5 天，持续时间为 2 天，则工作 G 的最早开始时间为(　　)天。

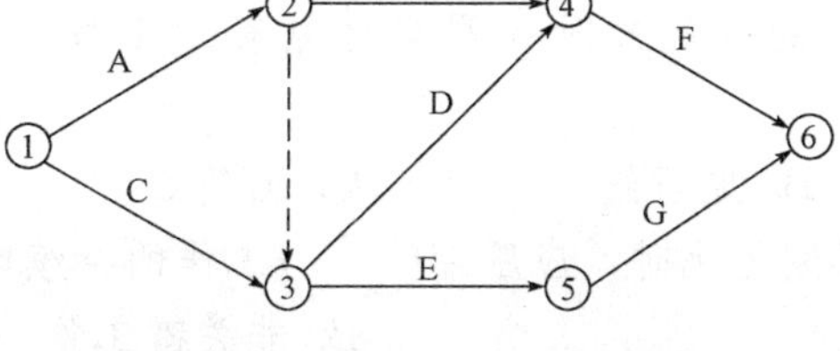

图 4-13　双代号网络图(四)

A. 7　　B. 8　　C. 9　　D. 10

34. 由一个节点表示一项工作，以箭线表示工作顺序的网络图称为(　　)网络图。

A. 单代号　　B. 双代号　　C. 时标　　D. 横道

35. 图 4-14 所示为双代号网络图，工作 F 的最迟完成时间为 9 天，持续时间为 4 天，工作 G 的最迟完成时间为 9 天，持续时间为 5 天，则工作 B 的最迟完成时间为(　　)天。

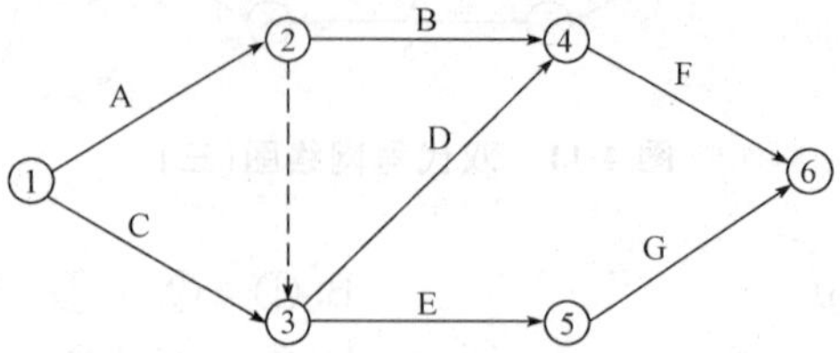

图 4-14　双代号网络图(五)

A. 2　　B. 3　　C. 4　　D. 5

36. 计算双代号网络图的时间参数时，除以起点为开始节点的工作外，最早开始时间的计算方法是(　　)。

A. 沿线累加，逢圈取小　　B. 沿线累加，逢圈取大

C. 逆线累减，逢圈取小　　D. 逆线累减，逢圈取大

37. 计算双代号网络图的时间参数时，除以终点为完成节点的工作外，最迟完成时间的计算方法是(　　)。

A. 沿线累加，逢圈取小　　B. 沿线累加，逢圈取大

C. 逆线累减，逢圈取小　　D. 逆线累减，逢圈取大

38. 计算双代号网络图的时间参数时，工作总时差的计算方法是本工作(　　)时间减去本工作(　　)时间。

A. 最早完成，最早开始　　B. 最迟完成，最迟开始

C. 最迟开始，最早开始　　D. 最迟完成，最早开始

39. 计算双代号网络图的时间参数时，工作自由时差的计算方法是(　　)时间减去本工作最早完成时间。

A. 本工作最迟开始　　B. 本工作最迟完成

C. 紧后工作最迟开始　　D. 紧后工作最早开始

40. 用按最早时间编制的双代号时标网络计划表示工程进度时，能从图上直接判读的工作时间参数不包括(　　)时间。

A. 最早开始　　B. 最早完成　　C. 最迟开始　　D. 自由时差

41. 用按最早时间编制的双代号时标网络计划表示工程进度时，工作的自由时差用(　　)表示。

A. 实箭线　　B. 虚箭线　　C. 曲箭线　　D. 波形线

42. 对网络计划进行工期优化时，应压缩(　　)工作的持续时间。

A. 关键工作　　B. 非关键工作

C. 持续时间最长的　　D. 持续时间最短的

43. 对网络计划进行工期优化时，关键线路(　　)转化为非关键线路，非关键线路(　　)转化为关键线路。

A. 能，能　　B. 不能，能　　C. 能，不能　　D. 不能，不能

44. 对网络计划进行费用优化时，在小于费用最优工期的范围内，工程直接费随着工期的增加(　　)，工程间接费(　　)。

A. 减少，减少　　B. 增大，增大　　C. 减少，增大　　D. 增大，减少

45. 用网络图表达任务构成、工作顺序并加注工作(　　)的进度计划称为网络计划。

A. 名称　　B. 节点编号　　C. 时间参数　　D. 持续时间

46. 对网络计划进行资源优化时，通过改变工作的(　　)达到优化目的。

A. 持续时间　　B. 开始时间　　C. 逻辑关系　　D. 施工方案

二、多选题

1. 流水施工根据各施工过程时间参数的不同特点分类包括(　　)。

A. 等节拍流水　　B. 异节拍流水　　C. 无节拍流水　　D. 无节奏流水

2. 某房屋建筑工程采用依次施工方式组织施工时，特点有(　　)。

A. 工期长　　B. 若采用专业班组施工，有窝工现象

C. 现场管理难度大　　D. 资源供应紧张

3. 房屋建筑工程采用等节拍流水方式组织施工时，特点有(　　)。

A. 不同施工过程在各施工段上的流水节拍均相等

B. 流水步距等于流水节拍

C. 专业班组无窝工

D. 施工班组数大于施工过程数

4. 异节拍流水施工根据各施工过程时间参数的不同特点分类包括(　　)。

A. 异步距异节拍　　B. 异步距等节拍

C. 等步距异节拍　　D. 等步距等节拍

5. 房屋建筑工程采用等步距异节拍流水方式组织施工时，特点有(　　)。

A. 不同施工过程在同一施工段上的流水节拍均相等

B. 流水步距等于流水节拍

C. 专业班组无窝工

D. 施工班组数大于施工过程数

6. 房屋建筑工程采用无节奏流水方式组织施工时，特点有(　　)。

A. 同一施工过程在不同施工段上的流水节拍不尽相等

B. 流水步距等于流水节拍

C. 专业班组无窝工

D. 施工班组数等于施工过程数

7. 下列流水施工组织方式中，施工班组数等于施工过程数的有(　　)。

A. 等节拍流水　　B. 异步距异节拍流水

C. 等步距异节拍流水　　D. 无节奏流水

8. 某房屋建筑工程采用平行施工方式组织施工时，特点有(　　)。

A. 工期长　　B. 充分利用了工作面

C. 现场管理难度大　　D. 资源供应紧张

9. 某房屋建筑工程采用流水施工方式组织施工时，特点有(　　)。

A. 施工连续、均衡　　B. 专业班组有窝工

C. 资源供应平稳　　D. 有利于提高劳动生产率

10. 某房屋建筑工程采用流水施工方式组织施工，流水参数有(　　)。

A. 工艺参数　　B. 组织参数

C. 空间参数　　D. 时间参数

11. 下列流水施工的参数，属于工艺参数的有(　　)。

A. 施工过程数　　B. 流水强度

C. 施工段　　D. 流水节拍

12. 下列流水施工的参数，属于空间参数的有(　　)。

A. 工作面　　B. 流水强度　　C. 施工段　　D. 流水节拍

13. 建筑工程拟采用流水施工方式组织施工，划分施工段的要求有(　　)。

A. 工程量大致相等

B. 保证结构整体性

C. 尽可能与变形缝结合

D. 对多层建筑，施工段数应小于施工过程数

14. 下列流水施工的参数，属于时间参数的有(　　)。

A. 工作面　　B. 流水步距　　C. 工期　　D. 流水节拍

15. 制订工程进度计划时，网络图计划相比横道图计划具有(　　)的优点。

A. 逻辑关系表达清楚　　B. 便于管理者抓住主要矛盾

C. 能够应用计算机技术　　D. 绘制简单

16. 在双代号网络图中，关键工作的特性有(　　)。

A. 总时差最小　　B. 关键线路上　　C. 自由时差为零　　D. 持续时间最长

17. 网络计划的优化按优化目标分类包括(　　)。

A. 工期优化　　B. 逻辑优化　　C. 费用优化　　D. 资源优化

18. 用来表示工作流程的、有向有序的网络图包括(　　)。

A. 单代号网络图　B. 无代号网络图　　C. 有代号网络图　　D. 双代号网络图

19. 双代号网络图中工作之间相互依赖或制约的逻辑关系包括(　　)。

A. 工艺关系　　B. 组织关系　　C. 时间关系　　D. 空间关系

20. 双代号网络图中按逻辑关系分类，工作可以分为(　　)。

A. 紧前工作　　B. 紧后工作　　C. 虚工作　　D. 平行工作

21. 双代号网络图的组成要素包括(　　)。

A. 箭线　　B. 节点　　C. 资源　　D. 线路

22. 下列双代号网络图的组成要素中，既不消耗时间，也不消耗资源的有(　　)。

A. 节点　　B. 实箭线　　C. 虚箭线　　D. 线路

23. 双代号网络图的组成要素中，节点编号应遵循的原则有(　　)。

A. 不可以重复

B. 必须连续

C. 可以重复

D. 箭头节点编号大于箭尾节点编号

24. 双代号网络图中，必要时为了保证逻辑关系的正确需要引入虚箭线，它的主要作用有(　　)。

A. 联系　　B. 区分　　C. 断路　　D. 优化

25. 在一个双代号网络图中，下列说法正确的有(　　)。

A. 只有一条关键线路

B. 至少有一条关键线路

C. 持续时间之和最大的线路为关键线路

D. 工作个数最多的线路为关键线路

三、判断题

1. 实施性进度计划一般按分部工程来划分施工项目，主要用于控制各分部工程的施工时间及相互搭接关系。(　　)

2. 横道图不能反映出工作所具有的机动时间，看不到计划的潜力所在，无法进行最合理的组织和指挥。(　　)

3. 网络计划可以利用电子计算机进行计算、优化和调整。(　　)

4. 施工现场组织、管理比较简单是平行施工的特点。(　　)

5. 平行施工能够充分利用工作面进行施工，工期短。(　　)

6. 流水施工能够充分利用工作面进行施工，工期短。(　　)

7. 流水强度属于空间参数。(　　)

8. 制备类施工过程一般不占有施工对象的工作面，不影响工期，故不需要列入流水施工进度计划之中。只有当其占有施工对象的工作面，影响工期时，才需列入施工进度计划之中。(　　)

9. 划分施工段的目的就是组织流水施工。(　　)

10. 同一专业工作队在各个施工段上的劳动量应大致相等，相差幅度不宜超过25%。(　　)

11. 流水施工工期是指从第一个专业工作队投入流水施工开始，到最后一个专业工作队完成流水施工为止的整个持续时间。(　　)

12. 流水节拍是指在组织流水施工时，某个专业工作队在一个施工过程上的施工时间。(　　)

13. 流水步距是指组织流水施工时，相邻两个施工过程(或专业工作队)相继开始施工的最大间隔时间。(　　)

14. 组织加快的成倍节拍流水时，流水步距等于流水节拍的最大公约数。(　　)

15. 等步距异节奏流水施工也称为一般的成倍节拍流水施工。(　　)

16. 组织一般的成倍节拍流水施工时，每个施工过程成立一个专业工作队。(　　)

17. 组织加快的成倍节拍流水施工时，专业工作队数大于施工过程数。(　　)

18. 组织非节奏流水施工时，专业工作队数大于施工过程数。(　　)

19. 组织非节奏流水施工时，各专业工作队能够在施工段上连续作业，但有的施工段之间可能有空闲时间。(　　)

20. 组织非节奏流水施工时，相邻施工过程的流水步距相等。(　　)

21. 网络图是表示一个工程计划中各道工序的先后次序和所需要时间的网状图。(　　)

22. 网络图能明确表明施工过程中各项活动之间的逻辑关系和彼此之间的联系。(　　)

23. 双代号网络图中的节点表示某项工作的开始或结束，节点本身不占用时间。（　）

24. 双代号网络图中的节点都必须编号，编号不允许重复，并应使箭尾的节点编号大于箭头的节点编号。（　）

25. 网络图中持续时间最长的线路称为关键工作。（　）

26. 双代号网络图中，尽量不要出现循环回路。（　）

27. 双代号网络图中，只有一个起点节点，在分期完成任务的网络图中，也只有一个终点节点。（　）

28. 双代号网络图中，严禁出现双向箭头或无箭头连线。（　）

29. 双代号网络图中，不允许出现交叉箭线。（　）

30. 最早开始时间是各紧前工作完成后，本工作有可能开始的最早时间。（　）

31. 最早完成时间是各紧前工作完成后，本工作有可能完成的最早时间。（　）

32. 最迟完成时间应从网络计划终点节点开始，逆箭线方向计算。（　）

33. 总时差等于本项工作的最迟完成时间减去最早开始时间。（　）

34. 虚工作的作用主要是帮助正确表达各工作间的关系，避免逻辑错误。（　）

35. 在网络图中，相对于某工作而言，紧排在该工作之后的工作称为该工作的紧后工作。（　）

36. 相对于某工作而言，从该工作之后开始，顺箭头方向经过一系列箭线与节点到网络图终点节点的各条通路上的所有工作，都称为该工作的后续工作。（　）

37. 在网络计划的执行过程中，关键线路还会发生转移。（　）

38. 网络图中节点必须编号，编号严禁重复，并应使每一箭线上箭尾节点编号小于箭头节点编号，编号必须连续。（　）

39. 计划工期是指根据要求工期和计算工期所确定的作为实施目标的工期。（　）

40. 计划工期是根据网络计划时间参数计算而得到的工期。（　）

41. 工作的自由时差是指在不影响总工期的前提下，本工作可以利用的机动时间。（　）

42. 对于同一项工作而言，自由时差不会超过总时差。（　）

43. 节点最早时间是指在双代号网络计划中，以该节点为开始节点的各项工作的最早开始时间。（　）

44. 工作最早时间参数受到紧后工作的约束，故其计算顺序应从终点节点开始，逆箭线方向依次逐项计算。（　）

45. 工作的总时差等于该工作最迟开始时间减去最早开始时间。（　）

46. 工作的自由时差等于该工作最迟完成时间减去最早完成时间。（　）

47. 在网络计划中，总时差最小的工作为关键工作。（　）

48. 网络计划的计算工期等于网络计划终点节点的最早时间。（　）

49. 网络计划中，假设未规定要求工期，则其计划工期就等于计算工期。（　）

50. 通过增加劳动力和施工机械的数量来缩短某些工序的持续时间，属于进度控制的技术措施。（　）

四、案例题

某工程的双代号网络计划如图 4-15 所示，图中箭线上、下方标注内容，箭线上方括号外为工作名称，括号内为优选系数；箭线下方括号外为工作正常持续时间，括号内为最短持续时间。先假定要求工期为 30 天，试对其进行工期优化。

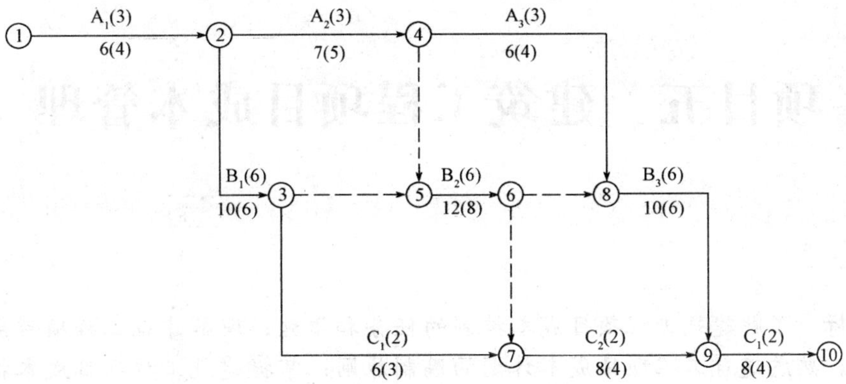

图 4-15　某工程的双代号网络计划

项目五　建筑工程项目成本管理

学习目标

知识目标　了解建筑工程项目成本控制的任务和措施；理解建筑工程项目成本预测的过程和方法；熟悉建筑工程项目成本计划的编制原则；掌握建筑工程项目成本控制的依据和基本方法；了解施工项目成本核算的任务、原则；掌握施工项目成本分析的方法以及施工项目成本考核的内容和要求。

能力目标　掌握建筑工程项目成本控制的目的和基本方法，掌握建筑工程项目成本分析的方法以及建筑工程项目成本考核的内容和要求，能编制建筑工程项目成本控制计划并进行建筑工程项目施工成本控制。

项目分析

建筑工程项目成本是指建筑工程项目的施工成本，是在工程施工过程中所发生的全部生产费用的总和。其包括所消耗的原材料、辅助材料、构配件等的费用，周转材料的摊销费或租赁费等，施工机械的使用费或租赁费等，支付给生产工人的工资、奖金、工资性质的津贴等，以及进行施工组织与管理所发生的全部费用支出。它也是建筑业企业以及施工项目作为核算对象，在施工过程中，所耗费的生产资料转移价值和劳动者必要劳动所创造价值的货币形式。

单元一　建筑工程项目成本管理概述

一、建筑工程项目成本管理的基础知识

(一)建筑工程项目成本管理的概念

建筑工程项目成本管理是指在项目成本形成过程中，按照合同中的条件和事先制定的成本计划，对项目所产生的各项费用和支出，按照一定的原则进行指导、监督、调节和限制，对即将发生和已经发生的偏差进行分析研究，并及时采取有效措施进行纠正，以保证实现制定的成本目标。

项目成本管理的目的是实现“项目管理目标责任书”中的责任目标。项目经理部通过优化施工方案和管理措施，确保在计划成本范围内完成质量符合规定标准的施工任务，以保证预期利润目标的实现。简单地说，其就是降低项目成本，提高经济效益。

(二)建筑工程项目成本的构成

成本是企业在生产产品和管理过程中所支出的各种费用的总和。建筑工程项目成本是

指建筑工程项目在实施过程中所发生的全部生产费用的总和，即转移到产品的生产资料的价值与转移产品中的活劳动的价值之和，它是产品价值的主要组成部分。

成本是反映企业全部工作质量好坏的综合性指标。企业劳动生产率的高低、各种材料消耗的多少、建筑机械设备的利用率程度、施工技术水平和组织状况、施工进度的快慢、质量的优劣、企业管理水平的高低、企业活力的大小都会直接影响产品的成本，并由成本指标反映出来。因此，施工企业应当正确地处理成本与工期、质量与企业活力的关系，努力提高经营管理水平，合理降低成本。

建筑工程项目成本由直接成本和间接成本组成。直接成本是指施工过程中耗费的构成实体或有助于工程实体形成的各项费用支出，是可以直接计入工程对象的费用，包括人工费、材料费、施工机械使用费和措施费，如安全文明施工费、夜间施工费、二次搬运费、大型机械设备进出场及安拆费等。

(三)建筑工程项目成本的形式

1. 建筑工程项目预算成本

建筑工程项目预算成本反映了各地区建筑行业的平均成本水平。其是根据建筑施工图由工程量计算规则计算出工程量，再由建筑工程预算定额计算出工程成本。其是构成工程造价的主要内容，是承包方签订建筑工程承包合同的基础。一旦双方认可在合同中的造价并签字，其将成为建筑工程项目成本管理的依据，是直接涉及建筑工程项目能否取得好的经济效益的前提条件。

2. 建筑工程项目计划成本

建筑工程项目计划成本是指建筑工程项目经理部根据计划期的施工条件和实施该项目的各项技术组织措施，在实际成本发生前预先计算的成本。计划成本是建筑工程项目经理部控制成本支出、安排施工计划、供应工料和指导施工的依据。其综合反映建筑工程项目在计划期内达到的成本水平。

3. 建筑工程项目实际成本

建筑工程项目实际成本是在报告期内实际产生的各项生产费用的总和。把实际成本与计划成本比较，可以直接反映出成本的节约与超支，考核建筑工程项目施工技术水平及施工组织措施的贯彻执行和施工项目的经营效果。

综上所述，预算成本是计算工程造价的基础，也是编制计划成本和评价实际成本的依据。实际成本与预算成本比较，可以直接反映施工项目最终盈亏情况。

二、建筑工程项目成本管理的原则

(一)政策性原则

政策性原则是指成本管理必须严格遵守国家的方针、政策、法律、法规，维护财经纪律。要正确处理好国家、集体和个人三者之间的关系，当前利益和长远利益之间的关系，成本和质量之间的关系。因此，在进行成本管理时，应遵守眼前、长远利益服从国家集体利益，质量第一的原则。政策性原则是成本控制的重要原则。施工单位负责人和成本管理人员必须严格把关，绝不能用降低项目质量的方法来降低成本，更不能偷工减料和粗制滥造。

（二）效益性原则

效益是指经济效益和社会效益两个方面。成本管理的目的是降低项目成本、提高企业的经济效益和社会效益。质量提高，保修费用随之降低；工期提前，可提高社会效益。因此，在成本管理中，必须科学地处理进度、成本和质量三者的关系。

（三）全面性原则

全面性原则是指在成本管理中要对成本进行全面控制。全面性原则有两个含义：一是全员参与成本管理，成本是一个综合性指标，涉及项目建设的各个部门、施工班组以及全体员工，因此，要求所有人都要关心成本，按计划进行成本管理；二是全过程的成本控制，施工项目是指自工程项目施工投标开始到保修期满为止的全过程中完成的项目，其中，要经过施工准备、施工、竣工验收、交付使用等阶段，每一个阶段都要产生成本，因此，要在全过程各阶段制定成本计划，并按计划进行严格控制。

（四）责、权、利相结合原则

确定项目经理和制定岗位责任制，决定了从项目经理到每一个管理者和操作者，都有自己所承担的责任，而且被授予了相应的权利，并给予一定的经济利益，这就体现了责、权、利相结合的原则。“责”是指完成成本管理的责任；“权”是指责任承担者为了完成成本控制目标所必须具备的权限；“利”是指根据成本控制目标完成的情况，给予责任承担者相应的奖惩。在成本控制中，有“责”就必须有“权”，否则就完不成分担的责任，起不到控制作用；有“责”还必须有“利”，否则就缺乏推动履行责任的动力。总之，在项目的成本管理过程中，必须贯彻责、权、利相结合的原则，调动管理者的积极性和主动性，使成本管理工作做得更好。

（五）目标分解控制原则

施工企业的项目经理对成本管理负完全责任，其将成本计划目标加以分解，逐一落实到各部门和各施工队及个人，进行层层控制、分级负责，形成一个成本控制网，在施工中不断检查执行结果，若发现偏差，应分析原因并及时采取纠正措施。

（六）例外管理原则

例外管理是指施工管理人员对成本管理标准以内的问题，不必逐项过问，而应集中力量注意脱离标准的差异较大的“例外”事项。例外管理原则是管理中较常见的一种原则，具有一定的科学性。项目管理工作十分复杂，管理人员如果一一过问，必将分散精力、事倍功半、效果不好。所以，在成本管理中应注意集中力量抓住“例外”事项，解决主要矛盾。

在项目施工过程中，“例外”事项一般有成本差异金额较大的事项、某些项目经常在成本控制线上下波动的事项、影响企业决策的事项、后果严重的事项等。

三、建筑工程项目成本管理的任务

建筑工程项目成本管理是要在保证工期和满足质量要求的情况下，采取相关管理措施把成本控制在计划范围内，并进一步寻求最大限度的成本节约。建筑工程项目成本管理的任务和环节主要包括建筑工程项目成本预测、建筑工程项目成本计划、建筑工程项目成本控制、建筑工程项目成本核算、建筑工程项目成本分析、建筑工程项目成本考核。

(一)建筑工程项目成本预测

建筑工程项目成本预测是通过成本信息和工程项目的具体情况，运用一定的专门方法，对未来的成本水平及其可能的发展趋势作出科学的估计。其是企业在工程项目实施以前对成本所进行的核算。

(二)建筑工程项目成本计划

建筑工程项目成本计划是项目经理部对项目成本进行计划管理的工具。它是以货币形式编制建筑工程项目在计划期内的生产费用、成本水平、成本降低率及为降低成本所采取的主要措施和规划的书面方案。其是建立工程项目成本管理责任制、开展成本控制和核算的基础。

(三)建筑工程项目成本控制

建筑工程项目成本控制主要是指项目经理部对建筑工程项目成本实施控制，包括制度控制、定额或指标控制、合同控制等。

(四)建筑工程项目成本核算

建筑工程项目成本核算是指将建筑工程项目实施过程中的各种费用所形成的建筑工程项目成本与计划目标成本，在保持统计口径一致的前提下进行对比，找出差异。

(五)建筑工程项目成本分析

建筑工程项目成本分析是在建筑工程成本跟踪核算的基础上，动态分析各成本项目的节超原因。其贯穿于建筑工程项目成本管理的全过程，也就是说建筑工程项目成本分析主要利用项目的成本核算资料(成本信息)、目标成本(计划成本)、承包成本以及类似的工程项目的实际成本等进行比较，了解成本的变动情况，同时，也要分析主要技术经济指标对成本的影响，系统地研究成本变动的因素，检查成本计划的合理性，并通过成本分析，揭示成本变动的规律，寻找降低建筑工程项目成本的途径。

(六)建筑工程项目成本考核

建筑工程项目成本考核是建筑工程项目完成后，对建筑工程项目成本形成中的各责任者，按建筑工程项目成本目标责任制的有关规定，将成本的实际指标与计划、定额、预算进行对比和考核，评定建筑工程项目成本计划的完成情况和各责任者的业绩，并给予相应的奖励和处罚。

四、建筑工程项目成本管理的措施

建筑工程项目成本管理包含着丰富的内容，是一个完整的合同履约过程。其既包括质量管理、进度管理、资源管理、安全管理，也包括合同管理、分包管理、预算管理。这一切管理内容，无不与成本管理息息相关。在一项管理内容的每个过程中，成本管理如无形的手，在制约、影响、推动或者迟滞着各项专业管理活动，并且与管理的结果产生直接的关系。企业所追求的目标，不仅是质量好、工期短、业主满意，同时，又是投入少、产出大、企业获利丰厚的建筑产品。因此，离开了成本的预测、计划、控制、核算和分析等一整套成本管理的系列任务，任何美好的愿望都是不现实的。

为了取得建筑工程项目成本管理的理想成效，应当从多方面采取措施实施管理，通常，可以将这些措施归纳为组织措施、技术措施、经济措施、合同措施、信息管理措施。

(一)组织措施

组织措施是从建筑工程项目成本管理的组织方面采取的措施。建筑工程项目成本控制是全员的活动，如实行项目经理责任制，落实建筑工程项目成本管理的组织机构和人员，明确各级建筑工程项目成本管理人员的任务和职能分工、权利和责任。建筑工程项目成本管理不仅是专业成本管理人员的工作，各级项目管理人员都负有成本控制责任。

要做好施工采购规划，通过生产要素的优化配置、合理使用、动态管理，有效控制实际成本；加强施工定额管理和施工任务单管理，控制活劳动和物化劳动的消耗；加强施工调度，避免因施工计划不周和盲目调度造成窝工损失、机械利用率降低、物料积压等。成本控制工作只有建立在科学管理的基础上，具备合理的管理体制、完善的规章制度、稳定的作业秩序、完整准确的信息传递，才能取得成效。组织措施是其他各类措施的前提和保障，而且一般不需要增加什么费用，若运用得当可以收到良好的效果。

(二)技术措施

在施工过程中，降低成本的技术措施包括：进行技术经济分析，确定最佳的施工方案；结合施工方法，进行材料使用的比选，在满足功能要求的前提下，通过代用、改变配合比、使用添加剂等方法降低材料消耗的费用；确定最合适的施工机械、设备使用方案；结合项目的施工组织设计及自然地理条件，降低材料的库存成本和运输成本；应用先进的施工技术、运用新材料、使用新开发的机械设备等。在实践中，要避免仅从技术角度选定方案而忽视对其经济效果的分析论证。

技术措施不仅对解决建筑工程项目成本管理过程中的技术问题是不可缺少的，而且对纠正建筑工程项目成本管理目标偏差也有相当重要的作用。因此，运用技术纠偏措施的关键，一是要能提出多个不同的技术方案；二是要对不同的技术方案进行技术经济分析。

(三)经济措施

经济措施是最容易被人们接受和采用的措施。管理人员应编制资金使用计划，确定、分解建筑工程项目成本管理目标。对建筑工程项目成本管理目标进行风险分析，并制定防范性对策。对各种支出，应认真做好资金的使用计划，并在施工中严格控制各项开支。及时准确地记录、收集、整理、核算实际发生的成本。对各种变更，应及时做好增减账，及时落实业主签证，及时结算工程款。通过偏差分析和未完工程预测，可发现将引起未完工程施工成本增加的一些潜在问题，对这些问题应以主动控制为出发点，及时采取预防措施。由此可见，经济措施的运用绝不仅仅是财务人员的事情。

(四)合同措施

采用合同措施控制施工成本，应贯穿整个合同周期，包括从合同谈判开始到合同终结的全过程。首先是选用合适的合同结构，对各种合同结构模式进行分析、比较，在合同谈判时，要争取选用适合工程规模、性质和特点的合同结构模式。其次在合同条款中应仔细考虑一切影响成本和效益的因素，特别是潜在的风险因素。通过对引起成本变动的发现因素的识别和分析，采取必要的风险对策，如通过合理的方式，增加承担风险的个体数量，降低损失发生的比例，并最终使这些策略反映在合同的具体条款中。

(五)信息管理措施

信息管理措施即采用计算机辅助建筑工程项目成本控制。

单元二 建筑工程项目成本计划的编制

成本计划的编制是加强成本控制的前提，要想有效地控制成本，就必须充分重视成本计划的编制。成本计划是指对拟建工程项目进行费用预算(或估算)，并以此作为项目的经济分析和决策、签订合同或落实责任、安排资金的依据，再通过将成本目标或成本计划分解，提出材料、施工机械、劳务费用、临时工程费用、管理费用等多种费用的限额，并按照限额进行资金使用的控制。一般成本计划要由工程技术部门和财务部门合作，根据签订的合同价格、工程价格单和投标报价计算书等资料编制，并进行汇总。

成本计划与工程最终的实际成本相比较，对于常见的项目，进行可行性研究时误差可能达±20%，进行初步设计时误差可能达±15%，成本预算误差可能达5%～10%。在工程项目中，积极的成本计划不仅不局限于事先的成本估算(报价)，而且也不局限于工程项目的成本进度计划，还体现在：积极的成本计划不是被动地按照已确定的技术设计、合同、工期、实施方案和环境预算工程成本，而是应包括对不同的方案进行技术经济分析，从总体上考虑工期、成本、质量、实施方案等之间的相互影响和平衡，以寻求最优的解决方案。

在项目实施过程中，人们作任何决策都需要相关的费用预算，顾及成本和项目的经济效益。积极的成本计划不仅要使项目建设成本最小化，还必须与项目盈利最大化相统一，盈利的最大化经常是从整个项目的效益角度分析的；积极的成本计划还体现在，不仅要按照可获得的资源(资金)量安排项目规模和进度计划，而且要按照项目预定的规模和进度计划安排资金的供应，保证项目的实施。

一、建筑工程项目成本计划的类型

(1)竞争性成本计划。竞争性成本计划是指工程项目投标及签订合同阶段的估算成本计划。

(2)指导性成本计划。指导性成本计划是指选派项目经理阶段的预算成本计划，是项目经理的责任成本目标。

(3)实施性成本计划。实施性成本计划是指项目施工准备阶段的施工预算成本计划，其以项目实施方案为依据，以落实项目经理责任目标为出发点，采用企业的施工定额，通过编制施工预算形成。

二、建筑工程项目成本计划的编制依据

(1)投标报价文件。

(2)企业定额、施工预算。

(3)施工组织设计。

(4)人工、材料、机械台班市场价。

(5)企业颁布的材料指导价、企业内部机械台班价格、劳动力内部挂牌价格。

(6)周转设备内部租赁价格、摊销损耗标准。

(7)已签订的工程合同、分包合同。

(8)结构件外加工计划和合同。

(9)有关财务成本核算制度和财务历史资料。

(10)预测资料施工成本资料。

(11)拟采用的降低成本措施。

三、建筑工程项目成本计划的编制方法

成本计划的编制以成本预测为基础，关键是确定目标成本。计划的制订，需要结合施工组织设计的编制过程，通过不断地优化施工方案和合理配置生产要素，进行工、料、机消耗分析，制定一系列节约成本和挖潜的措施。

施工总成本目标确定后，需通过编制详细的实施性成本计划，把目标成本层层分解，落实到施工过程的每个环节。成本计划的编制方式如下所述。

1. 按施工成本组成编制建筑工程项目成本计划

建筑工程项目成本可以按成本组成分解为人工费、材料费、施工机械使用费、措施费和间接费。编制按施工成本组成分解的建筑工程项目成本计划，如图 5-1 所示。

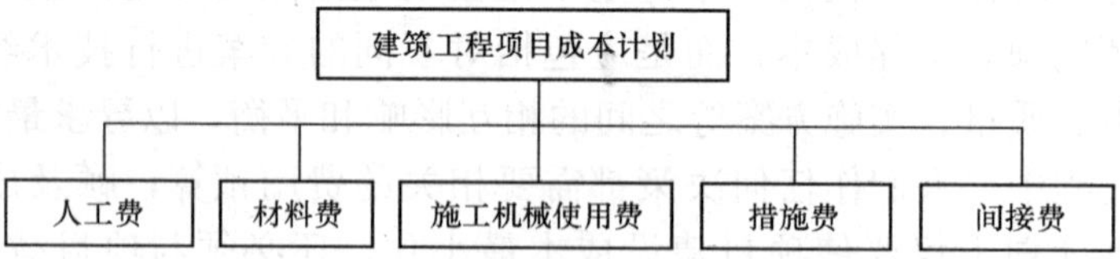

图 5-1　按施工成本组成分解

2. 按施工项目组成编制建筑工程项目成本计划

大中型工程项目通常是由若干单项工程构成的，而每个单项工程包括了多个单位工程，每个单位工程又是由若干个分部分项工程所构成的。因此，首先要把项目总施工成本分解到单项工程和单位工程中，再进一步分解到分部工程和分项工程中。编制按项目组成分解的建筑工程项目成本计划，如图 5-2 所示。

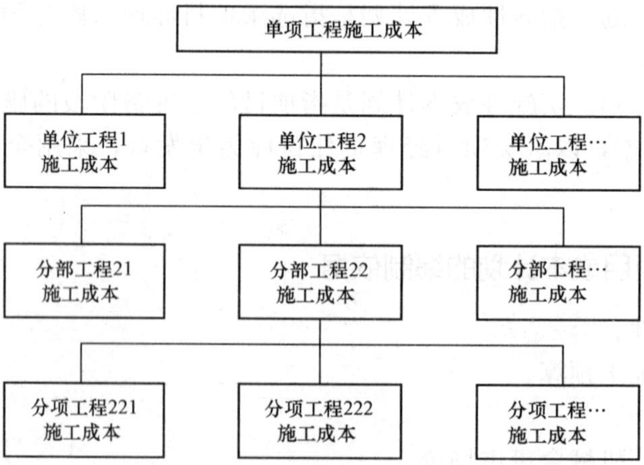

图 5-2　按项目组成分解

在编制成本支出计划时，要在项目总的方面考虑总的预备费，也要在主要的分项工程中安排适当的不可预见费。

3. 按施工进度编制建筑工程项目成本计划

按施工进度编制建筑工程项目成本计划，通常可利用控制项目进度的网络图进一步扩充而得，即在建立网络图时，一方面确定完成各项工作所需花费的时间，另一方面确定完成这一工作的合适的建筑工程项目成本支出计划。

通过对建筑工程项目成本目标按时间进行分解，在网络计划基础上，可获得项目进度计划的横道图，并在此基础上编制成本计划。其成果表示方式有两种：一种是在时标网络图上按月编制的成本计划，如图 5-3 所示；另一种是利用时间一成本累积曲线(S 形曲线)表示，如图 5-4 所示。

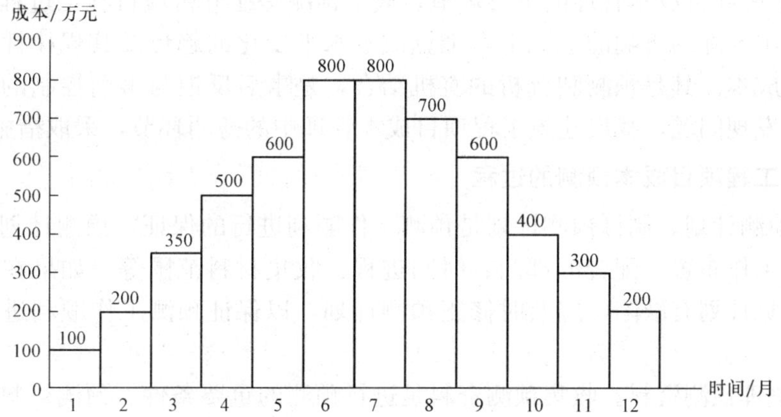

图 5-3　在时标网络图上按月编制的成本计划

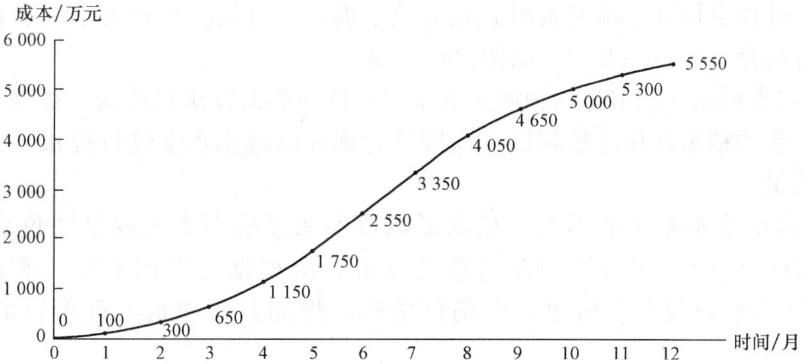

图 5-4　时间一成本累积曲线(S 形曲线)编制的成本计划

四、建筑工程项目成本预测

建筑工程项目成本预测是通过历史数字资料，采用经验总结、统计分析及数字模型等方法对成本进行判断与推测。通过建筑工程项目成本预测，可以为建筑施工企业经营决策和项目部编制成本计划等提供数据。其是实施项目科学管理的一种重要工具，越来越被人们所重视。

(一)建筑工程项目成本预测的作用

(1)编制成本计划的基础。计划是管理的关键的第一步，编制可靠的计划具有十分重要的意义。要编制出正确可靠的建筑工程项目成本计划，必须遵循客观经济规律，从实际出发，对建筑工程项目进行科学的预测。在编制成本计划前，要在收集、整理和分析有关建筑工程项目成本、市场行情和施工消耗等资料的基础上，对建筑工程项目进展过程中的物价变动等情况和建筑工程项目成本作出符合实际的预测，这样，才能保证建筑工程项目成本计划不脱离实际，切实起到控制建筑工程项目成本的作用。

(2)投标决策的依据。建筑施工企业在选择投标项目的过程中，往往需要根据项目是否盈利、利润大小等诸多因素确定是否投标。这样，在投标决策时，就要估计项目施工成本情况，通过与施工图预算比较，分析出项目是否盈利、利润大小等。

(3)建筑工程项目成本管理的重要环节。成本预测是在分析项目施工过程中各种经济与技术要素对成本升降的影响的基础上，推算成本水平变化的趋势及其规律性，预测建筑工程项目的实际成本。其是预测和分析的有机结合，是事后反馈与事前控制的结合。成本预测有利于及时发现问题，找出建筑工程项目成本管理中的薄弱环节，采取措施，控制成本。

(二)建筑工程项目成本预测的过程

(1)制订预测计划。制订预测计划是预测工作顺利进行的保证。预测计划的主要内容包括组织领导及工作布置、配合的部门、时间进程、收集材料范围等。如果在预测过程中发现新情况和发觉计划有缺陷，应及时修正预测计划，以保证预测工作顺利进行并获得较好的预测质量。

(2)收集整理预测资料。收集预测资料是进行预测的重要条件。预测资料可分为纵向和横向两个方面的数据。纵向资料是施工单位各类材料的消耗及价格的历史数据，可据以分析发展趋势；横向资料是指同类建筑工程项目的成本资料，可据以分析所预测项目与同类项目的差异，并作出估计。预测资料必须完整、连续、真实。对收集来的资料要按照各指标的口径进行核算、汇集、整理，以便比较预测。

(3)成本初步预测。成本初步预测主要是用定性预测的方法对建筑工程项目成本进行初步估计。这一步的结果往往比较粗糙，需要结合现在的成本水平进行修正，才能保证预测成本结果的质量。

(4)预测影响成本水平的因素。预测影响成本水平的因素主要是物价变化、劳动生产率、物料消耗指标、项目管理办公费开支等。应根据近期内其他工程的实施情况、本企业职工及当地分包企业情况、市场行情等，推测其对建筑工程项目的成本所产生的影响。

(5)成本预测。根据初步的成本预测以及对成本水平变化的因素的预测结果，确定该项目的成本情况。其包括人工费、材料费、机械使用费和其他直接费用等。

(6)分析预测误差。成本预测是对建筑工程项目实施之前的成本的预计和推断，这往往与实施过程中的实际成本有出入，会产生预测误差。预测误差的大小可以反映预测的准确程度。

(三)建筑工程项目成本预测的方法

建筑工程项目成本预测的方法可以归纳为两类：第一类是详细预测法，即以近期内的类似过程成本为基数，通过结构与建筑差异调整，以及人工费、材料费等直接费用和间接费用的修正来测算目前建筑工程项目的成本；第二类是近似预测法，即以过去的类似工程作为参考，预测目前建筑工程项目成本，这类方法主要有时间序列法和指数回归法。

五、建筑工程项目成本计划

建筑工程项目成本的预测，能为制订建筑工程项目成本计划提供依据。

(一)制订建筑工程项目成本计划的原则

制订建筑工程项目成本计划的原则有：从实际情况出发；采用先进的技术经济定额的原则，弹性原则，统一领导、分级管理的原则；与其他目标计划相结合。

(二)项目经理部的责任目标成本

在签订施工合同后，由企业根据合同造价、施工图和招标文件中的工程量清单，确定正常情况下的企业管理费、财务费用和制造成本。将正常情况下的制造成本确定为项目经理的可控成本，形成项目经理部的责任目标成本。

每个工程项目在实施项目管理之前，首先由公司主管部门与项目经理部协商，将合同预算的全部造价收入，分为现场施工费用和企业管理费用两部分。其中，现场施工费用核定的总额，作为项目成本核算的界定范围和确定项目经理部责任成本目标的依据。

在正常情况下的制造成本确定为项目经理部的可控成本，形成项目经理部的责任目标成本。按制造成本法计算出来的施工成本实际上是项目的施工现场成本，反映了项目经理部的成本水平，既便于对项目经理部成本管理责任的考核，也为项目经理部节约开支、降低消耗提供了可靠的基础。

责任目标成本是公司主管部门对项目经理部提出的指令成本目标，也是对项目经理部进行详细施工组织设计、优化施工方案、制订降低成本对策和管理措施提出的要求。责任目标成本以施工图预算为依据，其确定的过程和方法如下：

(1)按投标报价时所编制的工程估价单，将各项单价换成企业价格，就构成直接费用中的人工费、材料费的目标成本。

(2)以施工组织设计为依据，确定机械台班周转设备材料的使用量。

(3)其他直接费用中的各子项目均按具体情况或内部价格来确定。

(4)现场施工管理费，也按各子项目视项目的具体情况来确定。

(5)投标中压价让利的部分也要加以考虑。

责任目标成本应在仔细研究投标报价时的各项目清单、估价的基础上，由公司主管部门主持，有关部门共同参与分析研究确定。

(三)项目经理部的计划目标成本

项目经理部在接受企业法定代表人委托之后，应通过主持项目管理实施规划寻求降低成本的途径，组织编制施工预算，确定项目的计划目标成本。项目经理部编制施工预算应符合下列规定：

(1)以施工方案和管理措施为依据，按照本企业的管理水平、消耗定额、作业效率等进行工料分析，根据市场价格信息，编制施工预算。

(2)施工预算中各分部分项的划分尽量做到与合同预算的分部分项工程划分一致或对应，为以后成本控制逐项对应比较创造条件。

(3)当某些环节或分部分项工程条件尚不明确时，可按照类似工程施工经验或招标文件所提供的计量依据计算暂估费用。

(4)施工预算应在工程开工前编制完成。对于一些编制条件不成熟的分项工程，也要先进行估算，待条件成熟时再作调整。

(5)施工预算编成后，要结合项目管理评审，进行可行性和合理性的论证评价，并在措施上进行必要的补充。

建筑工程项目管理是一次性的行为，它的管理对象只是一个施工项目，随着项目建设任务的完成而结束历史使命。在施工期间，能否降低施工成本、能否取得经济效益均在此一举，因此有很大的风险。所以，进行成本的预测与计划不仅必要，而且必须做好。

单元三　建筑工程项目成本控制方案的编制

一、建筑工程项目成本控制的依据

(一)工程承包合同

建筑工程项目成本控制要以工程承包合同为依据，以降低工程成本为目标，从预算收入和实际成本两个方面，努力挖掘增收节支潜力，以求获得最大的经济效益。

(二)建筑工程项目成本计划

建筑工程项目成本计划是根据建筑工程项目的具体情况制定的成本控制方案，既包括预算的具体成本控制目标，又包括实现控制目标的措施和规划，是建筑工程项目成本控制的指导文件。

(三)进度报告

进度报告提供了每一时刻工程实际完成量、工程施工成本实际支付情况等重要信息。建筑工程项目成本控制工作正是通过实际情况与建筑工程项目成本计划相比较，找出两者之间的差别，分析偏差产生的原因，从而采取措施改进。另外，进度报告还有助于管理者及时发现工程施工中存在的隐患，并在可能造成重大损失之前采取有效措施，尽量避免损失。

(四)工程变更

在项目的实施过程中，由于各方面的原因，工程变更是很难避免的。工程变更一般包括设计变更、进度计划变更、施工条件变更、技术规范与标准变更、施工次序变更、工程量变更等。一旦出现变更，工程量、工期、成本都必将发生变化，从而使建筑工程项目成本控制工作变得更加复杂和困难。因此，建筑工程项目成本管理人员就应当通过对变更要求当中各类数据的计算、分析，及时掌握变更情况，包括已发生工程量、将要发生工程量、工期是否拖延、支付情况等重要信息，判断变更以及变更可能带来的索赔额度等。

除了上述几种建筑工程项目成本控制工作的主要依据以外，施工组织设计、分包合同等也都是建筑工程项目成本控制的依据。

二、建筑工程项目成本控制的方法

工程项目在施工过程中，项目成本控制必须突出经济原则，全面性原则(包括全员成本控制和全过程成本控制)，责、权、利相结合原则，建立成本控制制度。设立成本控制专职岗位，进行成本监督、跟踪与诊断，根据施工实际情况，做好项目的进度统计、用工统计、材料消耗统计和机械台班使用统计，以及各项间接费用支出的统计工作，定期编写各种费用报表，对成本的形成和费用偏离成本目标的差值进行分析，查找原因，并进行纠偏和控制。

施工阶段是控制建筑工程项目成本的主要阶段，它通过确定成本目标并按计划成本进行施工、资源配置，对施工现场发生的各种成本费用进行有效控制。建筑工程项目成本的具体控制方法如下。

（一）人工费的控制

人工费的控制实行“量价分离”的方法，将作业用工及零星用工按定额工日的一定比例综合确定用工数量与单价，通过劳务合同进行控制。

1. 人工费的影响因素

(1)社会平均工资水平。建筑安装工人人工单价必须与社会平均工资水平相同。社会平均工资水平取决于经济发展水平。由于我国改革开放以来经济迅速增长，社会平均工资也有大幅增长，从而导致人工单价大幅提高。

(2)生产消费指数。生产消费指数的提高会导致人工单价的提高，从而减少生活水平的下降，维持原来的生活水平。生产消费指数的变动取决于物价的变动，尤其取决于生活消费品的价格变动。

(3)劳动力市场供需变化。劳动力市场如果供不应求，人工单价就会升高；供过于求，人工单价就会下降。

(4)政府推行的社会保障和福利政策也会影响人工单价的变动。

(5)经会审的施工图、施工定额、施工组织设计等决定人工的消耗量。

2. 人工费的控制方法

加强劳动定额管理、提高劳动生产率、降低工程耗用人工工日，是控制人工费支出的主要手段。

(1)制定先进、合理的企业内部劳动定额，严格执行劳动定额，并将安全生产、文明施工及零星用工下达到作业队进行控制。全面推进全额计划的劳动管理办法和单项工程集体承包的经济管理办法，以不突破施工图预算人工费指标为控制目标，对各班组实行工资包干制度。认真执行按劳分配的原则，使职工个人所得与劳动贡献一致，充分调动广大职工的劳动积极性，从根本上杜绝出工不出力的现象。将工程项目的进度、安全、质量等指标与定额管理结合起来，提高劳动者的综合能力，实行奖励制度。

(2)提高生产工人的技术水平和作业队的组织管理水平，根据施工进度、技术要求合理搭配各工种工人的数量，减少和避免无效劳动。不断地改善劳动组织，创造良好的工作环境，改善工人的劳动条件，提高劳动效率。合理调节各工序人数，安排劳动力时，尽量做到技术工不做普通工的工作，高级工不做低级工的工作，从而避免技术上的浪费，既要加快工程进度，又要节约人工费用。

(3)加强职工的技术培训和多种施工作业技能的培训，不断提高职工的业务技术水平和熟练操作程度，培养一专多能的技术工人，提高作业工效。提倡技术革新和推广新技术，提高技术装备水平和工厂化生产水平，提高企业的劳动生产率。

(4)实行弹性需求的劳务管理制度。对施工生产各环节上的业务骨干和基本的施工力量，要保持相对稳定。对短期需要的施工力量，要做好预测、计划管理，通过企业内部的劳务市场及外部协作队伍进行调剂。严格做到项目部的定员随工程进度要求波动，进行弹性管理。要打破行业、工种界限，提倡一专多能，提高劳动力的利用效率。

(二)材料费的控制

材料费的控制同样按照“量价分离”原则，控制材料用量和材料价格。

1. 材料用量的控制

在保证符合设计要求和质量标准的前提下，合理使用材料，通过定额管理、计量管理等手段有效控制材料物资的消耗，具体方法如下：

(1)定额控制。对于有消耗定额的材料，以消耗定额为依据，实行限额发料制度。在规定限额内分期分批领用，超过限额领用的材料，必须先查明原因，经过一定审批手续才可领料。

(2)指标控制。对于没有消耗定额的材料，实行计划管理和按指标控制的方法。根据以往项目的实际耗用情况，结合具体施工项目的内容和要求，制定领用材料指标，以控制发料。超过指标的材料，必须经过一定的审批手续才可领用。

(3)计量控制。准确做好材料物资的收发计量检查和投料计量检查。

(4)包干控制。在材料使用过程中，对部分小型及零星材料(钢钉、钢丝等)根据工程量计算出所需的材料量，将其折算成费用，由作业者包干控制。

2. 材料价格的控制

材料价格主要由材料采购部门控制。由于材料价格是由买价、运杂费、运输中合理损耗等所组成，因此控制材料价格主要是通过掌握市场信息，应用招标和询价等方式控制材料、设备的采购价格。

施工项目的材料物资包括构成工程实体的主要材料和结构件，以及有助于工程实体形成的周转使用材料和低值易耗品。从价值角度看，材料物资的价值约占建筑安装工程造价的60%，甚至70%以上，其重要程度自然是不言而喻的。由于材料物资的供应渠道和管理方式各不相同，因此控制的内容和所采取的控制方法也将有所不同。

(三)施工机械使用费的控制

合理选择施工机械设备、合理使用施工机械设备对成本控制具有十分重要的意义，尤其是对于高层建筑施工。根据某些工程实例统计，高层建筑地面以上部分的总费用中，垂直运输机械费用占6%～10%。由于不同的起重运输机械各有不同的用途和特点，因此，在选择起重运输机械时，首先应根据工程特点和施工条件确定采取何种起重运输机械的组合方式。在确定组合方式时，首先应满足施工需要，同时，还要考虑到费用的高低和综合经济效益。

施工机械使用费主要由台班数量和台班单价两方面决定。

1. 控制台班数量

(1)根据施工方案和现场实际，选择适合项目施工特点的施工机械，制订设备需求计划，合理安排施工生产，充分利用现有机械设备，加强内部调配，提高机械设备的利用率。

(2)保证施工机械设备的作业时间，安排好生产工序的衔接，尽量避免停工、窝工，尽量减少施工中所消耗的机械台班数量。

(3)核定设备台班定额产量，实行超产奖励办法，加快施工生产进度，提高机械设备单位时间的生产效率和利用率。

(4)加强设备租赁计划管理，减少不必要的设备闲置和浪费，充分利用社会闲置机械资源。

2. 控制台班单价

(1)加强现场设备的维修、保养工作，降低大修、经常性修理等各项费用的开支，提高机械设备的完好率，最大限度地提高机械设备的利用率。避免因使用不当造成机械设备的停置。

(2)加强机械操作人员的培训工作，不断提高操作技能，提高施工机械台班的生产效率。

(3)加强配件的管理，建立健全配件领发料制度，严格按油耗定额控制油料消耗，做到修理有记录、消耗有定额、统计有报表、损耗有分析。通过经常分析总结，提高修理质量，降低配件消耗，减少修理费用的支出。

(4)降低材料成本，严把施工机械配件和工程材料采购关，尽量做到工程项目所进材料质优价廉。

(5)成立设备管理小组，负责设备调度、检查、维修、评估等具体事宜。对主要部件及其保养情况建立档案，分清责任，便于尽早发现问题，找到解决问题的办法。

(四)施工分包费用的控制

分包工程价格的高低，必然对项目经理部的建筑工程项目成本产生一定的影响。因此，建筑工程项目成本控制的重要工作之一，是对分包价格的控制。项目经理部应在确定施工方案的初期就确定需要分包的工程范围。决定分包范围的因素主要是建筑工程项目的专业性和项目规模。对分包费用的控制，主要是要做好分包工程的询价、订立平等互利的分包合同、建立稳定的分包关系网络、加强施工验收和分包结算等工作。

三、建筑工程项目成本控制的步骤

在确定了建筑工程项目成本计划后，必须定期地进行建筑工程项目成本计划值与实际值的比较，当实际值偏离计划值时，分析产生偏差的原因，采取适当的纠偏措施，以确保建筑工程项目成本控制目标的实现。其步骤如下。

(一)比较

按照某种确定的方式将建筑工程项目成本计划值与实际值逐项进行比较，以发现建筑工程项目成本是否已超支。

(二)分析

在比较的基础上，对比较的结果进行分析，以确定偏差的严重性及偏差产生的原因。这一步是建筑工程项目成本控制工作的核心，其主要目的在于找出产生偏差的原因，从而采取有针对性的措施，尽量避免相同情况再次发生或减少由此造成的损失。

成本偏差分析可以采用不同的表达方法，常用的有横道图法和曲线法(计划工作预算费用 BCWS 曲线，已完工作预算费用 BCWP 曲线，已完工作实际费用 ACWP 曲线)。

(三)预测

按照完成情况估计完成项目所需的总费用。

(四)纠偏

当工程项目的实际施工成本出现偏差时，应当根据工程的具体情况、偏差分析和预测的结果，采取适当的措施，以达到使建筑工程项目成本偏差尽可能小的目的。纠偏是建筑工程项目成本控制中最具实质性的一步。只有通过纠偏，才能最终达到有效控制建筑工程项目成本的目的。

对偏差原因进行分析的目的是有针对性地采取纠偏措施，从而实现成本的动态控制和主动控制。纠偏首先要确定纠偏的主要对象，偏差原因有些是无法避免和控制的，如客观原因，充其量只能对其中的少数原因做到防患于未然，力求减少该原因所造成的经济损失。在确定了纠偏的主要对象之后，就需要采取有针对性的纠偏措施。纠偏可采用组织措施、经济措施、技术措施和合同措施等。

(五)检查

检查是指对工程的进展进行跟踪和检查，及时了解工程进展状况以及纠偏措施的执行情况和效果，为今后的工作积累经验。

四、建筑工程项目成本控制的运行

建筑工程项目成本控制宜采用目标管理的方法，发挥约束激励机制的作用，有效地进行全面控制。项目经理部应根据计划目标成本的控制要求，建立成本目标控制体系，健全责任制度，做好目标的分解，搞好成本计划的交底和成本计划的贯彻落实。

施工生产要素的配置应根据计划的目标成本进行询价采购或劳务分包，实行量和价的预控，贯彻“先算后买”的原则。对用工、材料、设备等必须优化配置、合理使用、动态管理，有效控制实际成本；应加强施工定额管理和施工任务单管理，控制活劳动和物化劳动的消耗。

项目经理部要注意克服不合理的施工组织、计划和调度可能造成的窝工损失、机械利用率降低、物料积压等各种浪费和损失。

在建筑工程项目成本控制的过程中，项目经理部应加强施工合同管理和施工索赔管理，及时按规定程序做好变更签证、施工索赔所引起的施工费用增减变化的调整处理，防止施工效益的流失。

五、建筑工程项目成本核算

(一)建筑工程项目成本核算的对象

成本核算对象的确定，是设立工程成本明细分类账户、归集和分配生产费用及正确计算工程成本的前提。成本核算对象是指在计算工程成本中确定归集和分配生产费用的具体对象，即承担生产费用的客体。

(二)建筑工程项目成本核算的任务

(1)成本核算的前提和首要任务是执行国家有关成本开支范围、费用开支标准、工程预算定额和企业施工预算、成本计划的有关规定，控制费用，促使项目合理、节约地使用人力、物力和财力。

(2)成本核算的主体和中心任务是正确、及时地核算施工过程中发生的各项费用，计算建筑工程项目的实际成本。

(3)成本核算的根本目的是反映和监督工程项目成本计划的完成情况，为项目成本预测以及参与建筑工程项目生产、技术和经营决策提供可靠的成本报告和有关资料，促使项目改善经营管理、降低成本、提高经济效益。

(三)建筑工程项目成本核算的原则

为了发挥建筑工程项目成本管理职能，提高建筑工程项目管理水平，建筑工程项目成本核算就必须讲求质量，这样才能提供对决策有用的成本信息。建筑工程项目成本核算必须遵循的原则有确认原则、相关性原则、连贯性原则、分期核算原则、及时性原则、配合比原则、实际成本核算原则、权责发生制原则。

(四)建筑工程项目成本核算的要求

(1)每一个月为一个核算期，在月末进行。

(2)采取会计核算、统计核算、业务核算"三算结合"的方法。

(3)在核算中做好实际成本与责任目标成本的对比办法、实际成本与计划目标成本的对比分析。

(4)核算对象按单位工程划分，并与责任目标成本的界定范围一致。

(5)坚持现象进度、施工产值统计、实际成本归集"三同步"。

(6)编制月度项目成本报告上报企业，以接受指导、检查和考核。

(7)每月月末预测后期成本的变化趋势和现状，制定改善成本控制的措施。

(8)搞好施工产值和实际成本的归集，包括月工程结算收入、人工成本机械使用成本、其他直接费和现场管理费。

六、建筑工程项目成本核算的基础工作

(一)健全企业和项目两个层次的核算组织体制

健全企业和项目两个层次的核算组织体制的做法包括：建立健全原始记录制度；建立健全各种财产物资的收发、领退、转移、保管、清查、盘点、索赔制度；制定先进合理的企业成本定额；建立企业内部结算体系；对成本核算人员进行培训。

(二)规范以项目核算为基点的企业成本会计账表

施工企业会计账表包括：工程施工账、施工间接费账表、其他直接费账表、项目工程成本表、在建工程成本明细表、竣工工程成本明细表、施工间接费表。

单元四　建筑工程项目成本分析与结算

建筑工程项目成本分析是成本控制工作的重要内容。通过分析可以对成本计划的执行情况进行有效控制，对执行结果进行评价，为下一步工作的成本计划提供重要的依据。

项目成本分析是项目经济核算的重要内容，是成本控制的重要组成部分。成本分析要以降低成本计划的执行情况为依据，对照成本计划和各项消耗定额，检查技术组织措施的

执行情况，分析降低成本的主、客观原因，量差和价差因素，节约和超支情况，从而提出进一步降低成本的措施。

项目成本分析按其分析对象的范围及内容的深、广度，又可分为两类，即项目成本的综合分析与单位工程成本分析。

项目成本的综合分析是按照工程项目预算、决算降低成本计划和建筑安装工程成本表进行的。其采用的方法有：一是比较项目预算成本和实际成本。项目预算成本是根据一定时期的现行预算定额和规定的取费标准计算的工程成本。实际成本是根据施工过程中发生的实际生产费用所计算的成本，它是按一定的成本核算对象和成本项目汇集的实际耗费。二是比较实际成本与计划成本。计划成本是根据计划周期正常的施工定额所编制的施工预算，并考虑降低工程成本的技术组织措施后确定的成本。检查完成降价成本计划以及各成本项目的偏离计划情况，检查技术组织措施计划和管理费用计划合理与否以及执行情况，与上年同期降低成本情况比较，分析原因，明确改进的方向。

一、建筑工程项目成本分析的方法

由于建筑工程项目成本涉及的范围很广，需要分析的内容也很多，应该在不同的情况下采取不同的分析方法。

(一)成本分析的基本方法

成本分析的基本方法包括对比分析法、因素分析法、差额计算法和挣值法。

1. 对比分析法

对比分析法贯彻量价分离原则，分析影响成本节超的主要因素。其包括实际成本与两种目标成本的对比分析、实施工程量和工程量清单的对比分析、实际消耗量与计划消耗量的对比分析、实际采用价格与计划价格的对比分析、各种费用实际发生额与计划支出额的对比分析。对比分析通常有以下几种形式：

(1)本期实际指标与上期实际指标相比。通过这种对比，可以看出各项技术经济指标的变动情况，反映施工管理水平的提高程度。

(2)将实际指标与目标指标对比。以此检查目标完成情况，分析影响目标完成的积极因素和消极因素，以便及时采取措施，保证成本目标的实现。在进行实际指标与目标指标的对比时，还应注意目标本身有无问题，如果目标本身出现问题，则应调整目标，重新正确评价实际工作的成绩。

(3)与本行业的平均水平、先进水平对比。通过这种对比，可以反映本项目的技术管理和经济管理与行业的平均水平和先进水平的差距，进而采取措施赶超先进水平。

2. 因素分析法

因素分析法又称连环替代法。该法可以对影响成本节超的各种因素的影响程度进行数量分析。例如，影响人工成本的因素是工程量、人工量(工日)和日工资单价。如果实际人工成本与计划人工成本发生差异，则可用此法分析三个因素各有多少影响。计算时先列式计算计划数，再用实际的工程量代替计划工程量计算，得数与前者相减，即得出工程量对人工成本偏差的影响。然后依次替代人工数、单价数进行计算，并各与前者相减，得出人工的影响数和单价的影响数。利用此法的关键是要排好替代的顺序，规则是先替代绝对数，后替代相对数；先替代物理量，后替代价值量。

3. 差额计算法

差额计算法与连环替代法本质相同，也可以说是连环替代法的简化计算法，是直接用因素的实际数与计划数相减的差额计算其对成本的影响量的方法。

4. 挣值法

挣值法又称费用分析法或盈利值法。其可用来分析项目在成本支出和时间方面是否符合原计划的要求。它要求计算三个关键数值，即计划工作成本(BCWS)、已完工作实际成本(ACWP)和已完工作计划成本(BCWP)(即“挣值”)，然后用这三个数进行以下计算：

(1)成本偏差 CV=BCWS-ACWP。该项差值大于零时，表示项目未超支。

(2)进度偏差 SV=BCWP-BCWS。该项差值大于零时，表示项目进度提前。

(3)成本实施指数 CPI=BCWP/ACWP。该项指数大于1时，表示项目成本未超支。

(4)进度实施指数 SPI=BCWP/BCWS。该项指数大于1时，表示项目进度正常。

(二)综合成本的分析方法

综合成本是指涉及多种生产要素，并受多种因素影响的成本费用，如分部分项工程成本、月(季)度成本和年度成本等。由于这些成本都是随着项目施工的进展而逐步形成的，与生产经营有着密切的关系，因此，做好上述成本的分析工作，无疑将促进项目的生产经营管理，提高项目的经济效益。

1. 分部分项工程成本分析

分部分项工程成本分析是建筑工程项目成本分析的基础。分部分项工程成本分析的对象为已完成分部分项工程。分析的方法是进行预算成本、目标成本和实际成本的“三算”对比，分别计算实际偏差，分析偏差产生的原因，为今后的分部分项工程寻求节约成本的途径。

2. 月(季)度成本分析

月(季)度成本分析是建筑工程项目定期的、经常性的中间成本分析，对具有一次性特点的建筑工程项目有着特别重要的意义。通过月(季)度成本分析，可以及时发现问题，以便按照成本目标指定的方向进行监督和控制，保证项目成本目标的实现。月(季)度成本分析的依据是当月(季)的成本报表，通常从以下几个方面进行分析：

(1)通过实际成本与预算成本的对比，分析当月(季)的成本降低水平；通过累计实际成本与累计预算成本的对比，分析累计的成本降低水平，预测实际项目成本目标的前景。

(2)通过实际成本与目标成本的对比，分析目标成本的落实情况，以及目标管理中的问题和不足，进而采取措施，加强成本管理，保证成本目标的落实。

(3)通过对各成本项目的分析，可以了解成本总量的构成比例和成本管理的薄弱环节。例如，在成本分析中，发现人工费、机械费和间接费等项目大幅度超支，就应该对这些费用项目的收支关系认真研究，并采取对应的增收支措施，防止今后再超支。如果其属于规定的“政策性”亏损，则应从控制支出着手，把超支额压缩到最低限度。

(4)通过主要技术经济指标的实际与目标对比，分析产量、工期、质量、“三材”(水泥、钢材、木材)节约率，机械利用率等对成本的影响。

(5)通过对技术组织措施执行效果的分析，寻求更加有效的节约途径。

(6)分析其他有利条件和不利条件对成本的影响。

3. 年度成本分析

年度成本分析的依据是年度成本报表。年度成本分析的内容，除了月(季)度成本分析的六个方面以外，重点是针对下一年度的施工进展情况规划切实可行的成本管理措施，以保证建筑工程项目成本目标的实现。

4. 竣工成本的综合分析

竣工成本的综合分析，应包括以下三个方面的内容：

(1)竣工成本分析。

(2)主要资源节超对比分析。

(3)技术节约措施及经济效果分析。

(三)成本项目的分析方法

1. 人工费分析

在管理层和作业层分离的情况下，项目施工所需要的人工和人工费，由项目经理部与劳务分包企业签订劳务承包合同，明确承包范围，承包金额和双方的权利、义务。对项目经理部来说，除了按合同规定支付劳务费以外，还可能发生一些其他人工费支出，如因工程量增减而调整的人工费、定额以外的计时工工资、对班组或个人的奖励费用等。项目经理部应根据具体情况，结合劳务合同的管理进行分析。

2. 材料费分析

材料费分析包括主要材料、周转材料使用费的分析以及材料储备的分析。

(1)主要材料费用的高低，主要受价格和消耗数量的影响，而材料价格的变动，又要受采购价格、运输费用、路途损耗等因素的影响。材料消耗数量的变动，也要受操作损耗、管理损耗和返工损失等因素的影响，可在价格变动较大和数量超用异常的时候再作深入分析。为了分析材料价格和消耗数量的变化对材料费的影响程度，可按下列公式计算：

材料价格变动对材料费的影响=(预算单价-实际单价)×消耗数量

消耗数量变动对材料费的影响=(预算用量-实际用量)×预算价格

(2)对于周转材料使用费主要是分析其利用率和损耗率。在实际计算中，可采用“差额分析法”来计算周转率对周转材料使用费的影响程度。

(3)材料储备分析主要是对材料保管费用和材料储备资金占用的分析。具体可用因素分析法来进行分析。

3. 机械使用费分析

影响机械使用费的因素主要是机械利用率。造成机械利用率不高的原因是机械调度不当和机械完好率不高。因此，在机械设备的使用过程中，必须充分发挥机械的效用，加强对机械设备的平衡调度，做好机械设备平时的维修保养工作，提高机械的完好率，保证机械的正常运转。

4. 施工间接费分析

施工间接费就是施工项目经理部为管理施工而发生的现场经费。因此，进行施工间接费分析，需要运用计划与实际对比的方法。施工间接费实际发生数的资料来源为工程项目的施工间接费明细账。通过以上分析，可以全面了解单位工程的成本构成和降低成本的方法，这对今后同类工程的成本管理很有参考价值。

二、建筑工程项目成本的考核

(一)建筑工程项目成本考核的目的、内容及要求

建筑工程项目成本考核是贯彻项目成本责任制的重要手段，也是项目管理激励机制的体现。建筑工程项目成本考核的目的是通过衡量项目成本降低的实际成果，对成本指标完成情况进行总结和评价。

建筑工程项目成本考核的内容包括责任成本完成情况考核和成本管理工作业绩考核。

建筑工程项目成本考核的做法是分层进行，企业对项目经理部进行成本管理考核，项目经理部对项目内部各岗位及各作业队进行成本管理考核。因此，企业和项目经理部都应建立健全建筑工程项目成本考核的组织，公正、公平、真实、准确地评价项目经理部及管理人员的工作业绩和问题。

(二)建筑工程项目成本考核的实施

(1)建筑工程项目的成本考核采取评分制。具体方法为：先按考核内容评分，然后按一定的比例(假设为7：3)加权平均，即责任成本完成情况的评分占70%，成本管理工作业绩占30%。

(2)建筑工程项目成本考核要与相关指标的完成情况相结合。成本考核的评分是奖罚的依据，相关指标的完成情况是奖罚的条件。与成本考核相关的指标，一般有进度、质量、安全和现场管理等。

(3)强调建筑工程项目成本的中间考核。建筑工程项目成本的中间考核可分为月度成本考核和阶段成本考核。在月度成本考核时，不能单凭报表数据，要结合成本分析资料和施工生产、成本管理的实际情况，然后作出正确的评价，带动今后的成本管理工作，保证项目成本目标的实现。

(4)正确考核建筑工程项目的竣工成本。建筑工程项目的竣工成本，是在工程竣工和工程款结算的基础上编制的，它是竣工成本考核的依据。

建筑工程项目的竣工成本是项目经济效益的最终反映。其既是上缴利税的依据，又是进行职工分配的依据。由于建筑工程项目竣工成本关系到企业和职工的利益，必须做到核算清楚，考核正确。

(5)建筑工程项目成本的奖罚。针对建筑工程项目成本考核的结果，必须要有一定的经济奖罚措施，这样才能调动职工的积极性，才能发挥全员成本管理的作用。

项目案例

案例5-1

【背景资料】

商品混凝土目标成本为443 040元，实际成本为473 697元，见表5-1。

表5-1 案例5-1资料

项目	单位	目标	实际	差额
产量	m^3	600	630	+30
单价	元	710	730	+20
损耗率	%	4	3	−1
成本	元	443 040	473 697	+30 657

【问题】

各因素的影响程度之和是多少？

【答案】

步骤一：分析对象是商品混凝土的成本，实际成本与目标成本的差额为30 657元，该指标是由产量、单价、损耗率三个因素组成的。

步骤二：以目标数443 040元(600×710×1.04)为分析替代的基础。

第一次替代产量因素，以630替代600：630×710×1.04=465 192(元)；

第二次替代单价因素，以730替代710，并保留上次替代后的值：630×730×1.04=478 296(元)；

第三次替代损耗率因素，以1.03替代1.04，并保留上两次替代后的值：630×730×1.03=473 697(元)。

步骤三：计算差额。

第一次替代与目标数的差额=465 192－443 040=22 152(元)；

第二次替代与第一次替代的差额=478 296－465 192=13 104(元)；

第三次替代与第二次替代的差额=473 697－478 296=－4 599(元)。

产量增加使成本增加了22 152元，单价提高使成本增加了13 104元，而损耗率下降使成本减少了4 599元。

各因素的影响程度之和=22 152+13 104－4 599=30 657(元)。

三、工程变更价款的结算

(一)《建设工程施工合同(示范文本)》条件下的工程变更的程序

1. 工程设计变更的程序

(1)发包人对原设计进行变更。施工中发包人如果需要对原工程设计进行变更，应提前14天以书面形式向承包人发出变更通知。承包人对发包人的变更通知没有拒绝的权利，这是合同赋予发包人的一项权利。因为发包人是工程的出资人、所有人和管理者，对将来工程的运行承担主要的责任，只有赋予发包人这样的权利才能减少更大的损失。但是，变更超过原设计标准或批准的建设规模时，发包人应报规划管理部门和其他有关部门重新审查批准，并由原设计单位提供变更的相应图纸和说明。承包人按照工程师发出的变更通知及有关要求变更。

(2)由承包人原因对原设计进行变更。施工中承包人不得为了施工方便而要求对原工程设计进行变更，承包人应当严格按照图纸施工，不得随意变更设计。施工中承包人提出的合理化建议涉及对设计图纸或者施工组织设计的更改及对原材料、设备的更换时，需经工程师同意。工程师同意变更后，也需经原规划管理部门和其他有关部门审查批准，并由原设计单位提供变更的相应图纸和说明。

若未经工程师同意承包人擅自更改或换用，承包人应承担由此产生的费用，并赔偿发包人有关损失，延误的工期不予顺延。若工程师同意采用承包人的合理化建议，所产生费用和获得收益的分担或分享，由发包人和承包人另行约定。

2. 其他变更的程序

从合同角度看，除设计变更外，其他能够导致合同内容变更的都属于其他变更，如双方对工程质量要求的变化（如涉及强制性标准的变化）、双方对工期要求的变化、施工条件和环境的变化导致施工机械和材料的变化等。首先应当由一方提出变更要求，与对方协商一致后，方可进行变更。

（二）《建设工程施工合同（示范文本）》条件下的工程变更价款的确定程序

(1)承包人在工程变更确定后 14 天内，可提出变更涉及的追加合同价款要求的报告，经工程师确认后相应调整合同价款。如果承包人在双方确定变更后的 14 天内，未向工程师提出变更工程价款的报告，视为该项变更不涉及合同价款的调整。

(2)工程师应在收到承包人的变更合同价款报告后 14 天内，对承包人的要求予以确认或作出其他答复。工程师无正当理由不确认或答复时，自承包人的报告送达之日起 14 天后，视为变更价款报告已被确认。

(3)工程师确认增加的工程变更价款作为追加合同价款，与工程进度款同期支付。若工程师不同意承包人提出的变更价款，按合同约定的争议条款处理。

因承包人自身原因导致的工程变更，承包人无权要求追加合同价款。如由于承包人原因实际施工进度滞后于计划进度，某工程部位的施工与其他承包人的施工发生干扰，工程师发布指示改变了其施工时间和顺序导致施工成本增加或效率降低，承包人无权要求补偿。

（三）《建设工程施工合同（示范文本）》约定的工程变更价款的确定方法

在工程变更确定后 14 天内，设计变更涉及工程价款调整的，由承包人向发包人提出，经发包人审核同意后调整合同价款。变更合同价款按照下列方法进行：

(1)合同中已有适用于变更工程的价格，按合同已有的价格变更合同价款。

(2)合同中只有类似变更工程的价格，可以参照类似价格变更合同价款。

(3)合同中没有适用或类似变更工程的价格，由承包人或发包人提出适当的变更价格，经对方确认后执行。

如双方不能达成一致意见，双方可提请工程所在地工程造价管理机构进行咨询或按合同约定的争议或纠纷解决程序办理。因此，在变更后合同价款的确定上，首先应当考虑使用合同中已有的、能够适用或者能够参照适用的条款，其原因在于合同中已经订立的价格（一般通过招标投标）是较为公平合理的，因此应当尽量采用。

采用合同中工程量清单的单价或价格有三种情况：一是直接套用，即从工程量清单上直接拿来使用；二是间接套用，即依据工程量清单，通过换算后采用；三是部分套用，即依据工程量清单，取其价格中的某一部分使用。

例如，某合同中钻孔桩的工程情况是：直径为 10 m 的共计长 1 501 m；直径为 12 m 的共计长 2 017 m。原合同规定选择直径为 10 m 的钻孔桩做静载破坏试验。显然，如果选择直径为 12 m 的钻孔桩做静载破坏试验对工程更具有代表性和指导性意义。因此，监理工程师决定变更。但在原工程量清单中仅有用直径为 10 m 的钻孔桩做静载破坏试验的价格，没有直接或其他可套用的价格供参考。经过认真分析，监理工程师认为，用钻孔桩做静载破坏试验的费用主要由两部分构成，一部分为试验费用，另一部分为桩本身的费用，而试验方法及设备并未因试验桩直径的改变而发生变化，因此，可认为试验费用没有增减，费用的增减主要由钻孔桩直径的变化所引起。直径为 12 m 的普通钻孔桩的单价在工程量清单中就可以找到，而且地理位置和施工条件相近，因此，采用直径为 12 m 的钻孔桩做静载破坏试验的费用为：用直径为 10 m 的钻孔桩做静载破坏试验的费用＋用直径为 12 m 的钻孔桩做静载破坏试验的清单价格。

又例如，某合同路堤土方工程完成后，发现原设计在排水方面考虑不周，为此发包人同意在适当位置增设排水管涵。在工程量清单上有 100 多道类似管涵，但承包人不同意直接从中选择合适的作为参考依据。其理由是变更设计提出时间较晚，其土方已经完成并准备开始路面施工，新增工程不但打乱了其进度计划，而且二次开挖土方难度较大，特别是重新开挖用石灰土处理过的路堤，与开挖天然表土不能等同。监理工程师认为承包人的意见可以接受，不宜直接套用清单中的管涵价格。经与承包人协商，决定采用工程量清单上的几何尺寸、地理位置等条件相近的管涵价格作为新增工程的基本单价，但对其中的“土方开挖”一项在原报价基础上按某个系数予以适当提高，提高的费用叠加在基本单价上，构成新增工程价格。

(四)《建设工程工程量清单计价规范》(GB 50500—2013)有关工程价款调整的规定

(1)招标工程以投标截止日前 28 天，非招标工程以合同签订前 28 天为基准日，其后国家的法律、法规、规章和政策发生变化引起工程造价增减变化的，发、承包双方应当按照省级或行业建设主管部门或其授权的工程造价管理机构据此发布的规定调整合同价款。

(2)合同履行期间，出现实际施工设计图纸(含设计变更)与招标工程量清单任一项目的特征描述不符，且该变化引起该项目的工程造价增减变化的，应按照实际施工的项目特征重新确定相应工程量清单项目的综合单价，计算调整后的合同价款。

(3)工程变更引起已标价工程量清单项目或其工程数量发生变化时，应按照下列规定调整：

1)已标价工程量清单中有适用于变更工程项目的，采用该项目的单价，但当工程变更导致该清单项目的工程数量发生变化，且工程量偏差超过 15%时，该项目单价的调整应按照规范规定的条款进行调整。

2)已标价工程量清单中没有适用，但有类似变更工程项目的，可在合理范围内参照类似项目的单价。

3)已标价工程量清单中没有适用，也没有类似变更工程项目的，由承包人根据变更工程资料、计量规则和计价办法、工程造价管理机构发布的信息价格和承包人报价浮动率提出变更工程项目的单价，报发包人确认后调整。承包人报价浮动率可按下列公式计算：

①招标工程：

$$承包人报价浮动率 L=(1-中标价/招标控制价)\times 100\%$$

②非招标工程：

$$承包人报价浮动率 L=(1-报价值/施工图预算)\times 100\%$$

4)已标价工程量清单中没有适用，也没有类似变更工程项目，且工程造价管理机构发布的信息价格缺价的，由承包人根据变更工程资料、计量规则、计价办法和通过市场调查等取得有合法依据的市场价格提出变更工程项目的单价，报发包人确认后调整。

(4)工程变更引起施工方案改变，并使措施项目发生变化的，承包人提出调整措施项目费的，应事先将拟实施的方案提交发包人确认，并详细说明与原方案措施项目相比的变化情况。拟实施的方案经发、承包双方确认后执行。该情况下，应按照下列规定调整措施项目费：

1)安全文明施工费，按照实际发生变化的措施项目调整。

2)采用单价计算的措施项目费，按照实际发生变化的措施项目按上述条款的规定确定单价。

3)按总价(或系数)计算的措施项目费，按照实际发生变化的措施项目调整，但应考虑承包人报价浮动因素，即调整金额按照实际调整金额乘以上述条款规定的承包人报价浮动率计算。

如果承包人未事先将拟实施的方案提交给发包人确认，则视为工程变更不引起措施项目费的调整或承包人放弃调整措施项目费的权利。

(5)如果工程变更项目出现承包人在工程量清单中填报的综合单价与发包人招标控制价或施工图预算相应清单项目的综合单价的偏差超过15%，则工程变更项目的综合单价可由发、承包双方按照下列规定调整：

1)当$P_0<P_1\times(1-L)\times(1-15\%)$时，该类项目的综合单价按照$P_1\times(1-L)\times(1-15\%)$调整。

2)当$P_0>P_1\times(1+15\%)$时，该类项目的综合单价按照$P_1\times(1+15\%)$调整。

式中　P_0——承包人在工程量清单中填报的综合单价；

P_1——发包人招标控制价或施工预算相应清单项目的综合单价；

L——承包人报价浮动率。

(6)如果发包人提出的工程变更，由于非承包人的原因删减了合同中的某项原定工作或工程，导致承包人发生的费用或(和)得到的收益不能被包括在其他已支付或应支付的项目中，也未被包含在任何替代的工作或工程中，则承包人有权提出并得到合理的利润补偿。

(7)对于任一招标工程量清单项目，如果由于本条规定的工程量偏差和规范规定的工程变更等原因导致工程量偏差超过15%，调整的原则为：当工程量增加15%以上时，其增加部分的工程量的综合单价应予调低；当工程量减少15%以上时，减少后剩余部分的工程量的综合单价应予调高。此时，按下列公式调整结算分部分项工程费：

1)当$Q_1>1.15Q_0$时，

$$S=1.15Q_0\times P_0+(Q_1-1.15Q_0)\times P_1$$

2)当$Q_1<0.85Q_0$时，

$$S=Q_1\times P_1$$

式中　S——调整后的某一分部分项工程费结算价；

Q_1——最终完成的工程量；

Q_0——招标工程量清单中列出的工程量；

P_1——按照最终完成工程量重新调整后的综合单价；

P_0——承包人在工程量清单中填报的综合单价。

项目案例

案例5-2

【背景资料】

某建筑工程项目的数据资料见表5-2。

表5-2　某建筑工程项目的数据资料

编码	项目名称	最早开始时间	工期	成本强度/(万元·月$^{-1}$)
1	场地平整	1	1	20
2	基础施工	2	3	15
3	主体工程施工	4	5	30
4	砌筑工程施工	8	3	20

续表

编码	项目名称	最早开始时间	工期	成本强度/(万元·月$^{-1}$)
5	屋面工程施工	10	2	30
6	楼地面施工	11	2	20
7	室内设施安装	11	1	30
8	室内装饰	12	1	20
9	室外装饰	12	1	10
10	其他工程		1	10

【问题】

对该项目进行成本控制。

【答案】

步骤一：确定建筑工程项目进度计划，编制进度计划的横道图，见表 5-3。

表 5-3　建筑工程项目进度计划横道图

编码	项目名称	时间/月	成本强度/(万元·月$^{-1}$)	工程进度/月											
				01	02	03	04	05	06	07	08	09	10	11	12
1	场地平整	1	20	—											
2	基础施工	3	15		—	—									
3	主体工程施工	5	30			—	—	—	—	—	—				
4	砌筑工程施工	3	20								—	—	—		
5	屋面工程施工	2	30										—	—	
6	楼地面施工	2	20											—	—
7	室内设施安装	1	30											—	
8	室内装饰	1	20												—
9	室外装饰	1	10												—
10	其他工程	1	10												

步骤二：在横道图上按时间编制成本计划，如图 5-5 所示。

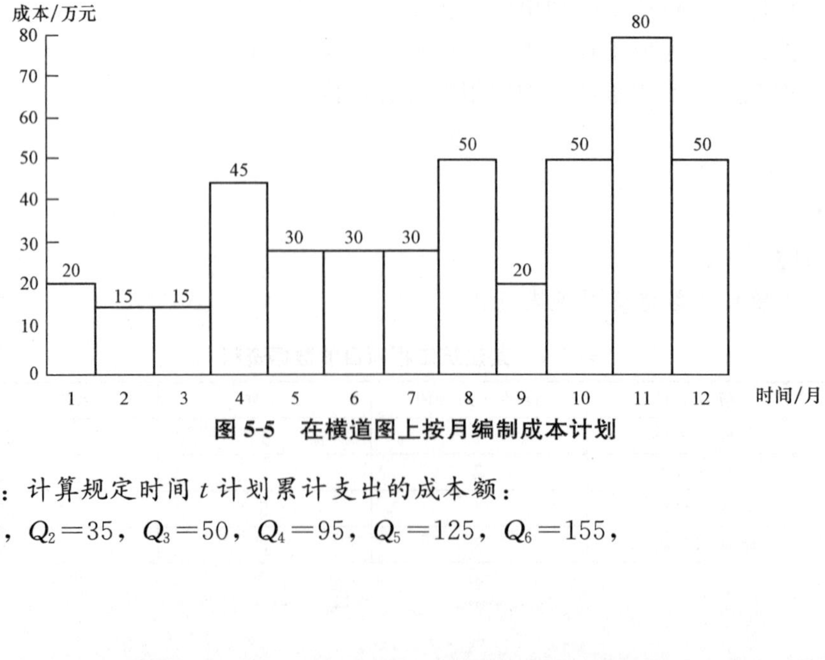

图 5-5　在横道图上按月编制成本计划

步骤三：计算规定时间 t 计划累计支出的成本额：

$Q_1=20$，$Q_2=35$，$Q_3=50$，$Q_4=95$，$Q_5=125$，$Q_6=155$，

$Q_7=185$，$Q_8=235$，$Q_9=255$，$Q_{10}=305$，$Q_{11}=385$，$Q_{12}=435$。

步骤四：绘制S形曲线(图5-6)。

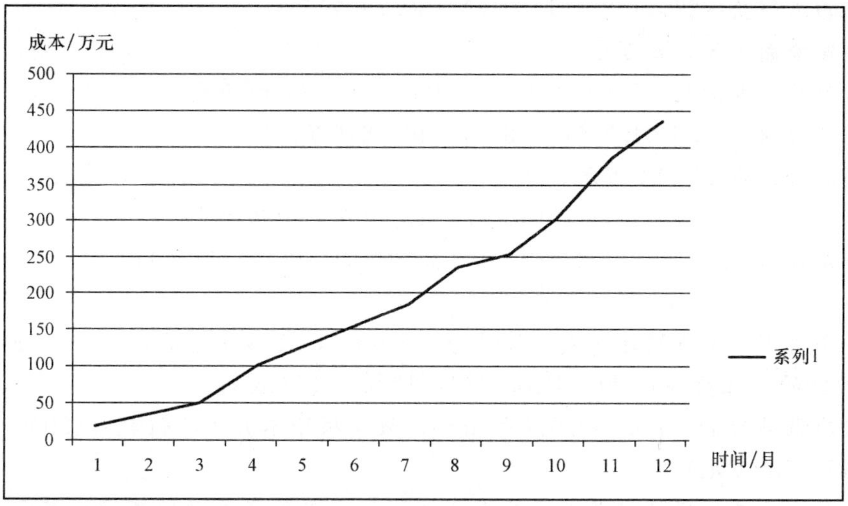

图5-6　时间—成本累计曲线(S形曲线)

案例5-3

【背景资料】

建设单位与施工单位签订建筑工程施工合同，合同中含甲、乙两个子项工程，估算工程量子项甲为3 100 m^2，子项乙为4 000 m^2，合同工期为4个月。经双方协商合同单价甲项为180元/m^2，乙项为160元/m^2。建筑工程施工合同按以下规定：

(1)开工前业主应向施工单位支付合同价款20%的预付款。

(2)业主自第一个月起，从施工单位的工程款中按5%的比例扣留保留金。

(3)当子项工程实际工程量超过估算工程量的10%时，可进行调价，调整系数为0.9。

(4)根据市场规定价格调整系数，平均按1.2计算。

(5)监理工程师签发月度付款最低额度为25万元人民币。

(6)预付款在最后两个月扣除，每月扣50%。

施工单位各月实际完成并经监理工程师签证确认的工程量见表5-4。

表5-4　工程量表

完成工程量/m^2 月份 / 子项名称	1	2	3	4
甲	700	1 000	1 000	800
乙	900	1 100	1 000	800

【问题】

(1)请计算预付款。

(2)请计算每月工程量价款、监理工程师应签证的工程款、实际签发的付款凭证金额。

【答案】

(1)预付款=(3 100×180+4 000×160)×20%=23.96(万元)。

(2)扣留保留金：

1)第 1 个月工程价款＝700×180＋900×160＝27(万元)；

应签证的工程款＝27×1.2×(1－5％)＝30.78(万元)；

实际签发金额为 30.78 万元。

2)第 2 个月工程价款＝1 000×180＋1 100×160＝35.6(万元)；

应签证工程款＝35.6×1.2×(1－5％)＝40.584(万元)；

实际签发金额为 40.584 万元。

3)第 3 个月工程价款＝1 000×180＋1 000×160＝34(万元)；

应签证工程款＝34×1.2×(1－5％)－(23.96/2)＝26.78(万元)；

实际签发金额为 26.78 万元。

4)第 4 个月甲项工程累计完成工程量为 3 500 m^2，比估算总量 3 100 m^2 多出约 10％。

超过 10％的工程量＝3 500－3 100×(1＋10％)＝90(m^2)。

其单价应调整为 180×0.9＝162(元/m^2)，故子项甲本月工程价款＝(800－90)×180＋90×162＝14.238(万元)。

第 4 个月乙项工程累计完成工程量为 3 800 m^2，与估算总量比不超过其 10％，故不予调价，则乙项工程价款＝800×160＝12.8(万元)。

本月共完成工程价款＝14.238＋12.8＝27.038(万元)。

应签发的工程款＝27.038×1.2×(1－5％)－(23.96÷2)＝18.843 32(万元)。

案例 5-4

【背景资料】

某写字楼工程建筑面积为 120 000 m^2，地下两层，地上 22 层，采用钢筋混凝土框架-剪力墙结构，合同工期为 780 天。某施工总承包单位按照建设单位提供的工程量清单及其他招标文件参加了该工程的投标，并以 34 263.29 万元的报价中标，双方依据《建设工程施工合同(示范文本)》(GF—2013—0201)签订了工程施工总承包合同。

合同约定：本工程采用固定单价合同计价模式；当实际工程量增加或减少超过清单工程量的 5％时，合同单价予以调整，调整系数为 0.95 或 1.05，投标报价中的钢筋混凝土、土方的全费用综合单价分别为 5 800.00 元/t、32.00 元/m^3。

在合同履行过程中，发生了下列事件：

事件一：施工总承包单位任命了工程项目经理，并规定项目经理有权决定授权范围内项目资金的投入和使用。

事件二：施工总承包单位项目部对合同造价进行了分析，直接费为 26 168.22 万元，管理费为 4 710.28 万元，利润为 1 308.41 万元，规费为 945.58 万元，税金为 1 130.80 万元。

事件三：施工总承包单位项目部对工程量进行了复核。其中，钢筋实际工程量为 9 600.00 t，钢筋清单工程量为 10 176.00 t，土方实际工程量为 30 240.00 m^3，土方工程量为 28 000.00 m^3，施工总承包单位向建设单位提交了工程价款调整报告。

事件四：采用普通混凝土小型砌块进行墙体施工。项目部采用的施工工艺有：小砌块使用时充分浇水湿润；砌块底面朝上反砌于墙上；芯柱砌块砌筑完成后，立即进行该芯柱混凝土浇灌工作；外墙转角处的临时间断处留直槎，砌成阴阳槎，并设拉结筋，监理工程师提出了整改要求。

事件五：建设单位在工程竣工验收后，向备案机关提交的工程竣工验收报告包括工程报建日期、施工许可证号、施工图设计审查意见等内容和验收人员签署的竣工验收原始文件。备案机关要求补充。

【问题】

(1)根据《建设工程项目管理规范》(GB/T 50326—2006)，事件一中项目经理的权限还应有哪些?

(2)事件二中按照“完全成本法”核算，施工总承包单位的成本是多少万元(保留两位小数)? 项目经理部的成本管理应包括哪些方面的内容?

(3)事件三中，施工总承包单位钢筋和土方工程价款是否可以调整? 为什么? 列表计算调整后的价款分别是多少万元(保留两位小数)。

(4)指出事件四中的不妥之处，分别说明正确做法。

(5)事件五中，建设单位还应补充哪些单位签署的质量合格文件?

【答案】

(1)项目经理的其他权限有：

1)参与项目招标、投标和合同签订。

2)经授权组建项目经理部。

3)主持项目经理部的日常工作。

4)制定内部计酬办法。

5)参与选择具有相应资质的分包人。

6)参与选择物质供应单位。

7)在授权范围内协调与项目有关的内、外部关系。

8)法定代表人授予的其他权利。

(2)利用完全成本法测得本工程的实际成本为 26 168.22+4 710.28+945.8=31 824.3(万元)。

总承包单位成本管理的内容有：施工成本预测，成本计划、控制，成本核算，成本分析，成本考核。

(3)本工程中钢筋可以调价，因为(9 600—10 176)÷10 176=—5.66%，低于5%。

本工程中土方工程可以调价，因为(3 024—2 800)÷2 800=8%，大于5%。

调整后价款：钢筋工程=9 600×5 800×1.05=5 846.4(万元)

土方工程=28 000×1.05×32+(30 240—28 000×1.05)×32×0.95=96.63(万元)

(4)事件四中有以下具体施工措施不妥：

1)小砌块使用时充分浇水湿润不妥。正确做法为：施工前不宜浇水。

2)外墙转角处临时间断处留直槎不妥。正确做法为：应留斜槎，斜槎长度不应小于高的2/3。

3)芯柱砌块砌筑完成后立即进行该芯柱混凝土浇灌不妥。正确做法为：浇灌芯柱混凝土应遵守下列规定：

清除孔洞内的砂浆等杂物并用水冲洗；砌筑砂浆强度大于1 MPa时，方可浇灌芯柱混凝土；在浇灌芯柱混凝土前，应先注入适量与芯柱混凝土成分相同的去石水泥砂浆，再浇灌混凝土；

(5)除上述需要提交的竣工备案资料外，还有以下经相关人员签字的竣工合格文件需要提交：

1)由建设单位，施工单位，勘察、设计、监理单位分别签字确认的工程竣工验收备案表。

2)规划部门出具的认可文件。

3)公安、消防部门出具的证明文件。

4)环境保护部门出具的环境验收合格文件。

5)施工单位提交的工程质量保修书。

6)住宅建筑的使用说明书。

案例 5-5

【背景资料】

某小区内拟建一座6层普通砖墙结构住宅楼，外墙厚370 mm，内墙厚240 mm，抗震烈度为7度，某施工单位于2009年5月与建设单位签订了该工程的总承包合同，合同工程量清单报价中写明：瓷砖墙面积为1 000 m^2，综合单位为110 元/m^2。

事件一：现场需安装一台物料提升机解决垂直运输问题，物料提升机运到现场后，项目经理按照技术人员提供的装配说明组织人员进行安装；安装结束后，现场质安员报请项目经理批准，物料提升机正式投入使用。

事件二：在现场施工过程中，为了材料运输方便，在内墙处留置临时施工洞口，在内墙上留直槎，并沿墙高每八皮砖(490 mm)设置2Φ6钢筋，钢筋外露长度为500 mm。

事件三：由于工期紧，装修从顶层向下施工，给排水明装主管(无套管)，从首层向上安装，五层卫生间防水施工结束后进行排水管的安装。

事件四：在施工过程中，建设单位调换了瓷砖的规格型号。经施工单位核算，综合单价为150 元/m^2。该分项工程施工完成后，经监理工程师实测确认，瓷砖粘贴面积为1 200 m^2，但建设单位未确认变更单价，施工单位用挣值法进行成本分析。

备注：BCWS——计划完成工程预算费用；

BCWP——已完工程预算费用；

ACWP——已完工程实际费用；

CV——费用偏差。

【问题】

(1)事件一中，物料提升机使用是否符合要求？说明理由。

(2)事件二中，砖墙留槎的质量控制是否正确？说明理由。

(3)事件三中，五层卫生间防水存在什么隐患？说明理由。

(4)计算砖墙瓷砖粘贴分项工程的BCWS、BCWP、ACWP、CV，并分析成本情况。

【答案】

(1)不符合要求。物料提升机组装后应按规定进行验收，合格后方可投入使用。

(2)砖墙留槎的质量控制不正确。理由：对抗震烈度为6度或7度的地区，拉结钢筋埋入长度从留槎处算起，每边均不应小于1 000 mm，末端应有90°弯钩。

(3)存在防水渗漏隐患，因为后进行排水主管道的安装会穿过先做好的防水层，如果管道根部与防水交接处理不好，将会留下质量隐患，发生渗漏现象。

(4)所要分析的瓷砖墙主要参数计划面积为100 m^2，预算价格为110 元/m^2，实际价格为150/m^2，实际面积为1200 m^2。

BCWS＝计划工作量×预算单价＝1 000×110＝110 000(元)

BCWP＝已完工作量×预算单价＝1 200×110＝132 000(元)

ACWP＝已完工作量×实际单价＝1 200×150＝180 000(元)

CV＝BCWP－ACWP＝13.2－18＝－4.8(万元)

费用偏差为负值，表示实际费用超过预算费用。

项目小结

建筑工程项目施工成本管理作为建筑工程项目管理的主要内容之一，是时代的要求。因此，正确理解成本管理的内涵、明确其基本任务、掌握成本管理的特点是管理者的工作内容之一。

明确建筑工程项目成本管理的任务与措施，掌握建筑工程项目成本分析及工程变更价款的结算方法及规则，是建筑工程项目成本管理的核心。能够编制建筑工程项目成本计划、有效实施建筑工程项目成本控制方案是成本管理的关键所在。

项目习题

一、单选题

1. 建筑工程项目成本控制是通过(　　)提供的每一时刻工程实际完成量等重要信息，并与建筑工程项目成本计划相比较，找出二者之间的差别，分析偏差产生的原因，从而采取纠偏措施。

A. 施工图　　B. 工程承包合同　　C. 进度报告　　D. 施工方案

2. 建筑工程项目成本控制需要进行实际成本情况与建筑工程项目成本计划的比较，其中实际成本情况是通过(　　)反映的。

A. 工程变更文件　　B. 进度报告

C. 施工组织设计　　D. 分包合同

3. 建筑工程项目成本控制的基本步骤为(　　)。

A. 比较—纠偏—分析—预测—检查　　B. 比较—分析—预测—纠偏—检查

C. 比较—预测—分析—检查—纠偏　　D. 比较—检查—预测—纠偏—分析

4. 在建筑工程项目成本控制的步骤中，控制工作的核心是(　　)。

A. 预测估计完成项目所需的总费用

B. 分析比较结果以确定偏差的严重性和原因

C. 采取适当的措施纠偏

D. 检查纠偏措施的执行情况

5. 施工项目经理部应依据建筑工程项目成本计划，在对建筑工程项目成本实际值与计划值进行比较的基础上进行(　　)，这一步是建筑工程项目成本控制工作的核心。

A. 预测　　B. 分析　　C. 检查　　D. 核算

6. 建筑工程项目成本控制步骤中，最具实质性的一步是(　　)。

A. 比较　　B. 纠偏　　C. 预测　　D. 实施

7. 建筑工程项目成本控制的核心和最具实质性的一步是(　　)。

A. 分析和预测　　B. 纠偏和检查　　C. 分析和纠偏　　D. 比较和预测

8. 控制人工费支出的主要手段，不包括(　　)。

A. 加强劳动定额管理　　B. 改变施工作业流程

C. 降低工程耗用人工工日　　D. 提高劳动生产率

9. 偏差分析的方法，不包括(　　)。

A. 横道图法　　B. 表格法　　C. 曲线法　　D. 比较法

10. 成本偏差分析可采用不同的表达方法，常用的是(　　)。

A. 横道图法、表格法和曲线法　　B. 网络图法、横道图法和表格法

C. 比较法、因素分析法和差额计算法　　D. 网络图法、表格法和曲线法

二、多选题

1. 为了取得建筑工程项目成本管理的理想效果，必须从多方面采取有效措施实施管理，这些措施包括(　　)。

A. 组织措施　　B. 技术措施　　C. 经济措施　　D. 管理措施

2. 建筑工程项目成本控制时，工程签证包括(　　)。

A. 工期签证　　B. 公关签证　　C. 索赔签证　　D. 现场经济签证

3. 建筑工程项目成本控制时，下列需要进行现场经济签证的有(　　)。

A. 零星用工　　B. 混凝土养护时间　　C. 临时设施增补费　　D. 施工间歇时间

4. 建筑工程项目成本控制时，下列需要进行工期签证的有(　　)。

A. 停水　　B. 停电

C. 整改停工　　D. 非施工单位造成的工期拖延

5. 建筑工程项目成本控制时，下列需要进行现场经济签证的有(　　)。

A. 零星用工　　B. 隐蔽工程　　C. 临时设施增补费　　D. 施工间歇时间

三、判断题

1. 建筑工程项目成本由直接费、间接费、利润和税金构成。(　　)

2. 建筑工程项目成本管理的措施包括组织措施、经济措施、技术措施和管理措施。(　　)

3. 措施费属于间接费。(　　)

4. 建筑工程项目成本计划的类型分为竞争性成本计划、指导性成本计划和实施性成本计划。(　　)

5. 确定最合适的施工方案属于建筑工程项目成本管理的组织措施。(　　)

6. 在建筑工程项目成本管理的各类措施中，一般不需增加费用，组织措施是其他各类措施的前提保障。(　　)

7. 一是要能提出多个不同的技术方案，二是要对不同的技术方案进行技术经济分析。这两项工作是技术措施的关键。(　　)

8. 防止被索赔是建筑工程项目成本管理的合同措施之一。(　　)

9. 对建筑工程项目成本管理目标进行风险分析，并制定防范性对策属于建筑工程项目成本管理的经济措施。(　　)

10. 监理工程师根据合同规定，对承包商已完成工程量及进场材料等进行核查和测量，并对工程记录的图纸等作检查，这一工作称为计量。(　　)

四、简答题

1. 如何进行建筑工程项目成本控制？

2. 采用什么方法编制建筑工程项目成本计划？

项目六　建筑工程职业健康安全与环境管理

学习目标

知识目标　理解建筑工程职业健康安全与环境管理的基本概念；掌握工程项目施工安全控制的程序及措施方法；了解安全事故的分类及处理；掌握建筑工程项目环境保护措施；掌握现场文明施工与环境保护方案的编制方法。

能力目标　具备工程项目施工安全控制的基本能力，能进行建筑工程职业健康安全事故的分类和处理，能进行文明施工和现场环境保护方案的编制。

项目分析

职业健康安全管理就是在生产活动中，组织安全生产的全部管理活动，通过对生产因素的具体状态的控制，减少或消除生产因素的不安全行为、状态，不引发事件，尤其是不引发使人受到伤害的事故，以保证生产活动中人的安全和健康。环境管理就是在生产活动中，通过对环境因素的管理活动，使环境不受到污染，使资源得到节约。环境管理体系是整个管理体系的一个组成部分，包括制定、实施、实现、评审和保持环境方针所需的组织结构、计划活动、职责、惯例、程序、过程和资源。

单元一　建筑工程职业健康安全与环境管理概述

建筑工程职业健康安全与环境管理的目的是保护产品生产者和使用者的健康与安全。要控制工作场所内员工、临时工作人员、合同方人员、访问者和其他人员的健康和安全因素。建筑工程项目环境管理的目的是保护生态环境，使社会的经济发展与人类的生存环境相互协调。要控制作业现场的各种粉尘、废水、废气、固体废弃物以及噪声、振动对环境的污染和危害，考虑能源节约和避免资源浪费。

职业健康安全与环境管理是建筑生产组织（企业）为达到建筑工程职业健康安全与环境管理的目的而进行的组织、计划、控制、领导和协调的活动，包括制定、实施、实现、评审和保持职业健康安全与环境方针所需的组织结构、计划活动、职责、惯例、程序、过程和资源，并为此建立职业健康安全与环境管理体系。

职业健康安全管理与环境管理是密切联系的两个管理方向。环境管理工作做得好，会对安全管理工作起到巨大的促进作用；相反，如果环境管理工作做得差，那么其会给安全管理工作带来很大的负面影响。同时，安全管理工作做得好，也会给工程项目带来良好的施工环境和生活环境。

一、职业健康安全管理体系简介

职业健康安全管理体系是用系统论的理论和方法，来解决人们通常不能解决的生产事故和劳动疾病的问题，即从组织管理上来解决职业健康安全问题。组织实施职业健康安全管理体系的目的是辨别组织内部存在的危险源，控制其风险，从而避免或减少事故的发生。

职业健康安全管理体系(OHSMS)是20世纪80年代后期在国际上兴起的现代安全生产管理模式。制定职业健康安全标准出于两方面的要求。一方面是企业自身发展的要求。随着企业规模的扩大和生产集约化程度的提高，人们对企业的质量管理和经营模式提出了更高的要求。企业必须采用现代化的管理模式，使包括安全生产管理在内的所有生产经营活动科学化、规范化和法制化。职业健康安全管理体系产生的另一方面重要原因是世界经济全球化和国际贸易发展的需要。世界贸易组织(WTO)的最基本原则是"公平竞争"，其中包含环境和职业健康安全问题。我国已经加入WTO，在国际贸易中享有与其他成员国相同的待遇，职业健康安全问题对我国社会与经济发展产生巨大的影响。因此，我国必须大力推广职业健康安全管理体系。

环境管理是随着科学技术的发展而产生的。科学技术的发展既带来了繁荣，也带来了环境保护问题。1993年国际标准化组织成立了环境管理技术委员会，开始环境管理体系的国际通用标准的制定工作。1996年公布了《环境管理体系——规范及使用指南》(ISO14001)，之后又公布了若干标准，形成了体系。我国于2005年5月10发布了《环境管理体系 要求及使用指南》(GB/T 24001—2004)，此后又陆续颁布了其他有关标准，它们均是我国的推荐性标准，以便与国际接轨。

二、职业健康安全与环境管理体系的目标

建立职业健康安全管理体系，可以使施工现场人员所面临的安全风险减小到最低程度，实现预防和控制伤亡事故、职业病等；通过改善劳动者的作业条件，可提高劳动者的身心健康和劳动效率，直接或间接地使企业获得经济效益；实现以人为本的安全管理，人力资源的质量是提高生产率水平和促进经济增长的重要因素，安全管理体系将是保护和发展生产力的有效方法；另外，建立安全管理体系，将提升企业的品牌和市场竞争力，促进项目管理现代化，增强企业对国家经济发展的贡献能力。建立项目环境管理体系，可规范企业和社会团体等所有组织的环境表现，使之与社会经济发展相适应，减少人类各项活动所造成的环境污染，节约能源，从而促进经济的可持续发展。

三、职业健康安全与环境管理体系的建立和实施

为适应现代职业健康安全和环境管理的需要，达到预防和减少生产事故和劳动疾病、保护环境的目的，职业健康安全与环境管理体系采用了一个动态循环并螺旋上升的系统化管理模式，该模式为职业健康安全与环境管理体系提供了一套系统化的方法。该模式分为五个过程，即制定职业健康安全(环境)方针、策划、实施与运行、检查和纠正措施以及管理评审。这五个基本过程包含职业健康安全与环境管理体系的建立过程和建立后的有计划的评审及持续改进的循环，它们可保证职业健康安全与环境管理体系的不断完善和提高。职业健康安全与环境管理体系的运行模式如图6-1所示。

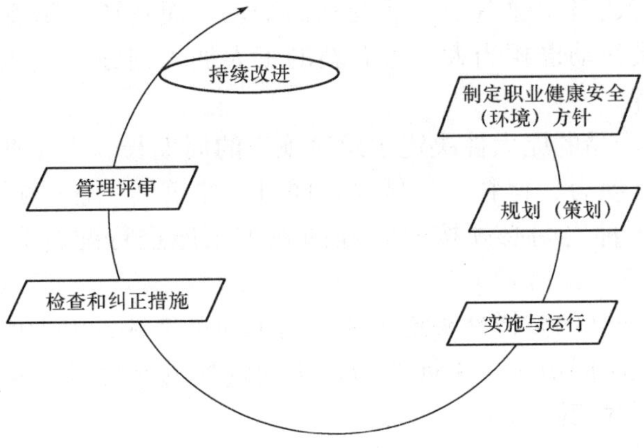

图 6-1　职业健康安全与环境管理体系的运行模式

单元二　建筑工程项目安全管理概述

一、建筑工程项目安全及安全生产

(一)安全及安全生产的概念

安全是指没有危险、不出事故的状态。安全包括人身安全、设备与财产安全、环境安全等。通俗地讲，安全就是指安稳，即人的平安无事、物的安稳可靠、环境的安定良好。

安全生产是指在劳动生产过程中，通过努力改善劳动条件、克服不安全因素、防止伤亡事故发生，使劳动生产在保障劳动者安全健康和国家财产不受损失的前提下顺利进行。

(二)我国建筑工程安全生产形势

安全生产长期以来一直是我国的一项基本国策，是保护劳动者安全健康和发展生产力的重要工作，必须贯彻执行；安全生产也是维护社会安定团结，促进国民经济稳定、持续、健康发展的基本要求，是社会文明程度的重要标志。企业是安全生产工作的主体，必须贯彻落实安全生产的法律法规，加强安全生产管理，实现安全生产目标。施工项目作为建筑业安全生产的载体，必须履行安全生产责任，确保安全生产。安全与生产是辩证统一的关系，生产必须安全，安全促进生产。

据统计，我国建筑业从业人员有 4 000 多万，是世界上最大的行业劳动群体。但是，他们的劳动环境和安全状况却存在很大的问题，党和政府非常重视安全生产，近年来，采取了许多治理措施，取得了显著成效。国家安全生产监督管理局从 2004 年 4 月起，将建筑施工企业首次列入国家对安全生产专项整治的领域，以进一步改善和提高建筑安全管理水平。安全生产既是攻坚战也是持久战，要树立以人为本、安全发展的理念，创新安全的管理模式，落实企业主体责任，提升监管执法和应急处置能力。安全生产要坚持以预防为主、标本兼治，经常开展安全检查，搞好预案演练，建立健全长效机制。

(三)建筑工程施工及施工安全生产的特点

1. 建筑工程施工的特点

(1)流动性。建筑产品的固定性决定了建筑施工的流动性。由于产品的固定性，生产者和生产设备不仅要随着建筑物建造地点的变动而变动，而且还要随着建筑物的施工部位变动。施工队伍中的人员流动也相当大，总有新的工人加入到施工队伍中，且他们的技术水平和安全意识参差不齐。

(2)周期长。建筑产品的庞大性决定了建筑施工的周期长。由于产品的庞大性，在建造过程中要投入大量的劳动力、材料、机械等，同时，建筑施工还受到工艺流程和施工程序的制约，各专业、各工种之间必须按照合理的施工顺序进行配合和衔接，因而施工周期较长。

(3)单件性。建筑产品的多样性决定了建筑施工的单件性。由于产品的多样性，不同的甚至相同的建筑物，在不同地区、不同季节、不同现场的条件下，其施工准备工作、施工工艺和施工方法等也不尽相同。

(4)复杂性与先进性。建筑产品的综合性决定了建筑施工的复杂性。建筑施工涉及面广，除建筑力学、建筑结构、建筑构造、地基基础、机械设备、建筑材料等学科外，还涉及城市规划、勘察设计、消防、环境保护等社会各部门的协调配合，这些造成了建筑施工的复杂性。

为提高劳动生产率，技术人员总是在不断地采取新技术、新设备，施工人员总是在不断地接受新技术、新设备，而熟练掌握新技术、新设备需要一定过程。

(5)高空作业多、手工操作多、体力消耗大、受气候影响大。建筑产品体积庞大，整个房屋的高度达几十米甚至几百米，建筑工人要在高空从事露天作业，受气候的影响相当大。尽管许多先进技术应用于建筑施工，机械设备代替了许多手工劳动，但从整体建设活动来看，手工操作所占的比重仍然很高，工人的体力消耗很大，劳动强度相当高。

2. 建筑施工安全生产的特点

(1)产品的固定性导致作业环境的局限性。建筑产品位于一个固定的位置，这导致了必须在有限的场地和空间上集中大量的劳动力、材料、机具来进行交叉作业，也导致了作业环境的局限性，因而容易发生物体打击等伤亡事故。

(2)露天作业导致作业条件恶劣。建筑施工大多数在露天空旷的场地上完成，这导致工作环境相当艰苦，容易发生伤亡事故。

(3)产品体积庞大带来了施工作业的高空性。建筑产品的体积十分庞大，操作工人大多在十米以上的高处进行作业，因而容易发生高处作业的伤亡事故。

(4)产品流动性大、工人整体素质低，给安全管理带来了难度。施工人员流动性大、素质参差不齐，这要求安全管理措施必须及时、到位，这也使施工安全管理难度增大。

(5)手工操作多、体力消耗大、强度高带来了个体劳动保护的艰巨性。在恶劣的作业环境下，施工工人的手工操作多、体能耗费大，劳动时间和劳动强度都比其他行业要大，职业危害严重，这带来了个体劳动保护的艰巨性。

(6)产品多样性、施工工艺多变性的要求，带来了安全措施和安全管理措施的保证性。由于建筑产品具有多样性，施工工艺具有多变性，如一栋建筑物从基础、主体至竣工验收，各道施工工序均有其不同的特性，因而安全的因素各不相同。同时，随着工程建设的进行，施工现场的不安全因素也在变化。同时，施工单位必须根据工程建设进度和施工现场的情况不断地、及时地采取安全技术措施和安全管理措施予以保证。

(7)施工场地窄小带来了多工种的立体交叉性。随着城市用地的紧张，建筑由低向高发展、施工现场由宽到窄发展，这使施工场地与施工条件的矛盾日益突出，多工种交叉作业增加，这也导致机械伤害、物体打击事故增多。

(8)拆除工程潜在危险带来作业的不安全性。随着旧城改造的深入，拆除工程数量随之加大，而原建筑物施工图纸很难找到，不断的加层或改变结构使原体系性质发生变化，这带来了作业的不安全性，容易导致拆除工程倒塌事故的发生。

建筑施工及施工安全生产的上述特点，决定了施工生产的安全隐患多存在于高处作业、交叉作业、垂直运输、个体劳动保护以及电气工具的使用上。同时，超高层、新、奇、个性化的建筑产品的出现，给建筑施工带来了新的挑战，也给建筑工程安全管理和安全防护技术提出了新的要求。

二、建筑工程安全管理

(一)建筑工程安全管理的含义

建筑工程安全管理是指在施工过程中组织安全生产的全部管理活动。安全管理以国家法律、法规和技术标准等为依据，采取各种手段，通过对生产要素进行过程控制，使生产要素的不安全行为和不安全状态得以减少或消除，达到减少一般事故，杜绝伤亡事故的目的，从而保证安全管理目标的实现。

(二)建筑工程安全管理的手段

安全法规、安全技术、经济手段、安全检查与安全评价、安全教育文化手段是安全管理的五大主要手段。

(1)安全法规，也称劳动保护法规，是保护职业安全生产的政策、规程、条例、规范和制度。其对改善劳动条件、确保职工身体健康和生命安全，维护财产安全，起着法律保护的作用。

(2)安全技术是指在施工过程中为防止和消除伤亡事故或减轻繁重劳动所采取的措施。其基本内容包括预防伤亡事故的工程技术措施。其作用是使安全生产从技术上得到落实。

(3)经济手段是指各类责任主体通过各类保险为自己编制一个安全网，维护自身利益，同时，运用经济杠杆使信誉好、建筑产品质量高的企业获得较高的经济效益，对违章行为进行惩罚。经济手段有工伤保险、建筑意外伤害保险、经济惩罚制度、提取安全费用制度等。

(4)安全检查是指在施工生产过程中，为了及时发现事故隐患，排除施工中的不安全因素，纠正违章作业，监督安全技术措施的执行，堵塞漏洞，防患于未然，而对安全生产中容易发生事故的主要环节、部位、工艺完成情况，由专门的安全生产管理机构进行全过程的动态检查，以改善劳动条件，防止工伤事故、设备事故的发生。安全评价是采用系统科学方法，辨别和分析系统存在的危险，并根据其形成事故的风险，采取相应的安全措施。安全评价的基本内容和一般过程是：辨别危险性、评价风险、采取措施、达到安全指标。安全评价的形式有定性安全评价和定量安全评价。

(5)安全教育文化手段是通过行业与企业文化，以宣传教育的方式提高行业人员、企业人员对安全的认识，增强其安全意识。

(三)建筑工程安全管理的特点

1. 管理面广

由于建筑工程规模较大，生产工艺复杂，工序多，不确定因素多，安全管理工作涉及范围大，控制面广。

2. 管理的动态性

建筑工程项目的单件性使得每项工程所处的条件不同，所面临的危险因素和防范措施也不同，有些工作制度和安全技术措施也不同，员工需要有一个熟悉的过程。

3. 管理系统的交叉性

建筑工程项目是开放系统，受自然环境和社会环境的影响很大，安全控制需要把工程系统和环境系统及社会系统结合起来。

4. 管理的严谨性

安全状态具有触发性，其控制措施必须严谨，一旦失控，就会造成损失和伤害。

（四）建筑工程安全管理的必要性

1. 安全生产是企业效益的基础

（1）安全生产与经济效益是辩证统一的关系。首先，安全生产是提高经济效益的基础和保证。其次，良好的经济效益能够更好地促进建筑施工企业安全生产。

（2）安全投入是具有回报性的投资。安全投入不仅仅是一顶安全帽、一副手套，还包括安全检验、配备安全人员、安全培训、安全管理制度等。若安全投入到位，其回报将逐渐显现出来。实践证明，许多企业的成功与重视安全投入有关。

2. 安全生产是经济持续健康发展的保证

安全生产不仅与国家的经济增长率、综合国力，国外市场的开拓有重要而紧密的关系，而且安全生产还关系到国民生活水平。

3. 安全生产是“三个代表”重要思想和以人为本精神的体现

安全生产的基本目标与我党提出的“三个代表”重要思想的基本精神是一致的，即把人民群众的根本利益放在至高无上的地位。在人民群众的各种利益中，人的生命安全与健康是最实在、最基本的利益。

4. 安全生产是保障人权、构建和谐社会的需要

近年来，党和政府一直都在为改善我国的人权状况而不懈努力着。社会生产实践的主体是人，安全生产是尊重人权、构建和谐社会的一个重要组成部分。

三、安全生产的方针与原则

（一）安全生产的方针

安全生产的方针是对安全生产工作的总要求，是安全生产工作的方向。我国的安全生产方针是“安全第一、预防为主、综合治理”。安全第一是原则，预防为主、综合治理是手段和途径。

1. 安全第一的含义

安全第一，就是在生产经营活动中，在处理安全与生产经营活动的关系上，始终将安全放在首位，优先考虑从业人员和其他人员的人身安全，实行安全优先的原则。在确保安全的前提下，努力实现生产的其他目标。

2. 预防为主的含义

预防为主，就是按照系统化、科学化的管理思想，按照事故发生的规律和特点，千方百计预防事故的发生，做到防患于未然，将事故消灭在萌芽状态中。虽然人类在生产活动中还不可能完全杜绝事故的发生，但只要思想重视，预防措施得当，事故是可以减少的。

3. 综合治理的含义

综合治理，就是标本兼治，重在治本，在采取断然措施遏制重大、特大事故，实现安全指标的同时，积极探索和实施治本之策，综合运用科技手段、法律手段、经济手段、教育培训和必要的行政手段，从发展规划、行业管理、安全投入、科技进步、经济政策、教育培训、安全立法、激励约束以及追究事故责任、查处违法违纪等方面着手，解决影响制约我国安全生产的历史性、深层次问题，从而做到思想认识警钟长鸣，制度保证严密有效，技术支撑坚强有力，监督检查严格细致，事故处理严肃认真。

（二）安全生产的原则

1. 管生产必须管安全

项目中的各级领导和全体员工在生产过程中，必须坚持在抓好生产的同时抓好安全工作。抓生产必须抓安全的原则是施工项目必须坚持的基本原则，体现了安全与生产的统一。

2. 安全具有否决权

安全工作是衡量项目管理的一项基本内容。其要求在对项目各项指标考核评优创先时，首先考虑安全指标的完成情况，安全指标具有一票否决的作用。

3. 职业安全卫生“三同时”

职业安全卫生“三同时”，是指一切生产性的基本建设和技术改造工程项目，必须符合国家的职业安全卫生方面的法规和标准。职业安全卫生技术措施必须与主体工程同时设计、同时施工、同时投产使用。

4. 事故处理的“四不放过”

国家法律法规要求，企业一旦发生事故，在处理事故时需实施“四不放过”原则。“四不放过”是指在因工伤亡事故的调查处理中，必须坚持事故原因分析不清“不放过”，事故责任者和群众没有受到教育“不放过”，没有制定防范措施“不放过”，事故责任者和领导没有处理“不放过”。

四、安全生产管理体制

1993 年，国务院提出实行企业负责、行业管理、国家监察、群众监督、劳动者遵章守纪的安全生产管理体制。

企业负责是市场经济体制下安全生产管理体制的基础和根本，即企业在生产经营活动中必须对本企业的安全生产负全面责任。行业管理即各级行业主管部门对用人单位的安全生产工作应加强指导，进行管理。国家监察就是各级政府部门对用人单位遵守安全生产法律、法规的情况实施监督检查，对用人单位违反安全生产法律、法规的行为实施行政处罚。在群众监督方面，一方面工会应依法对用人单位的安全生产工作实行监督；另一方面劳动者对违反安全生产及劳动保护法律、法规和危害生命及身体健康的行为有权提出批评、检举和控告。劳动者遵章守纪是指劳动者在劳动过程中，必须严格遵守安全操作规程，要珍惜生命、爱护自己、勿忘安全，自觉地遵章守纪、确保安全。

五、建筑工程项目安全管理的依据与内容

（一）建筑工程项目安全管理的依据

（1）国家和地方有关安全生产、建筑工程安全生产的法律法规，如《建筑法》《中华人民共和国安全生产法》等。

（2）有关建筑工程安全生产技术的法规，包括建筑工程施工安全检查标准，如《建筑施工安全检查标准》(JGJ 59)；控制施工作业活动安全的技术规范和规程，如《建筑机械使用安全技术规程》(JGJ 33)。

（二）建筑工程项目安全管理的内容

（1）认真贯彻执行国家和地方安全生产管理工作的法律法规和方针政策、建筑工程施工安全技术标准规范及各项安全生产管理制度。结合施工项目的具体情况，制定安全技术措施、安全计划，并组织实施。

（2）建立安全生产管理组织机构，明确职责权限，建立和落实安全生产责任制度、安全教育培训制度等，实行项目施工安全控制。

（3）认真进行施工安全检查，实行班组安全自检、互检和专检相互结合的方法，做好安全检查、安全验收。

（4）对安全检查中发现的安全隐患，及时处理。

（5）做好施工现场的文明施工、环境保护管理。

（6）做好安全事故的调查和处理工作。

六、建筑工程项目安全管理的制度

（一）建立职业健康安全生产责任制

建立职业健康安全生产责任制是做好安全管理工作的重要保证，在工程实施前，由项目经理部对各级负责人、各职能部门以及各类施工人员在管理和施工过程中应当承担的相应责任作出明确规定，也就是把安全生产责任分解到岗、落实到人，具体表现在以下几个方面：

（1）在工程项目施工过程中，必须有符合项目特点的安全生产制度，安全生产制度要符合国家和地方，以及本企业的有关安全生产政策、法规、条例、规范和标准。参加施工的所有管理人员和工人都必须认真执行并遵守制度的规定和要求。

（2）建立、健全安全管理责任制，明确各级人员的安全责任，这是搞好安全管理的基础。从项目经理到一线工人，安全管理应做到纵向到底，一环不漏；从专门管理机构到生产班组，安全生产应做到横向到边，层层有责。

（3）施工项目应通过监察部门的安全生产资质审查，并得到认可。其目的是严格规范安全生产条件，进一步加强安全生产的监督管理，防止和减少安全事故的发生。

（4）一切从事生产管理与操作的人员，应当依照其从事的生产内容和工种，分别通过企业、施工项目的安全审查，取得安全操作许可证，进行持证上岗。特种工种的作业人员，除必须经企业的安全审查外，还需按规定参加安全操作考核，取得监察部门核发的安全操作合格证。

(二)安全施工组织设计

(1)安全施工组织设计包括：工程概况，控制目标，控制程序，组织机构，职责权限，规章制度，安全施工方案和施工方法，施工进度计划，施工准备，施工平面图，资源配置，安全措施，检查评价，奖惩制度，防火、防盗、不扰民措施，季节性施工安全措施，安全生产注意事项，主要安全技术保障措施，技术经济指标，环境保护等。

(2)安全施工组织设计必须经公司技术负责人、总工程师审批和监理单位审批。

(3)对专业性较强和危险性较大的项目，均要编制相应的专项施工组织设计或安全施工方案，如基坑支护、脚手架、施工用电、模板工程、“三宝”“四口”防护、塔吊、物料提升机、人货两用电梯等安全施工方案。

(4)施工安全技术措施和方案要有针对性。

1)施工安全技术措施和方案的编制依据。国家和政府有关部门安全生产的法律、法规和有关部门规定，技术标准、规范，安全技术规程，安全管理规章制度。

2)施工安全技术措施和方案的编制原则。施工安全技术措施和方案的编制，必须考虑现场的实际情况、施工特点及周围作业环境，措施要有针对性。凡施工过程中可能发生的危险因素及建筑物周围外部环境不利因素等，都必须从技术上采取具体有效的措施予以预防。同时，安全技术措施和方案必须有设计、有计算、有详图、有文字说明。

3)施工安全技术措施和方案的编制内容。其包括深基坑、桩基础施工与土方开挖方案，工程临时用电方案，结构施工临边、洞口及交叉作业、施工防护安全技术措施，塔式起重机、施工外用电梯、垂直提升架等安装与拆除安全技术方案，大模板施工安全技术方案，脚手架及卸料平台安全技术方案，钢结构吊装安全技术方案，防水施工安全技术方案，设备安装安全技术方案，新工艺、新技术、新材料施工安全技术方案，防火、防毒、防爆、防雷安全技术措施，临街防护、临近外架供电线路、地下供电、供气、通风、管线毗邻建筑物防护等安全技术措施，主体结构、装修工程安全技术方案，群塔作业安全技术措施，中小型机械安全技术措施，安全网的架设范围及管理要求，冬、雨期施工安全技术措施，场内运输道路人行通道的布置等。

4)单位工程安全技术措施。对于结构复杂、危险性大、特性较多的特殊工程，应单独编制安全技术方案，如爆破作业、大型吊装、沉箱、沉井、烟囱、水塔、各种特殊架设作业、高层脚手架、井架和拆除工程等，必须单独编制安全技术方案，并要有设计依据。

(三)安全技术交底

职业健康安全技术交底是指导工人安全施工的技术措施，是项目职业健康安全技术方案的具体落实。职业健康安全技术交底一般由技术管理人员，根据分部分项工程的具体要求、特点和危险因素编写，是操作者的指令性文件，因而其要具体、明确、针对性强，不得用施工现场的职业健康安全纪律、职业健康安全检查等制度代替。在进行工程技术交底的同时进行职业健康安全技术交底。

(1)交底组织。设计图技术交底由公司工程部负责，向项目经理、技术负责人、施工队长等有关部门及人员交底。各工序、工种由项目责任工长负责向各班组长交底。

(2)安全技术交底的基本要求。项目经理部必须实行逐级安全技术交底制度，纵向延伸到班组全体作业人员；技术交底必须具体、明确、针对性强；技术交底的内容应针对分部分项工程施工中给作业人员带来的潜在危害和存在问题；技术交底应优先采用新的安全技术措施；应将工程概况、施工方法、施工程序、安全技术措施等，向工长、班组长进行详细交底；在技术安全方面定期向由两个以上作业队组成的和多工种进行交叉施工的作业队伍，进行书面交底；保存书面安全技术交底签字记录。

(3)项目经理部技术交底的重点。

1)图纸中各分部分项工程的部位及标高、轴线尺寸、预留洞、预埋件的位置、结构设计意图等有关说明。

2)施工操作方法，对不同工种要分别交底，施工顺序和工序间的穿插、衔接要详细说明。

3)新结构、新材料、新工艺的操作工艺。

4)冬、雨期施工措施及在特殊施工中的操作方法、注意事项、要点等。

5)对原材料的规格、型号、标准和质量要求。

6)各种混合材料的配合比添加剂要求详细交底。

7)各工种、各工序穿插交接时可能发生的技术问题预测。

8)凡发现未进行技术底面施工者，罚款500～1 000元。

(4)交底方法。技术交底可以采用会议口头形式、文字图表形式，甚至示范操作形式，视工程施工复杂程度和具体交底内容而定。各级技术交底应有文字记录。关键项目、新技术项目应作文字交底。安全技术交底的主要内容包括以下几项：

1)该工程项目的施工作业特点和危险点。

2)针对危险点的具体预防措施。

3)应注意的安全事项。

4)相应的安全操作规程和标准。

5)发生事故后应及时采取的避难和急救措施。

(四)进行职业健康安全教育培训

认真搞好职业健康安全教育是职业健康安全管理工作的重要环节，是提高全员职业健康安全素质、职业健康安全管理水平和防止事故，从而实现职业健康安全生产的重要手段。应建立三级安全教育制度，并认真执行。三级安全教育是指公司教育、项目部教育、班组教育。三级教育的内容应包括国家和地方性法规、公司的安全制度、安全操作规程、劳动纪律等内容。对新进场的工人要进行三级教育，考核后方能上岗，工人工种变换时也应进行安全教育。在特定情况下要进行安全教育。特定情况包括季节性改变、节假日前后、工作对象改变、工作环境改变、工种变换、采用新技术设备、发现事故隐患等。安全教育要有相应的教育培训记录。施工管理人员要按规定进行年度培训考核。

(五)安全检查

职业健康安全检查是消除隐患、防止事故、改善劳动条件及提高员工安全生产意识的重要手段，是职业健康安全管理措施中的一项重要内容。通过安全检查可以发现工程中的危险因素，以便有计划地采取措施，保证安全生产。施工项目的安全检查应由项目经理组织，定期进行。

1. 职业健康安全检查的分类

职业健康安全检查可分为日常性检查、专业性检查、季节性检查、节假日前后的检查和不定期检查。

2. 职业健康安全检查的主要内容

(1)查思想。其主要检查企业领导和职工对安全生产工作的认识。

(2)查管理。其主要检查工程的安全生产管理是否有效。主要内容包括安全生产责任制、安全技术措施计划、安全组织机构、安全保证措施、安全技术交底、安全教育、持证上岗、安全设施、安全标志、操作规程、违规行为和安全记录等。

(3)查隐患。其主要检查作业现场是否符合安全生产、文明生产的要求。

(4)查整改。其主要检查过去提出问题的整改情况。

(5)查事故处理。其主要检查对安全事故的处理是否达到查明事故原因、明确责任并对责任者作出处理、明确和落实整改措施等要求。同时，还应检查对伤亡事故是否及时报告、认真调查、严肃处理。

3. 职业健康安全检查的方法

随着职业健康安全管理科学化、标准化、规范化的发展，目前职业健康安全检查基本上都采用职业健康安全检查表及其一般方法，进行定性、定量的职业健康安全评价。

(1)职业健康安全检查表是一种初步的定性分析方法，它通过事先拟定的职业健康安全检查明细表或清单，对职业健康安全生产进行初步的诊断和控制。

(2)职业健康安全检查的一般方法主要是看、量、测、现场操作等。看：主要查看管理资料、上岗证、现场标志、交接验收资料、“安全三宝”使用情况、“洞口”防护情况、“临边”防护情况、设备防护装置等；量：主要是用尺实测实量；测：用仪器、仪表进行实地测量；现场操作：由司机对各种限位装置进行实际运作，检验其灵敏程度。

(六)班前安全活动

必须建立班前活动制度，班前活动必须要有针对性。各班组在当班前必须检查工作环境、安全条件、机械设备的安全防护装置、个人防护用品等。每个班组都应有各自的活动记录本，记录当天的活动内容。

(七)特种作业上岗

建筑行业特种作业人员包括：电工、架子工、电(气)焊工、爆破工、机械操作工(平刨、圆锯盘、钢筋机械、搅拌机、打桩机等)、起重工、司炉工、塔吊司机及指挥人员、物料提升机(龙门架、井架)、外用电梯(人货两用电梯)司机、信号员、场内车辆驾驶员、砌筑机械拆装作业人员等。从事特种作业的人员必须有安全培训上岗证。特种作业人员应按要求进行考核。

(八)工伤事故

(1)在施工现场应建立工伤事故登记制度，对工伤事故必须按“四不放过”原则进行处理，即事故原因不清楚“不放过”，事故责任者和群众没有受到教育“不放过”，有关责任人得不到处理“不放过”，没有制定防范措施“不放过”。

(2)现场无论有无伤亡事故，均需按实填写伤亡事故月报表，在规定时间内上报公司安全部门。

(3)事故发生后，事故发生单位应严格保护事故现场，采取有效措施抢救人员和财产，防止事故扩大。事故发生后，应该及时上报有关部门，并组织有关人员进行调查分析，写出事故调查分析处理报告，呈报有关部门。

(九)安全标志

(1)施工现场的安全标志牌不得集中挂在同一位置。

(2)安全标志牌现场挂置位置应与现场平面图位置一致。

(3)主要施工部门、作业点和危险区域及主要通道口均应挂设相关的安全标志。悬挂高度以距离地面 2.5～3.5 m 为宜。

(4)施工机械设备应随机挂设安全操作规程。

(5)各安全标志必须符合国家标准《安全标志及其使用导则》(GB 2894—2008)的规定(禁止标志、警告标志、指令标志、提示标志)，制作美观、统一。

(6)施工现场使用的安全色，必须符合有关规定(安全色有 4 种颜色，即红色——禁止、停止；黄色——警告；蓝色——指令；绿色——指示、安全)。

(7)施工现场的各种防护栏，在一般情况下是用红白相间的颜色，也可用黑黄相间的颜色，对于同一工地，要统一使用。

(十)安全资料建档

现场安全资料应由安全资料员或安全负责人收集管理，并应做到以下几点要求：

(1)及时认真收集，积累和分类编制。

(2)对资料定期进行整理和签订，确保资料的真实性、完整性和价值性。

(3)要分科目装订成册，进行标志、编目和立卷存档。

(4)切忌编造。

单元三　建筑工程项目现场安全管理

一、建筑工程项目安全管理机构及职责

(一)施工企业安全管理机构

施工现场应按建设工程规模设置安全生产管理机构或配专职安全生产管理员，建筑工程项目应当成立以施工总承包单位项目经理负责的安全生产管理小组，小组成员应包括企业派驻到项目的专职安全生产管理人员，并建立以施工总承包单位项目经理部、各专业承包单位、专业公司和施工作业班组参与的“纵向到底，横向到边”的安全生产管理组织网络。

按《建设工程安全生产管理条例》的规定，施工单位应设立各级安全生产管理机构，配备专职安全生产管理人员。安全生产管理机构和专职安全生产管理人员是指协助施工单位各级负责人执行安全生产管理方针、政策和法律法规，实现安全管理目标的具体工作部门和人员。施工单位应设立各级安全生产管理机构，配备与其经营规模相适应的、具有相关技术职称的专职安全生产管理人员，在相关部门设兼职安全生产管理人员，在班组设兼职安全员。施工单位各管理层次应设安全生产管理机构，配备专职安全生产管理人员。

(二)施工企业安全生产管理机构的职责

根据《建设工程项目管理规范》(GB/T 50326—2006)的相关规定，项目经理、安全员、作业队长、班组长、操作工人、分包人等的安全职责如下。

1. 项目经理的安全职责

(1)认真贯彻安全生产方针、政策、法规和各种制度，制定和执行安全生产管理办法，严格执行安全考核指标和安全生产奖惩办法，严格执行安全技术措施审批和安全技术措施交底制度。

(2)定期组织安全生产检查和分析，针对可能产生的安全隐患，制定相应的预防措施。

(3)当施工过程中发生安全事故时，项目经理必须按安全事故处理的有关规定和程序及时上报和处理，并制定防止同类事故再次发生的措施。

2. 建筑工程实行工程总分包时承包人对分包人的安全职责

(1)审查分包人的安全生产许可证、企业资质和安全管理体系，不应将工程分包给不具备安全生产许可证和不具备企业资质的分包人。

(2)在分包合同中应明确分包人的安全生产责任和义务。

(3)对分包人提出安全要求，并认真监督、检查。

(4)对违反安全规定冒险蛮干的分包人，应令其停工整改。

(5)承包人应统计分包人的伤亡事故，按规定上报，并按分包合同的约定协助处理分包人的伤亡事故。

3. 建设工程实行工程总分包时分包人的安全责任

(1)分包人对施工现场的安全工作负责，认真履行分包合同规定的安全生产责任。

(2)遵守承包人的有关安全生产制度，服从承包人的安全生产管理，及时向承包人报告伤亡事故并参与调查，处理善后事宜。

4. 施工单位项目经理部项目总工程师的安全职责

(1)对建设工程安全生产承担技术责任。

(2)贯彻执行安全生产法律法规与方针政策，严格执行施工安全技术规程、规范、标准。

(3)结合工程项目的特点，主持工程项目施工安全策划，识别、评价施工现场危险源与环境因素，参加或组织编制安全施工组织设计(专项施工方案)、工程施工安全计划；审查安全技术措施，保证其可行性与针对性，并随时检查、监督、落实及主持工程项目的安全技术交底。

(4)在主持制定技术措施计划和季节性施工方案的同时，制定相应的安全技术措施并监督执行，及时解决执行中出现的问题；工程项目应用新材料、新技术、新工艺时要及时上报，经批准后方可实施；要组织上岗人员的安全技术教育培训，认真执行相应的安全技术措施与安全操作工艺、要求。

(5)主持安全防护设施和设备的验收。若发现安全防护设施和设备出现不正常情况，应及时采取措施，严格控制不符合要求的安全防护措施、设备投入使用。

(6)参加安全检查，对施工中存在的不安全因素，从技术方面提出整改意见和办法予以消除。

(7)参加和配合对因工伤亡、严重安全隐患的调查，从技术角度分析事故的原因，提出防范措施与意见。

5. 安全员的安全职责

(1)进行施工现场安全生产巡视督查，并做好记录。

(2)落实安全设施的设置。

(3)对施工全过程的安全进行监督，纠正违章作业，配合有关部门排除安全隐患，组织安全教育和安全活动，监督劳保用品的质量和正确使用。

6. 作业队长的安全职责

(1)向作业人员进行安全技术交底，组织实施安全技术措施。

(2)对施工现场安全防护装置和设施进行验收。

(3)对作业人员进行安全操作规程培训，提高作业人员的安全意识，避免安全隐患。

(4)当发生重大伤亡事故时，应保护现场，立即上报并参与事故调查处理。

7. 班组长的安全职责

(1)安排生产施工任务时，向本工种作业人员进行安全技术措施交底。

(2)严格执行本工种安全操作技术规程，拒绝违章指挥。

(3)作业前应对本次施工的所有机具、设备、防护用具及作业环境进行安全检查，消除安全隐患，检查安全标牌是否按规定设置，标识方法和内容是否正确完整。

(4)组织班组开展安全活动，召开上岗前的安全会议。

(5)每周进行安全讲评。

8. 操作工人的安全职责

(1)认真学习并严格执行安全技术操作规程，不违规作业。

(2)自觉遵守安全生产规章制度，执行安全技术交底和有关安全生产的规定。

(3)服从安全人员的指导，积极参加安全活动。

(4)爱护安全设施，正确使用防护用具。

(5)对不安全作业提出建议，拒绝违章指挥。

二、建筑工程项目安全管理的程序与基本要求

(一)建筑工程项目安全管理的程序

1. 项目安全目标的确定

按“目标管理”方法，将安全目标在以项目经理为中心的项目管理系统内进行分解，从而确定各岗位的安全目标，实现全员安全控制。

2. 项目安全计划的编制

对生产过程中的不安全因素，用技术手段加以消除和控制，并用文件化的方式表示，这是落实“预防为主”方针的具体体现，是进行工程项目安全控制的指导性文件。

3. 安全计划的落实和实施

建立健全安全生产责任制，设置安全生产设施，进行安全教育和培训，沟通和交流信息，通过安全控制，使生产作业的安全状况处于受控状态。

4. 安全计划的检查

根据实际情况补充和修改安全技术措施。

5. 持续改进

持续改进，直到完成工程项目的所有工作。

（二）建筑工程项目安全管理的基本要求

（1）施工单位必须取得安全行政主管部门颁发的《安全施工许可证》后才可开工。

（2）施工总承包单位和每一个分包单位都应持有《施工企业安全资格审查认可证》。

（3）各类人员必须具备相应的执业资格才能上岗。

（4）所有新员工必须经过三级安全教育，即进公司、进项目部和进班组的安全教育。

（5）特殊工种作业人员必须持有特种作业操作证，并严格按规定定期进行复查。

（6）对查出的安全隐患要做到“五定”，即定整改责任人、定整改措施、定整改完成时间、定整改完成人、定整改验收人。

（7）必须把好安全生产“六关”，即措施关、交底关、教育关、防护关、检查关、改进关。

（8）施工现场安全设备齐全，符合现行国家及地方的有关规定。

（9）施工机械（特别是现场安设的起重设备等）必须经安全检查合格后才能使用。

三、建筑工程项目现场安全计划

（一）建筑工程项目现场安全计划的概念

建筑工程项目现场安全计划，简称安全计划，是施工项目安全策划结果的一项管理文件。安全计划主要是针对特定的施工项目，为完成预定的安全目标，编制专门的安全措施、资源和活动顺序的文件。

（二）建筑工程项目现场安全计划的内容

根据建筑工程项目安全管理原理，建筑工程项目安全计划包括编制实现安全目标及安全要求的计划、实施、检查及处理四个环节的相关内容，即 PDCA 循环。一般而言，安全计划的内容包括以下几项：

（1）项目安全目标。

（2）实施安全目标所规定的相关部门、岗位的职责和权限。

（3）危险源与环境因素识别、评价、论证的结果和相应的控制方式。

（4）适用法律法规、标准规范和其他要求的识别结果。

（5）实施阶段有关各项要求的具体控制程序和方法。

（6）检查、审核和改进活动安排以及相应的运行程序和准则。

（7）实施、控制和改进安全管理体系所需的资源。

（8）安全控制程序、规章制度、施工组织设计、专项施工方案、专项安全技术措施以及安全记录。

（9）为满足安全目标所采取的其他措施。

（三）建筑工程项目现场安全计划的编制步骤

建筑工程项目现场安全计划应由施工现场项目经理主持，负责安全、技术、工艺和采购方面的有关人员参与编制。安全计划的编制过程实际是各项安全管理和安全技术的优化组合和接口的协调过程。编制安全计划的步骤如下：

（1）明确工程概况。其包括建设工程组成状况及其建设阶段划分、每个建设阶段的工程项目组成状况、每个工程项目的单项工程组成状况等。

(2)明确安全控制程序。其包括确定建设工程施工总安全目标、编制安全计划、实施安全计划、验证安全计划、持续改进安全计划和兑现合同承诺。

(3)明确安全控制目标。其包括建设工程施工总安全目标，每个工程项目安全目标，每个工程项目的单项工程、单位工程和分部分项工程安全目标。

(4)确定安全管理组织结构和职责权限。其包括安全管理组织机构形式、安全组织管理层次、职责和权限、安全管理人员、安全管理的规章制度等。

(5)确保安全资源配置。其包括安全资源名称、规格、数量和使用部位，并将其列入资源总需要量计划。

(6)制定安全技术措施。其包括防火、防毒、防爆、防洪、防尘、防雷击、防塌陷、防物体打击、防溜车、防机械伤害、防高空坠落和防交通事故，防寒、防暑、防疫和防污染环境等各项措施。

(7)落实安全检查评价和奖励。其包括安全检查日期、安全人员组成、安全检查内容、安全检查方法、安全检查记录要求的确定，安全检查结果的评价，安全检查报告的编号，安全施工优胜者的奖励等。

四、建筑工程项目现场安全控制

建筑工程项目现场安全控制的内容就是对施工生产中人的不安全行为、物的不安全状态、作业环境的不安全因素和管理缺陷的控制，以及对施工现场的环境的控制。从建筑工程的形成过程来看，建筑工程项目安全控制包括施工准备阶段的安全控制和施工过程中的安全控制。

(一)建筑工程项目准备阶段安全控制的手段

1. 审核技术文件、报告和报表

(1)施工组织设计(专项施工方案)或施工安全计划，是控制工程施工安全的、可靠的技术措施保障。

(2)审核有关应用新技术、新工艺、新材料、新结构等的技术鉴定书，审核其应用申请报告，确保新技术应用的安全。

(3)针对施工工程中需控制的活动，制定或确认必要的施工组织设计、专项施工方案、安全程序、规章制度或作业指导书，并组织落实。

2. 实施工程合约化管理

在不同的承包模式下，制定相互监督的合约化管理，签订安全生产合同和协议书并组织落实。合约化管理是双方严格执行安全生产和劳动保护的法律法规，其强化安全生产管理，逐步落实安全生产责任制，依法从严治理施工现场，确保施工人员的安全与健康，促使施工生产的顺利进行。

(二)建筑工程项目施工过程安全控制的手段

1. 审核安全技术文件、报告和报表

安全技术文件、报告和报表的审核，是对建筑工程施工安全进行全面控制的重要手段。审核的具体内容包括：有关技术证明文件，专项施工方案的安全技术措施，有关安全物资的检验报告，反映工序控制的图表，有关新工艺、新材料、新技术，有关工序检查、验收的资料，有关安全问题的处理报告，现场有关安全技术签证、文件等。

2. 现场安全检查和监督

(1)现场安全检查的内容。现场安全检查，主要是对工序施工进行跟踪监督、检查与控制。在工序施工过程中，监督并检查机械设备、材料、施工方法和工艺或操作以及施工现场条件等是否处于良好状态，是否符合保证工程施工的要求，若发现有问题应及时纠正和加以控制。对于重要的和对工程施工安全有重大影响的工序、工程部位、活动，还应由专人监控。对安全技术资料进行检查，确保各项安全管理制度的有效落实。

(2)现场安全检查的类型、方式和要求。安全检查的类型主要包括日常安全检查、定期安全检查、专业性安全检查、季节性及节假日后安全检查等。

根据本工程项目施工生产的特点，法律法规、标准规范和企业规章制度的要求以及安全检查的目的，项目经理应确定安全检查的内容，包括安全意识、安全制度、机械设备、安全设施、安全教育培训、操作行为、劳保用品使用、安全事故处理等项目。

项目经理应根据安全检查的形势和内容，明确检查的牵头和参与部门及专业人员并进行分工；根据安全检查的内容，确定具体的检查项目及标准和评分方法，同时，编制相应的安全检查评分表，按检查评分表的规定逐项对照评分，并做好具体的记录。

3. 安全隐患的处理

安全隐患的处理应符合下列规定：

(1)项目经理部应区别“通病”“顽症”、首次出现、不可抗拒等类型，修订和完善安全整改措施。

(2)项目经理部应对检查出现的隐患立即发出安全隐患整改通知单，受检查单位应对安全隐患进行分析，制定预防措施，纠正和预防措施应经检查单位负责人批准后实施。

(3)安全生产管理人员应向负责人当场指出检查中发现的违章指挥和违章作业行为，限期纠正。

(4)安全生产管理人员对纠正和预防措施过程和实施效果应进行跟踪检查，保存验证记录。

4. 工地例会和安全专题会议

工地例会是施工过程中参加建设项目各方沟通情况、解决分歧、达成共识、作出决定的主要渠道。通过工地例会，项目负责人检查分析施工过程中的安全状况，指出存在的安全问题，提出整改措施，并做好相应的保证。由于参加例会的人员较多，层次也较高，会上容易就问题的解决达成共识。

针对某些专门安全问题，项目负责人还应组织专题会议，集中解决较重大或普遍存在的问题。

5. 规定安全控制的工作程序

规定必须遵守的安全控制的工作程序，按规定的程序进行工作。

6. 安全生产奖惩制

施工单位应严格执行安全生产责任制中的安全生产奖惩制，确保施工过程中的安全，促使施工生产顺利进行。

单元四　建筑工程项目安全隐患与事故处理

建筑工程项目安全事故的成因可归结为四类，即人、物、环境、管理，简称“4M”因素。其中，人的不安全行为和物的不安全状态，是酿成安全事故的直接原因。

一、人的不安全行为与人的失误

不安全行为是人表现出来的，是与人的心理特征相违背的非正常行为。人在生产活动中，曾引起或可能引起事故的行为，必然是不安全行为。人的自身因素是人的行为外因，是影响人的行为条件，甚至会产生重大影响。

人的失误是指结果偏离了规定的目标或超出了可接受的界限，并产生不良影响的行为。在生产作业中，人的失误往往是不可避免的。

(一)人的失误具有与人的能力的可比性

工作环境可诱发人的失误。由于人的失误是不可避免的，因此，在生产中凭直觉、靠侥幸是不能长期成功地维持安全生产的。当编制操作程序和操作方法时，侧重地考虑了生产和产品条件，忽视了人的功能和水平，就有促使人发生失误的可能。

(二)人的失误的类型

随机失误是由人的行为、动作和随机性质引起的人的失误。其与人的心理、生理有关。随机失误往往是不可预测的，也不会重复出现。而系统失误则是由系统设计不足或人的不正常状态引发的人的失误。系统失误与工作条件有关，类似的条件可能引发失误再出现或重复发生。改善工作条件、加强职业训练可以避免系统失误的发生。

(三)人的失误表现

人的失误一般很难预测，例如遗漏或遗忘现象、把事弄颠倒、没有按要求或规定时间操作、无意识动作、调整错误、进行规定外的动作等。

(四)信息处理过程中的失误

此类人的失误现象是人对外界信息刺激反应的失误，与人自身的信息处理过程与质量有关，与人的心理紧张程度有关。人在进行信息处理时，出现失误是客观的倾向。信息处理失误倾向，可能导致人的失误。在对工艺、操作、设备等进行设计时，采取一些预防失误倾向的措施，对克服失误倾向是极为有利的。

(五)心理紧张与人的失误的关联

人的大脑意识水平的降低会直接引起信息处理能力的降低，从而影响人对事物注意力的集中，降低警觉程度。意识水平的降低是发生人的失误的内在原因。经常进行教育、训练，合理安排工作，消除心理紧张因素，控制心理紧张的外部原因，使人保持最优的心理紧张程度，对消除失误现象是十分重要的。

(六)人的失误的致因

造成人的失误的原因是多方面的，有人的自身因素对过负荷的不适应原因，如精神状态不佳、疲劳、疾病时的超负荷操作，以及环境过负荷、心理过负荷等都会使人发生操作失误；也有与外界刺激要求不一致时，出现要求与行为偏差的原因，这种情况下，可能出现信息处理故障和决策错误；还有由于对正确的方法不清楚，有意采取不恰当的行为而出现完全错误的情况。

(七)不安全行为的心理原因

个性心理特征是指个体人经常、稳定表现的能力、性格、气质等心理特点的总和。这是在人的先天条件的基础上，在社会条件和具体实践活动的影响下而逐渐形成和发展起来的。一切人的个性心理特征不会完全相同。人的性格是个性心理的核心，因此，性格能决定人对某种情况的态度和行为。鲁莽、草率、懒惰等性格，往往成为产生不安全行为的心理原因。

二、物的不安全状态和安全技术措施

物是指在生产过程中发挥一定作用的机械、物料、生产对象以及其他生产要素的总和。物具有不同的形式、不同的能量，有时会出现能量意外释放，从而引发事故。

由于物的能量释放而引起事故的状态，称为物的不安全状态，这是从能量与人的伤害间的联系所下的定义。如果从发生事故的角度，也可以把物的不安全状态看作曾引起或可能引起事故的物的状态。

在生产过程中，物的不安全状态极易出现。所有的物的不安全状态，都与人的不安全行为或人的操作、管理失误有关。往往在物的不安全状态背后，隐藏着人的不安全行为或人的失误。物的不安全状态既反映了物的自身特性，又反映了人的素质和人的决策水平。

物的不安全状态的运输轨迹，一旦与人的不安全行为的运动轨迹交叉，就构成了发生事故的时间与空间。所以，物的不安全状态是发生事故的直接原因。因此，正确判断物的具体不安全状态，控制其发展，对预防、消除事故有直接的现实意义。

针对生产中物的不安全状态的形成与发展，在进行施工设计、工艺安排、施工组织与具体操作时，采取有效的安全技术措施，把物的不安全状态消除在生产活动进行之前，是安全管理的重要任务之一。

消除生产活动中物的不安全状态，既是生产活动所必需的，又是落实以预防为主的方针的需要，同时，也体现了生产组织者的素质状态和工作才能。

三、建筑工程项目施工安全隐患的原因及处理程序

(一)建筑工程项目施工安全隐患的原因

建筑工程项目施工安全隐患是指未被事先识别或未采取必要防护措施的，可能导致安全事故的危险源或不利环境因素。安全隐患也指对人身构成潜在的伤害，可造成财产损失或兼具这些内容的起源或情况。安全隐患是在安全检查及数据分析时发现的，应利用“安全隐患通知单”通知负责人制定纠正和预防措施，限期整改，由安全员跟踪验证。

建筑工程项目施工安全隐患如不能及时发现并处理，往往会引起事故。建筑工程项目安全管理的重点之一是加强安全风险分析，并及时制定对策和进行控制，强化对建筑工程项目安全事故隐患的预防和处理，从而避免安全事故的发生。

1. 常见原因

建筑工程施工生产具有产品固定、施工周期长、露天作业、体积庞大、施工流动性大、

工人整体素质差、手工作业多、体能消耗大以及产品多样性、工艺多样性、施工场地狭窄等特点，其导致施工安全生产作业环境的局限性、作业条件的恶劣性、作业的高空性、个体劳动保护的艰巨性以及安全管理与技术的保证性等。这些特性决定了施工生产存在诸多不安全因素，容易导致安全事故的发生。安全事故往往是多种原因引起的，尽管每次发生的安全事故的类型不相同，但通过大量的调查，并采用系统工程学的原理和数理统计的分析方法，可以发现安全隐患。安全事故的原因首先是违章，其次是设计、勘察不合理、有缺陷以及其他原因等。产生安全事故的基本原因有以下几个方面：

(1)违章作业、违章指挥和安全管理不到位。由于没有制定安全技术措施、缺乏安全技术知识、不进行逐级安全技术交底，施工单位会出现不落实安全生产责任制、违章指挥、违章作业、施工安全管理工作不到位等问题，从而导致安全事故的发生。

(2)设计不合理与缺陷。安全事故大多是由设计原因造成的，设计原因主要包括：不按照法律、法规和工程建设强制性标准进行设计；未考虑施工安全操作和防护的需要，对涉及施工安全的重点部位和环节在设计文件中未注明，未对防范生产安全事故提出指导意见；对采用新结构、新材料、新工艺的建设工程和具有特殊结构的建设工程，未在设计中提出保障施工作业人员安全和预防生产安全事故的措施、建议等。

(3)勘察文件失真。勘察单位未认真进行地质勘察，或勘探时钻孔布置等不符合规定要求，勘察文件或报告不详细、不准确、不能真实全面地反映实际的地下情况等，从而导致基础、主体结构的设计错误，引发重大安全事故。

(4)使用不合格的安全防护用具、安全材料、机械设备、施工机械及配件等。许多建筑工程已发生的安全隐患、安全事故，往往是施工现场使用劣质、不合格的安全防护用具，安全材料、机械设备、施工机械及配件等造成的。因此，为了杜绝和防止不合格的安全物资进入施工现场，施工单位在采购、租赁安全物资时，应查验生产(制造)许可证、产品合格证等。

(5)安全生产资金投入不足。长期以来，建设单位、施工单位为了追求经济效益，置安全生产于不顾，挤占安全生产费用，致使在工程投入中用于安全生产的资金过少，不能保证正常安全生产措施的需要，这也是导致安全事故不断发生的重要原因。

(6)安全事故的应急措施和制度不健全。施工单位及施工现场未制定生产安全事故应急救援预案，未落实应急救援人员、设备、器材等，以致发生生产安全事故后相关人员得不到及时救助，事故得不到及时处理。

(7)违法违规行为。违法违规行为包括无证设计，无证施工，越级施工，边设计、边施工，违法分包、转包，擅自修改设计等，其往往会引发大量的安全事故。

(8)其他因素。其他因素包括工程自然环境因素，如恶劣气候诱发安全事故；工程管理环境因素，如安全生产监督制度不健全、缺少日常的具体监督管理制度和措施；安全生产责任不够明确等。

2. 建筑工程项目施工安全隐患原因分析方法

由于影响建筑工程项目施工安全隐患的因素众多，一个建筑工程安全隐患的出现，可能是上述原因之一或多种原因所致，要分析确定是哪种原因所引起的，必然对安全隐患的特征、表现，以及其在施工中所处的实际情况和条件进行具体分析，分析的基本步骤如下：

(1)现场调查研究，观察记录全部现象，必要时需拍照，充分了解与掌握引发安全隐患的现象和特征，以及施工现场的环境和条件等。

(2)在施工过程中，收集、调查与安全隐患有关的全部设计资料、施工资料。

(3)在施工过程中，指出可能产生安全隐患的所有因素。

(4)在施工过程中，分析、比较、剖析，找出最可能造成安全隐患的因素。

(5)在施工过程中，进行必要的计算分析并予以认证、确认。

(6)在施工过程中，必要时可征求设计单位、专家等的意见。

(二)建筑工程项目施工安全隐患的处理程序

(1)当发现施工项目存在安全隐患时，应立即进行整改，施工单位提出整改方案，必要时应经设计单位认可。

(2)当发现严重安全事故隐患时，应暂停施工，并采取安全防护措施与整改方案，报建设单位和监理工程师。整改方案经监理工程师审核后，由施工单位进行整改处理，处理结果应重新进行检查、验收。

安全事故隐患整改处理方案包括以下几项内容：

1)存在安全事故隐患的部位、性质、现状、发展变化、时间、地点等详细情况。

2)现场调查的有关数据和资料。

3)安全事故隐患原因的分析与判断。

4)安全事故隐患处理的方案。

5)是否需要采取临时防护措施。

6)确保安全事故隐患整改责任人、整改完成时间和整改验收人。

7)该安全事故隐患所涉及的有关人员和责任及预防该安全事故隐患重复出现的措施等。

(3)安全事故隐患整改处理方案获准后，应按既定的整改处理方案实施并进行跟踪检查。

(4)安全事故隐患处理完毕，施工单位应组织人员检查、验收，自检合格后报监理工程师核验，施工单位写出安全事故隐患处理报告，报监理单位存档。其主要内容包括以下几项：

1)基本整改处理过程描述。

2)调查和核查情况。

3)安全事故隐患原因分析结果。

4)处理的依据。

5)审核认可的安全隐患处理方案。

6)实施处理中的有关原始数据、验收记录、资料。

7)对处理结果的检查、验收结论。

8)事故安全隐患处理结论。

四、建筑工程项目施工安全事故的分析

(一)建筑工程项目施工安全事故的特点

安全事故是指人们在进行有目的的活动的过程中，发生了违背人们意愿的不幸事故，而使其有目的的行为暂时或永久地停止。建筑工程项目施工安全事故是指在建筑施工现场

发生的安全事故，其一般会造成人身伤亡或伤害，或造成财产、设备、工艺等的损失。重大安全事故是指在施工过程中由于责任过失造成工程倒塌或废弃，由于机械设备破坏和安全设施失当造成人身伤亡或重大经济损失的事故；特别重大事故，是指造成特别重大人身伤亡或者巨大经济损失以及性质特别严重、产生重大影响的事故，也称为特大事故。建筑工程项目施工安全事故的特点如下。

1. 严重性

施工项目发生安全事故，影响往往较大，会直接导致人员伤亡或财产损失，给人民生命和财产带来严重威胁。近年来，因建筑工程项目施工安全事故死亡的人数和事故数目仅次于交通、矿山安全事故，成为人们关注的热点问题之一。因此，对建筑工程项目施工安全事故隐患决不能掉以轻心，一旦发生安全事故，其造成的损失将无法挽回。

2. 复杂性

施工生产的特点决定了影响建筑工程安全生产的因素很多，造成工程安全事故的原因错综复杂，即使是同一类安全事故，其发生的原因也多种多样。

3. 可变性

许多建筑工程施工中出现的安全事故隐患并不是静止的，而是有可能随着时间而不断地发展、恶化，若不及时整改和处理，往往可能发展成为严重或重大安全事故。因此，在分析与处理建筑工程项目施工安全事故隐患时，要重视安全事故隐患的可变性，应及时采取有效措施，进行纠正、消除，防止其发展、恶化为安全事故。

4. 多发性

施工项目中的安全事故，往往在建筑工程的某部位(或工序，或作业活动)中频繁发生，如物体打击事故、触电事故、高处坠落事故、坍塌事故、起重机械事故、中毒事故等。因此，对多发性安全事故，应注意吸取教训、总结经验、采用有效预防措施，加强事前预控、事中控制。

(二)建筑工程项目施工安全事故的分类

1. 按人员伤亡或直接经济损失划分

根据中华人民共和国国务院令第 493 号《生产安全事故报告和调查处理条例》的规定，按生产安全事故造成的人员伤亡或者直接经济损失，事故一般分为以下等级：

(1)特别重大事故，是指造成 30 人以上死亡，或者 100 人以上重伤(包括急性工业中毒，下同)，或者 1 亿元以上直接经济损失的事故。

(2)重大事故，是指造成 10 人以上 30 人以下死亡，或者 50 人以上 100 人以下重伤，或者 5 000 万元以上 1 亿元以下直接经济损失的事故。

(3)较大事故，是指造成 3 人以上 10 人以下死亡，或者 10 人以上 50 人以下重伤，或者 1 000 万元以上 5 000 万元以下直接经济损失的事故。

(4)一般事故，是指造成 3 人以下死亡，或者 10 人以下重伤，或者 1 000 万元以下直接经济损失的事故。

2. 按伤亡事故类别划分

根据《企业职工伤亡事故分类》(GB 6441—1986)的规定，按直接导致职工受到伤害的原因，伤害方式分类如下：

(1)物体打击，指落物、滚石、锤击、碎裂崩块、碰伤等伤害，包括因爆炸引起的物体打击。

(2)车辆伤害，包括挤、压、撞、倾覆等。

(3)机械伤害，包括绞、碾、碰、割、截等。

(4)起重伤害，指起重设备所引起的伤害或操作过程中作业人员受到的伤害。

(5)触电，包括雷击伤害。

(6)淹溺。

(7)灼烫。

(8)火灾。

(9)高处坠落，包括从架子、屋顶上坠落以及从平地坠入地坑等。

(10)坍塌，包括建筑物、堆置物、土石方倒塌。

(11)透水。

(12)火药爆炸，指生产、运输、储藏过程中发生的爆炸。

(13)瓦斯爆炸，包括煤尘爆炸。

(14)锅炉爆炸。

(15)容器爆炸。

(16)中毒和窒息，指煤气、油气、沥青、化学、一氧化碳中毒等。

3. 按事故的原因及性质分类

(1)生产事故。生产事故是指在建筑产品的生产、维修、拆除过程中，操作人员违反操作规程等而直接导致的安全事故。

(2)质量事故。质量事故是指由于不符合规范标准或施工达不到设计要求导致建筑实体存在瑕疵所引发的安全事故。

(3)技术事故。技术事故是指由工程技术原因所导致的安全事故。

(4)环境事故。环境事故是指建筑实体在施工过程或使用过程中，由使用环境或周围环境原因所导致的安全事故。

(三)建筑工程项目施工安全事故的原因及其分析

1. 建筑工程项目施工安全事故的原因

建筑工程项目施工安全事故发生的基本原因主要包括勘察设计失误、施工人员违章作业、施工单位安全管理不到位、安全物资质量不合格、安全生产投入不足等。

对建筑工程项目施工安全事故发生的原因进行分析时，应判断出直接原因、间接原因、主要原因。

(1)直接原因。根据《企业职工伤亡事故分类》(GB 6441—1986)的规定，直接导致伤亡事故发生的机械、物资和环境的不安全状态以及人的不安全行为，是事故的直接原因。

(2)间接原因。教育培训不够、未经培训、缺乏或不懂安全操作知识、劳动组织不合理、没有安全操作规程或安全操作规程不健全、没有事故防护措施或不认真实施事故防护措施、对事故隐患整改不力等原因，是事故的间接原因。

(3)主要原因。主要原因是指导致事故发生的主要因素。

2. 建筑工程项目施工安全事故原因的分析

(1)整理和阅读调查材料，根据《企业职工伤亡事故分类》(GB 6441—1986)附录的规定，按以下 7 项内容进行建筑工程项目施工安全事故原因的分析：受伤部位、受伤性质、起因物、致害物、伤害方法、不安全状态、不安全行为。

(2)确定事故的直接原因、间接原因、事故责任者。在分析事故原因时，应根据调查所确认的事实，从直接原因入手，逐步深入到间接原因，从而掌握事故的全部原因。通过对直接原因和间接原因的分析，确定事故中的直接责任者和领导责任者，再根据其在事故发生过程中的作用，确定主要责任者。

(3)制定事故预防措施。根据对事故原因的分析，制定防止类似事故再次发生的预防措施，在防范措施中，应把改善劳动生产条件、作业环境和提高安全技术措施水平放在首位，力求从根本上消除危险因素。

3. 建筑工程项目施工安全事故责任分析

在查清伤亡事故原因后，必须对事故进行责任分析，目的是使事故责任者、单位领导人和广大职工吸取教训、接受教育、进行安全工作。

事故责任分析可以通过事故调查所确定的事实，事故发生的直接原因和间接原因，有关人员的职责、分工及其在具体事故中所起的作用，追究其所应负的责任；按照有关组织人员及生产技术因素，追究最终造成不安全状态的人员的责任；按照有关技术规定的性质、明确程度、技术难度，追究属于明显违反技术规定的人员的责任；对属于未知领域的责任不予追究。

根据对事故应负责任的程度不同，事故责任者可分为直接责任者、主要责任者、重要责任者和领导责任者。对事故责任者的处理，在以教育为主的同时，还必须根据有关规定按情节轻重，分别给予经济处罚、行政处分，直至追究刑事责任。对事故责任者的处理意见形成以后，事故责任企业的有关部门必须尽快办理报批手续。

(四)建筑工程项目施工安全事故处理的依据

进行建筑工程项目安全事故处理的主要依据有四个方面，即安全事故的实况材料；具有法律效应的建筑工程合同，包括工程承包合同、设计委托合同、材料设备供应合同、分包合同以及监理合同等；有关的技术文件、档案；相关的建筑工程法律法规、标准及规范。

1. 安全事故的实况材料

(1)施工单位的安全事故调查报告。安全事故发生后，施工单位有责任就所发生的安全事故进行周密的调查、研究来掌握情况，并在此基础上写出调查报告，提交总监理工程师、建设单位和政府有关部门。在调查报告中首先就与安全事故有关的实际情况作详尽的说明，其内容应包括：安全事故发生的时间、地点，对安全事故状况的描述，安全事故发展变化的情况(其范围是否继续扩大，程度是否已经稳定等)，有关安全事故的观测记录、事故现场状态的照片或录像。

(2)监理单位现场调查的资料。其内容大致与施工单位调查报告中有关内容相似，可用来与施工单位所提供的情况对照、核实。

2. 有关的技术文件和档案

(1)与设计有关的技术文件。施工图纸和技术说明等设计文件是建筑工程施工的重要依据。在处理安全事故中，其作用是：一方面是可以对照设计文件，核查施工安全生产是否完全符合设计的规定和要求；另一方面是可以根据所发生的安全事故情况，核查设计中是否存在问题和缺陷，是否为导致安全事故的一个原因。

(2)与施工有关的技术文件和资料档案。各类技术资料对于分析安全事故原因、判断其发展变化趋势、推断事故影响及严重程度、考虑处理措施等都是不可缺少的，起着重要的作用。

3. 有关合同及合同文件

安全事故所涉及的合同文件可以是工程承包合同，设计委托合同，设备、器材、材料供应合同，设备租赁合同，分包合同，监理合同等。

有关合同及合同文件在处理安全事故中的作用：确定在施工过程中有关各方面是否按照合同有关条款实施其活动，借以探寻产生事故的可能原因。

4. 相关的建筑工程法律法规、标准及规范

(1)建筑市场管理方面。依据《建筑法》《中华人民共和国安全生产法》《建设工程安全生产管理条例》《安全生产许可证条例》《建筑施工企业安全生产许可证管理规定》等法律、法规及规章，维护建筑市场的正常秩序和良好环境，应充分发挥竞争机制，保证建筑工程的安全和质量。

(2)施工现场管理方面。以《建筑法》为基础，建设部在 1989 年发布《工程建设重大事故报告和调查程序的规定》，在 1991 年发布《建筑安全生产监督管理规定》和《建设工程施工现场管理规定》。2003 年 11 月，国务院颁布的《建设工程安全生产管理条例》，以《建筑法》和《中华人民共和国安全法》为基础，全面系统地对建设工程有关的安全责任和管理问题作了明确的规定，可操作性强。它不但对建设工程安全生产管理具有指导作用，而且是全面保证工程施工安全和处理工程施工安全事故的重要依据。

(3)建筑业资质、安全生产许可证和从业人员资格管理。建设部在 2007 年发布了《建设工程勘察设计企业资质管理规定》和《工程监理企业资质管理规定》，在 2015 年发布了《建筑业企业资质管理规定》等。这类部门规章设计的主要内容是勘察、设计、施工、监理等单位的等级划分；明确各级企业具备的条件，确定各级企业所能承担的任务范围；其等级评定的申请、审查、批准、升降管理等。

(4)标准和规范。2000 年，建设部发布了《工程建设标准强制性条文》和《实施工程建设强制性标准监督规定》，这是参与建设活动各方执行工程建设强制性标准和政府实施监督的依据，同时，也是保证建设工程施工安全的必要条件，是分析处理工程安全事故，判定责任方的重要依据。

(五)建筑工程项目施工安全事故的处理程序

安全管理人员应熟悉各级政府建设行政主管部门、处理建筑工程安全事故的基本程序，特别是应把握在建筑工程安全事故处理过程中，如何履行自己的职责。

国家建设行政主管部门归口管理全国工程建设重大事故，省、市、自治区、直辖市建设行政主管部门归口管理本行政辖区内的建设工程重大安全事故，市、县级建设行政主管部门归口管理一般建设工程安全事故。

建设工程安全事故调查组由事故发生地的市、县级以上建设行政主管部门或国务院有关主管部门等组织成立。特别重大安全事故调查组的组成由国务院批准；一、二级重大事故由省、市、自治区、直辖市建设行政主管部门提出调查组组成意见，报请人民政府批准；三、四级重大安全事故由市、县级建设行政主管部门提出调查组组成意见，报请相应级别的人民政府批准。事故发生单位属国务院部委的，由国务院有关主管部门或其授权部门会同当地建设行政主管部门提出调查组组成意见。

重大安全事故，调查组由省、市、自治区、直辖市建设行政主管部门组织；一般安全事故，调查组由市、县级建设行政主管部门组织。

(1)施工安全事故(人身伤亡、重大机械事故或火灾、火险等)发生后，施工单位必须立即停止施工，基层施工人员要保持冷静，并立即抢救人员，排除险情，采取必要的措施防止事故扩大，并做好标志，保护好现场。同时，要求发生安全事故的施工总承包单位迅速按安全事故类别和等级向相应的政府主管部门上报，并于24小时内写出书面报告。

现场发生火灾时，要立即组织职工进行抢救，并立即向消防部门报告，提供火情和电器、易燃易爆物的情况及位置。

施工安全事故报告应包括以下主要内容：

1)事故发生的时间、详细地点、工程项目名称及所属企业名称。

2)事故的类别、事故严重程度。

3)事故的简要经过、伤亡人数和直接经济损失的初步估计。

4)事故发生原因的初步判断。

5)抢救措施及事故控制情况。

6)报告人的情况和联系电话。

(2)施工单位在事故调查组展开工作后，应积极协助，客观地提供相应证据，并对安全事故原因进行分析。通过全面的调查来查明事故经过，弄清楚造成事故的原因，包括人、物、生产管理和技术管理等方面的问题，经过认真、客观、全面、细致、准确的分析，确定事故的性质，以及事故中的直接责任者和领导责任者，再根据其在事故发生过程中的作用确定主要责任者。

(3)制定事故预防措施。根据对事故原因的分析，制定防止类似事故再次发生的预防措施。同时，根据事故后果和事故责任者应负的责任提出处理意见。对于重大未遂事故不可掉以轻心，也应严肃认真按上述要求查找原因，分清楚责任，严肃处理。

(4)写出调查报告。调查组应着重把事故发生的经过、原因，责任分析，处理意见以及本次事故的教训和改进工作的建议等写成报告，经调查组全体人员签字后报批。如调查组内部意见有分歧，应在弄清楚事实的基础上，对照法律法规进行研究，统一认识。个别同志仍持有不同意见的允许保留，并在签字时写明自己的意见。

(5)事故的审理和结案。

1)事故调查处理结论应经有关机关审批后方可结案。伤亡事故处理工作应当在90日内结案，特殊情况不得超过180日。

2)事故案件的审批权限同企业的隶属关系及人事管理权限应一致。

3)对事故责任者的处理应根据其情节轻重和损失大小来判断。对主要责任、次要责任、重要责任、一般责任还是领导责任等按规定给予处分。

4)要把事故调查处理的文件、图纸、照片、资料等记录长期完整地保存起来。

(6)员工伤亡事故登记记录，记录内容包括员工重伤、死亡事故调查报告书，现场勘察资料(记录、图纸、照片)；技术鉴定和试验资料；物证人证调查材料；医疗部门对伤亡者的诊断结论及影印件；事故调查组人员的姓名、职务并应逐个签字；企业或其主管部门对该事故所做的结案报告；受处理人员的检查材料；有关部门对事故的结案批复等。

单元五　建筑工程项目环境管理

建筑工程项目环境管理是指按照法律法规、各级主管部门和企业环境方针的要求，控制作业现场可能产生污染的各项活动，保护生态环境、节约能源，避免资源浪费，进而为社会经济发展与人类的生存环境的相互协调作出贡献。

建筑工程项目环境管理主要体现在项目设计方案和施工环境的控制上。项目设计方案在施工工艺的选择方面对环境的间接影响明显，施工过程则是直接影响工程建设项目环境的主要因素。保护和改善项目建设环境是保证人们身体健康、提升社会文明水平、改善施工现场环境和保证施工顺利进行的需要。文明施工是环境管理的重要部分。

一、文明施工及其意义

文明施工是指保持施工现场良好的作业环境、卫生环境和工作秩序。文明施工是适应现代化施工的客观要求，能促进企业综合管理水平的提高，代表企业形象，并有利于员工的身心健康，培养和提高施工队伍的总体素质，促进企业精神文明建设。文明施工主要包括以下几个方面的工作：

(1)规范施工现场的场容，保持作业环境的整洁、卫生。

(2)科学组织施工，使生产有序进行。

(3)减少施工对周围居民和环境的影响。

(4)保证职工的安全和身体健康。

二、施工现场文明施工的基本要求

1. 现场围墙

(1)现场围墙必须由项目技术负责人设计详细施工图及编写设计说明，经项目经理审核，报公司批准后方可施工。围墙做法在满足各企业要求的同时，必须满足各地地方政府的要求，围墙要做到“美观、大方、节约”。

(2)施工现场围墙必须连续设置，做到全封闭施工。一般路段的围挡高度不得低于1.8 m，市区主要路段的围挡高度不得低于2.5 m。

2. 封闭管理

(1)施工现场要设置大门，位置要适宜人员和车辆进入。

(2)紧靠大门内侧设置治安室。室外悬挂治安保卫制度、负责人及治安保卫电话，并配备专职保安人员。门口应有来访人员登记本及值班人员交接班记录。

(3)进入施工现场的人员必须佩戴工作卡，项目经理、技术负责人为红色，管理人员为绿色，工人为白色。

(4)大门把上应设立企业标志，门梁高度应大于4 m。

3. 施工现场

(1)施工现场地面应作硬化处理。对于1 000万元以上的工程，道路必须采用混凝土硬化；而对于小型工程，现场道路应采用3∶7灰土，砂石路面硬化，但搅拌机场地、物料提升机场地、砂石堆放场地及其他原材料堆放场地等易积水场地，必须用混凝土硬化。其他场地可采用砖铺地或砂石硬化。

(2)道路必须畅通，施工现场道路应在施工总平面图上标示清楚，道路上不得堆放设备或建筑材料。

(3)施工现场场地应有排水坡度、排水管、排水沟等排水设施，做到排水畅通、无堵塞、无积水。

(4)施工现场应设污水沉淀池，防止污水、泥浆不经处理直接外排，造成下水道堵塞，污染环境。

(5)在施工现场不准随意吸烟，应设专用吸烟室，既要方便作业人员吸烟，又要防止火灾发生。

(6)现场绿化。在温暖季节，施工现场必须有适当绿化，如盆景、图画，并尽量与城市绿化协调。

4. 材料堆放

(1)施工现场办公室应挂总平面布置图，现场材料堆放应与总平面图标示位置一致，不得随意堆放。

(2)堆放材料应有标示牌，其内容为名称、规格型号、批量、产地、质量等。

(3)材料堆放应整齐，并符合下列规定：钢筋堆放垫高 30 cm，一头对齐，并按不同型号分开放置；钢模板堆放垫高 20～30 cm，一竖一丁，成方扣放，不得仰放；钢管堆放垫高 20～30 cm，一头对齐，并按不同型号分开堆放；机砖堆放应成丁成排，堆放高度不得超过 10 层；砂、石堆放在砌高 60～80 cm 的池子内，池内外壁抹水泥砂浆；袋装水泥堆放时，水泥库要有门、有锁，有防潮措施，堆放高度小于 10 层，远离墙壁 10～20 cm，并应挂设品名标牌；建筑废旧材料应集中堆放于废旧材料堆放场，堆放场地封闭挂牌。

(4)施工现场应建立清扫制度，落实到人，做到活儿完场清，不用的机械设施、机具及时出场。

(5)建筑垃圾应及时存放于建筑垃圾堆放池，池内外壁抹水泥砂浆并定时清运，严禁随意堆放，垃圾堆放处应挂设标牌，显示名称及品种。

(6)易燃物品应分类堆放，易爆物品应有专门仓库存放，存放点附近不得有火源，并有禁火标志及责任人标志。

5. 现场临建设施

(1)在建工程不得兼作住宿及办公用地，施工楼层严禁住人。

(2)施工现场的生产区与生活办公区原则上应相互分离，并有隔离带。对于施工现场特别狭窄难以分开的，必须做好安全防护工作。生产区进口应设整容镜。生产区进口处应有值班人员，不戴安全帽、穿拖鞋等违规人员及小孩禁止入内。生活区应设茶水处，并有责任人和形象标示，茶水桶应上锁。

(3)现场临建设施檐高应大于 3 m，临建设施除钢筋棚、木工棚、厂棚外，都应有吊顶、纱门和纱窗，窗口面积应大于 1.5 m×1.8 m，应在搭建前由项目技术人员负责设计施工图，并经项目技术负责人及项目经理审核，报公司总工程师批准后方可搭建。

(4)宿舍应确保主体结构安全、设施完好，禁止用油毡、竹板等易燃材料搭设简易工棚作宿舍，宿舍内应有通风、透光、保暖、消防、防暑、防虫毒、防蚊虫叮咬等措施。6 人以上宿舍的门应向外开，室内电线排线整齐，同意使用钢管床的，床与床之间应留有 1～1.5 m

的活动空间；宿舍要配备职工储物柜、碗柜和学习用具等，并在墙上悬挂卫生管理制度、宿舍人员名单、责任人及值日表和其他有关标语；宿舍内每个职工应该配置有关学习材料。宿舍内严禁堆放施工用具等杂物，生活用品摆放整齐。床头应设床头卡，内容显示姓名、性别、年龄、工种、籍贯、身份证号等，夏季宿舍必须安装电扇。

(5)宿舍周围应清洁、卫生，有排水明沟且不积水，宿舍有防盗措施，保安人员要经常巡逻检查。

(6)施工现场适当位置设安全生产教育台，两侧可写对联“安全第一，预防为主”，横批写“安全生产教育台”。

6. 现场防火

(1)建立消防制度，配备灭火器材并有消防措施。

(2)消防器材的配备。灭火器一般每处不少于3个，并保证满足消防要求。

(3)制定防火审批手续和实行防火监护制度。

(4)下列工程应设临时消防给水：高度超过24 m的工程、层数超过10层的工程、施工面积较大的工程。工程消防给水可以与施工用水合用。

(5)工程消防给水网。对于工程临时消火栓，竖管不应少于两条，宜成环状布置，每根竖管的直径应根据要求的水柱股数，按最上层消火栓出水量计算，但应不小于100 mm。高度小于50 m，且每层面积不超过500 m^2 的塔式住宅及公共建筑可设一条临时竖管。

(6)工程临时消火栓及其布置。工程临时消火栓应设于各层明显且便于使用的地点，并保证消火栓的充实水柱能达到工程内任何部位，栓口出水方向宜与墙壁成90°角，离地面1.2 m高。消火栓口直径为65 mm，配备水带每节长度不宜超过20 m，水枪喷嘴口径应不小于19 mm，每个消火栓处宜设启动消防水泵按钮。

(7)施工现场灭火器的配备。一般临时设施区，每100 m^2 配备10 L灭火器一只。

7. 治安综合管理

(1)生活区内应设供职工学习和娱乐的场所。

(2)建立治安保卫制度，防范措施得力，责任分解到人，并应与当地派出所签订社会治安综合治理责任书。

8. 施工标牌

(1)设立读报栏、宣传栏、黑板报等。

(2)大门口处应悬挂“五牌一图”，即工程概况牌、管理人员名单及监督电话牌、消防保卫牌、安全生产牌、文明施工牌及施工现场平面图。但现在施工现场仅悬挂“五牌一图”已经略显不足，因此，建议悬挂“八牌两图”，即施工单位名称牌、工程概况牌、门卫制度牌、工地名称牌、安全生产六大纪律宣传标语牌、安全无重大事故计数牌、工地主要管理人员名单牌、立功竞赛榜的宣传牌及施工现场总平面图、卫生责任包干图。

(3)标牌挂设应做到规格统一、字迹端正、线条清晰、表示明确、摆放位置合理。

(4)施工现场应合理悬挂安全警示牌，标牌悬挂牢固、可靠，特别是主要施工部位、作业点和危险区及主要通道口都必须有针对性地悬挂安全警示牌。

(5)现场大门外还应该有企业的工程简介和企业的有关荣誉奖牌彩印件，以提高施工企业在社会上的形象。

(6)现场防护棚、安全通道的顶部防护层以下所有钢管防护栏杆均要刷红白相间的安全色，以提高现场文明施工气氛，防护棚及安全通道要设上、下两层竹笆，间隔为 70 cm。

9. 生活设施

(1)厕所墙壁贴白色瓷砖，高度不得小于 1.8 m，有条件的设置水冲式厕所，否则便槽必须加盖密封。厕所地面必须硬化，做到专人负责，及时清理，要有防蚊蝇滋生措施。

(2)职工食堂应有良好的通风和洁卫措施，保持卫生整洁，防蝇防鼠，炉堂门应设在室外，灶台上必须加设大型换气扇；凡是有空洞的地方均要用纱网防护，食堂门底要加设 20 cm 高薄钢板，地面硬化，内墙面贴不小于 1.8 m 高的白瓷砖，案板台也应全部贴瓷砖。

食堂内要达到有关食品卫生的法律、法规规定的标准，并办理《卫生许可证》，炊事员要穿戴白色工作服、帽，持《健康证》上岗，闲杂人员禁止入内。同时，食堂内应按功能分隔，如灶前、灶后、储藏间等，特别是生熟食必须分开并有纱网、纱罩。食堂内要有灭鼠器具，食堂物品不准随意摆放。

食堂餐厅要干净、卫生，要配备茶水桶、碗柜、吃饭桌椅、灭蝇灯、洗碗池、泔水桶、生活垃圾箱，并要有负责人和管理制度，泔水桶和生活垃圾要加盖密封并定时清理。

(3)施工现场应设固定的男、女淋浴室，墙壁刷白，并贴 2 m 高的瓷砖墙壁，门口要喷涂形象标示，挂纱门，顶部出气孔要用纱网封闭。室内应配更衣室、更衣椅、防水灯等设施。

(4)施工现场应设茶水供应设施，茶水桶要落锁，由专人管理。

(5)现场仓库严禁住人、做饭，各种物品应堆放整齐，建立材料收发管理制度及登记卡。

(6)现场卫生要定人分区分片管理，并建立相应的卫生责任制。

10. 保健急救

(1)对于较大工地，应设医务室，由专职医生值班，而对无条件设医务室的一般工地，应配备经过培训合格的急救人员，该人员应能掌握常用的“人工呼吸”“固定绑扎”“止血”等急救措施，并会使用简单的急救药材。同时，配备就近医院的医生及巡回医疗的联系电话。

(2)一般工地应配备医药保健箱及急救药品，以便在意外情况发生时，能够及时抢救，不扩大险情。

(3)为了保障职工的身体健康，应在流行病高发季节定期开展卫生病宣传教育，在适当位置张贴卫生知识宣传图。

11. 社区服务

(1)施工现场应制定防粉尘、防噪声措施，并在工程开工前 15 天内向工程所在地人民政府环境保护主管部门申报。

(2)对夜间施工产生噪声的工序，以及因生产工艺等特殊情况必须在夜间连续施工的工程项目，应经当地政府环境保护行政部门批准，办理夜间施工许可证后方可夜间施工。

(3)施工现场除设有符合规定的装置外，不得在施工现场熔融沥青或焚烧油毡、油漆以及其他会产生有毒、有害烟尘和恶臭气体的物质。

(4)施工现场应针对夜间施工的机械噪声、运料车影响周围道路交通，施工时砖块和其他物品从高处坠落损坏附近居民房屋及烟尘污染周围环境等情况制定不扰民措施。

12. 文明施工检查

(1)场容场貌与工地环境卫生检查应每周进行一次。

(2)防火安全检查记录，按要求每周一次，在特殊情况下可适当增加检查次数。

13. 防汛、防台风

(1)各施工现场必须建立防台风、防汛机构。

(2)在防台风、防汛期中，必须落实值班检查人员，并有交接班记录。

(3)各公司各项目应建立防汛制度及防汛值班人员名单，并应及时上报。

(4)若遇暴雨及特大台风时，应及时进行检查，有险情立即上报，不得隐瞒。

三、施工现场环境保护及其意义

施工现场环境保护是按照法律法规、各级主管部门和企业的要求，保护和改善作业现场的环境，控制现场的各种粉尘、废水、废气、固体废弃物、噪声、振动等对环境的污染和危害。

施工现场环境保护是现代化大生产的客观要求，能保证施工的顺利进行，保证人民身体健康和社会文明，节约能源，保护人类生存环境，保证社会和企业可持续发展，是一项利国利民的重要工作。

四、施工现场环境保护措施

1. 实行环保目标责任制

实行环保目标责任制，把环保指标以责任书的形式层层分解到有关单位和个人，列入承包合同和岗位责任制，建立一个懂行善管的环保监控体系。项目经理是环保工作的第一责任人，是施工现场环境保护自我监控体系的领导者和责任者，要把环保政绩作为考核项目经理的一项重要内容。

2. 加强检查和监控工作

要加强对施工现场粉尘、噪声、废气的检查、监测和控制工作。要与文明施工现场管理一起检查、考核、奖罚。及时采取措施消除粉尘、废气和污水的污染。

3. 保护和改善施工现场的环境

一方面，施工单位要采取有效措施控制人为噪声、粉尘的污染和采取措施控制烟尘、污水、噪声污染；另一方面，建设单位应该负责协调外部关系，同当地居委会、村委会、办事处、派出所、居民、施工单位、环保部门加强联系。要做好宣传教育工作，认真对待来信来访，凡能解决的问题立即解决，一时不能解决的扰民问题，也要说明具体情况，求得谅解并限期解决。

4. 严格执行国家法律、法规

要有技术措施，严格执行国家法律、法规。在编制施工组织设计时，必须有环境保护的技术措施。在施工现场平面布置和组织、施工过程中都要执行国家、地区、行业和企业有关防治空气污染、水源污染、噪声污染等有关环境保护的法律、法规和规章制度。

5. 防止水、气、声、渣等的污染

环境保护的重点是防止水、气、声、渣的污染，但还应结合现场情况，注意其他污染，如光污染、恶臭污染等。

(1)防止大气污染。大气污染物包括气体状态污染物，如二氧化硫、氮氧化物、一氧化碳、苯、苯酚、汽油等。粒子状态污染物包括降尘和飘尘。飘尘又称为可吸入颗粒物，易随呼吸进入人体肺部，危害人体健康。工程施工工地对大气产生的主要污染物有锅炉、熔化炉、厨房烧煤产生的烟尘，建材破碎、筛分、碾磨、加料过程，装卸运输过程产生的粉尘，施工动力机械排放的尾气等。

施工现场空气污染的防治措施如下：

1)严格控制施工现场和施工运输过程中的降尘和飘尘对周围大气的污染，可采用清扫、洒水、遮盖、密封等措施降低污染。

2)严格控制有毒有害气体的产生和排放，如禁止随意焚烧油毡、橡胶、塑料、皮革、树叶、枯草、各种包装物等废弃物品，尽量不使用有毒有害的涂料等化学物质。

3)所有机动车的尾气排放应符合现行国家标准。

(2)防止水源污染。水体的主要污染源和污染物包括以下几项：

1)水体污染源。水体污染源包括工业污染源、生活污染源、农业污染源等。

2)水体的主要污染物。水体的主要污染物包括各种有机和无机有毒物质以及热温等。有机有毒物质包括挥发酚、有机氯农药、多氯联苯等；无机有毒物质包括汞、镉、铬、铅等重金属以及氰化物等。

3)施工现场废水和固体废物随水流流入水体的部分，包括泥浆、水泥、油漆、各种油类、混凝土添加剂、有机溶剂、重金属、酸碱盐等。

防止水体污染的措施为：控制污水的排放，改革施工工艺，减少污水的产生，综合利用废水。

(3)防止噪声污染。噪声按照振动性质，可分为气体动力噪声、机械噪声、电磁性噪声。噪声按来源，可分为交通噪声(汽车、火车等)、工业噪声(鼓风机、汽轮机等)、建筑施工的噪声(打桩机、混凝土搅拌机等)、社会生活噪声(高音喇叭、收音机等)。

噪声控制可从声源、传播途径、接收者防护等方面来考虑。从声源上降低噪声是防止噪声污染的最根本的措施。其具体做法是：尽量采用低噪声设备和工艺代替高噪声设备与工艺，如采用低噪声振捣器、风机、电动空压机、电锯等；在声源处安装消声器消声，即在通风机、鼓风机、压缩机、燃气机、内燃机及各类排气放空装置等进出风管的适当位置设置消声器；严格控制人为噪声。从传播途径上控制噪声的方法主要有吸声、隔声、消声、减振降噪。

(4)建筑工程施工现场固体废物的处理。固体废物是生产、建设、日常生活和其他活动中产生的固态、半固态废弃物质。固体废物是一个极其复杂的废物体系，按照其化学组成，可分为有机废物和无机废物；按照其对环境和人类健康的危害程度，可以分为一般废物和危险废物。

施工工地上常见的固体废物包括：建筑渣土，废弃的散装建筑材料，生活垃圾，设备、材料等的包装材料，粪便。

固体废物的主要处理和处置方法有：物理处理，包括压实浓缩、破碎、分选、脱水干燥等；化学处理，包括氧化还原、中和、化学浸出等；生物处理，包括好氧处理、厌氧处理等；热处理，包括焚烧、热解、焙烧、烧结等；固化处理，包括水泥固化法和沥青固化法等；回收利用，包括回收利用和集中处理等资源化、减量化的方法；处置，包括土地填埋、焚烧、储留池储存等。

6. 施工扬尘控制措施

(1)拆迁引起的扬尘的控制。

1)土方施工产生的扬尘的控制。对于土方施工产生的扬尘主要是采取淋水降尘的措施，即在土方铲、运、卸等环节布置专人，视现场具体情况进行淋水降尘，保证满足相应要求。

2)为避免运土车发生遗撒，需在现场搭设拍土架，指定专人负责将运土车上的土拍实，盖上苫布，并在出口处铺垫地毯、地垫等，防止泥土被带出。现场条件允许时，在出口设冲洗池和沉淀池，每辆车出去前，进行清洗。如果受场地限制，无法设冲洗池和沉淀池，应指定专人负责清扫车轮等污染部位。

3)原则上讲，施工现场不存放土方，土方回填作业时安排外运土方进场。如果施工现场具备土方临时堆放场地，而且从成本节约考虑进行现场堆放，可采取植草、覆盖、表面临时固化或定期淋水等措施控制扬尘。

(2)现场搅拌站产生的扬尘的控制。

1)为防止地面起沉，搅拌站区域内的路面应进行硬化处理。

2)搅拌机具需设置在封闭房间内，搅拌机设喷淋设施(密闭自动上料系统可不设置喷淋设施)。

3)散装水泥应在密闭的水泥罐中储存，在散装水泥注入水泥罐的过程中，应有防尘措施。

4)现场使用袋装水泥时，应设置封闭的水泥仓库。

5)砂、石料堆放场地应设围挡。

(3)裸露场地产生扬尘的控制。

1)项目应对施工临时道路进行硬化处理，并视具体情况尽可能增大施工现场的硬化面积。

2)对于裸露场地可进行临时绿化或视具体情况进行淋水降尘处理。

(4)易散落、易飞扬的细颗粒散体材料存放、运输引起的扬尘的控制。

1)易散落、易飞扬的细颗粒散体材料应在密闭的库房储存。

2)在运输易散落、易飞扬的细颗粒散体材料前，应向运输人员提出扬尘控制要求，要求他们对运输车辆进行检查，杜绝车辆原因引起的遗撒。

3)严禁超载运输，对车厢进行蒙盖。对于意外原因所产生的遗撒，应及时进行处理。

(5)建筑垃圾的存放、运输产生的扬尘的控制。

1)对于多层及高层建筑，应采取周边封闭措施，坚持工完场清，及时将施工中产生的废弃物清理至垃圾堆放场，包括定期清理外脚手架上的建筑垃圾。

2)在施工现场设垃圾堆放处，周边应封闭良好。现场垃圾清运设专人负责管理，制订现场垃圾清运计划，严格按照计划进行现场垃圾的及时清运。

7. 施工机械的管理

(1)管理措施。

1)国家明令淘汰的能耗高、技术含量低、对环境污染大的施工机械禁止进入现场。

2)分包商的大型施工机械进入现场前，必须向项目提供该施工机械的性能参数及环境污染物的排放值，超过国家及地方规定排放标准的机械，不允许进入现场。

3)应对自有施工机械进行定期检查、维护、保养，以保证施工机械始终处于良好运行的状态。

4)应督促设备租赁单位，对其施工机械进行定期检查、维护、保养，以保证施工机械始终处于良好运行的状态。

5)对分包商提供的设备，项目应督促各分包商进行全面的检查和维护保养。

6)在维修、保养过程中产生的废油、废弃物由维修人员及时回收，禁止倒在地上，以免对土壤产生污染。

7)对现场使用的施工机械应进行定期(每月)检查，如发现问题，应及时下发限期整改通知书；存在重大安全隐患、较大环境污染等问题的施工机械必须停止使用，整改完毕后方可投入使用。

(2)对现场运行的施工机械的要求。

1)固定连接紧固，无松动、松旷现象。

2)机械运转平稳，无异响和振动。

3)各运转机构有良好的密封性，不能有漏油、漏气、漏水现象。

8. 易燃易爆品、油品、化学品的管理

(1)运输管理。

1)易燃易爆品、油品及化学品的运输、押运及卸货应由有经验的单位或人员进行。如属危险品，则必须由有资格的专业运输单位负责运输、押运及卸货。

2)运输、装卸易燃易爆品、油品及化学品时，应轻拿轻放，防止撞击和倾倒。

3)碰撞、互相接触容易引起燃烧、爆炸或造成其他危害的物品，以及化学性质或防护、灭火方法互相抵触的物品，不得违反配装限制和混合装运。

4)遇热、遇潮容易引起燃烧、爆炸或产生有毒气体的物品，在装运时应当采取隔热、防潮措施。

(2)储存管理。

1)易燃易爆品、油品及化学品的储存应建立台账，对物品的名称、数量及入库日期进行登记，并定期清点。应控制易燃易爆品、油品及化学品的库存量。

2)易燃易爆品、油品及化学品应储存在专用仓库、专用场地或专用储存库(柜)内，并设专人管理。易燃易爆品、油品及化学品库房管理人员应对库房定期检查。

3)易燃易爆品、油品及化学品的专用仓库，应根据物品的种类、性质，设置相应的通风、防爆、泄压、防火防雷、报警、灭火、防晒、调温、消除静电、防护围堤等安全措施。

4)易燃易爆品、油品及化学品应分类分项存放，堆垛之间的主要通道应有安全距离，不得超量储存。化学性质或防护、灭火方法相互抵触的化学危险物品，不得在同一仓库或同一储存室内存放。

5)易燃易爆品、油品及化学品应防止泄漏。

6)遇火、遇潮容易燃烧、爆炸或产生有毒气体的物品，不得在露天、潮湿、漏雨和低洼容易积水的地点存放。

7)受阳光照射容易燃烧、爆炸或产生有毒气体的物品和桶装、灌装等易燃液体、气体应在阴凉地点存放。

8)各种气瓶的存放，要距离明火 10 m 以上，搬动时不能碰撞。氧气瓶不能和可燃气瓶同放于一处，其间距应在 5 m 以上。

(3)发放管理。

1)易燃易爆品、油品及化学品的发放应由专人负责，建立台账，对领用物品、数量、领用人及领用日期进行登记。

2)应根据工程进度和工作的实际需要控制易燃易爆品、油品及化学品的领用数量。

(4)使用管理。

1)严格用火管理制度。

2)易燃易爆品、油品及化学品的使用，应按照有关操作规程或产品使用说明严格执行。

3)使用易燃易爆品、油品及化学品时，应有必要的安全防护措施和用具。

4)使用易燃易爆品、油品及化学品时，应防止泄漏。

5)各种气瓶在使用时，要距离明火 10 m 以上，搬动时不能碰撞。氧气瓶要有瓶盖，氧气瓶的减压器上应有安全阀，严防沾染油脂，不得暴晒、倒置，与乙炔瓶的工作间距不小于 5 m。

6)各种易燃易爆品、油品及化学品的废弃物，应在现场规定位置存放，定期对其回收或处理。

(5)紧急情况的准备及处置。

1)根据易燃易爆品、油品及化学品的种类与数量，配备相应种类和数量的防护、救助工具。

2)易燃易爆品、油品及化学品的运输、储存与使用应设专人进行监控，若发现事故隐患要及时处理。

3)在易燃易爆品、油品及化学品的运输、储存与使用过程中发生意外情况或事故时，应及时处理和上报。

项目案例

案例 6-1

【背景资料】

某公司办公楼工程为 6 层(局部 5 层)框架结构，建筑面积为 13 000 m^2，由 A 公司承接后，转包给私人包工头(挂靠该建筑公司，使用该公司资质)自行组织施工。该工程中厅屋盖采用钢筋混凝土结构，长 36 m，宽 20 m，高 15 m，模板支架采用钢管，木立杆的间距为 2 m，步距为 1.9 m。于 2013 年 5 月 20 日下午开始浇筑混凝土，由于模板支架间距过大，又缺少水平拉结和剪刀撑，架体承载力不够。当连续作业到 21 日凌晨时，突然发生屋顶梁板整体坍塌，造成 3 人死亡、1 人重伤的重大事故。

【问题】

(1)这起事故属于哪一类安全事故？这一类事故还可能包括哪些情况？

(2)事故发生的主要原因是什么？

(3)请简要分析这起事故的性质，谁应对这起事故负直接责任？

(4)事故调查中的“四不放过”的原则有哪些？

【答案】

(1)此事故属于较大事故，国务院令第 493 号《生产安全事故报告和调查处理条例》与 111 号文的分类方式基本相同：较大事故，是指造成 3 人以上 10 人以下死亡，或者 10 人以上 50 人以下重伤，或者 1 000 万元以上 5 000 万元以下直接经济损失的事故。这一类事故还可能包括：10 人以上 50 人以下重伤，或者 1 000 万元以上 5 000 万元以下直接经济损失的事故。

(2)这起事故发生的主要原因有以下几项：

1)施工队伍无相应资质，违规承揽工程。

2)模板工程施工前没有编制专项施工方案，施工中所使用的模板支架间距过大不符合要求，缺少水平拉结和剪刀撑，不能承载施工荷载和材料自重，最终导致失稳坍塌。

3)施工现场管理混乱，违章施工。

(3)这是一起违法转包、违章施工所导致的重大责任事故。直接责任者为承揽该工程的私人包工头。

(4)事故原因不清楚"不放过"、责任人和群众未受教育"不放过"、事故隐患不整改"不放过"、责任人未处理"不放过"。

案例 6-2

【背景资料】

某行政单位办公楼，地下1层、地上4层，建筑总檐高为23.8 m，建筑物占地面积为3 291 m^2，平面形状为缺角长方形。该办公楼总建筑面积为13 486 m^2，其中地下建筑面积为2 781 m^2，地上建筑面积为10 705 m^2，本工程设计标高±0.000 m，相当于绝对标高3.350 m，室内外高差450 mm。

地下室为车库及设备用房，层高为3.9 m；首层为接待用房，层高为5.4 m；二层为领导接待室及会议室，层高为5.4 m；三层为办公用房，层高为3.9 m；四层为活动用房、多功能厅、浴室等辅助用房，层高为3.9 m。

地面：混凝土地面，地砖地面。

外墙面层：面砖外墙及氟碳涂料外墙。

顶棚：涂料顶棚、硅钙板吊顶、铝扣板吊顶、石膏板吊顶、吸声石膏板吊顶。

屋面：采用SBS改性沥青防水层，保温层为75 mm厚挤塑聚苯板。

外墙窗玻璃：采用夹胶安全中空玻璃。

外檐门：不锈钢门。

建筑物内设有一部电梯，两部现浇楼梯。

本工程基础采用钢筋混凝土钻孔灌注桩，钢筋混凝土筏形基础。地上部分为现浇钢筋混凝土框架结构，楼板为现浇钢筋混凝土楼板，填充墙体采用轻集料空心混凝土砌块。

合同工期为150天。

工程难点：基坑支护，安全防护，施工工期短。

【问题】

对于本工程某施工单位的施工现场应有哪些安全措施?

【答案】

对于本工程，某施工单位的施工现场应有如下安全措施：

(1)施工安全措施。

1)按规定使用"三宝"。

2)机械设备的防护装置一定要齐全。

3)塔式起重机等起重设备必须有限位保险装置，不准"带病"运转，不准超负荷作业，不准在运转中进行维修保养。

4)电线线路的架设必须符合当地电业局的规定，电器设备必须全部接地或接零。

5)电动机械或电动手持工具，要设置漏电自动掉闸装置。

6)脚手架材料或脚手架的搭设必须符合规定要求。

7)各种缆风绳及其设置必须符合规定要求。

8)施工中的楼梯口、电梯井口、预留洞口、通道口必须有防护措施。

9)严禁赤脚或穿高跟鞋、拖鞋进入施工现场，高处作业不得穿硬底和带钉、易滑的鞋靴。

10)施工现场的悬崖、陡坎等危险地区应有防护栏及警戒标志，夜间要设红灯示警。

(2)安全事故预防措施。

1)开展安全思想教育和安全规章制度教育。

2)进行安全知识岗位培训，提高职工的安全技术素质。

3)推广安全标准化管理操作和安全确认制度活动，严格按安全操作规程和程序进行各项作业。

4)加强重点设备、人员作业的安全管理和监控，做到均衡生产。

5)注意劳逸结合，使作业人员保持充沛的精力，从而避免产生不安全行为。

6)采取新工艺、新技术、新设备，改善劳动条件。

7)加强对安全技术的研究，采用安全防护装置，隔离危险部位。

8)采用安全适用的个人防护用具。

9)开展安全检查，及时发现和整改安全隐患。

10)定期对作业条件(环境)进行安全评价，以便采取安全措施，保证符合作业的安全要求。

(3)安全生产技术措施。

1)夏季施工安全措施。夏季气候炎热，高温时间持续较长，主要应做好防暑降温工作。

2)雨期施工安全措施。在雨期进行作业，主要应做好防触电、防雷、防坍塌和防台风工作。

3)冬期施工安全措施。在冬期进行作业，主要应做好防风、防火、防滑等工作。

4)经批准的安全技术措施具有技术法规的作用，必须认真贯彻执行。遇到因条件变化或考虑不周必须变更安全技术措施内容时，应由原编制、审批人员办理变更手续，不能擅自变更。

5)要认真进行安全技术措施交底。工程开工前，由生产、技术负责人，编制人员将工程概况、施工方案和安全技术措施，向参加施工的有关管理人员及职工进行安全技术交底。

6)安全交底应有书面材料，有双方的签字和交底日期。

7)安全技术措施中的各种安全防护设施、装置的实施应列入施工任务单，责任落实到班组或个人，并实行验收制度。

8)加强安全技术措施实施情况的检查。检查安全技术措施的实施情况，及时纠正违反安全技术措施的行为、问题，必要时要对其及时补充和修改，使之更加完善、有效。

9)现场安全负责人要以施工安全技术措施为依据，以安全法规和各项安全规章制度为准则，经常性地对工地实施情况进行检查，并监督各项安全措施的落实。

10)对安全技术措施的执行情况，除认真监督检查外，还应建立必要的与经济挂钩的奖惩制度。

(4)施工现场的消防管理措施。

为了预防和减少火灾的危害，保证公民人身、公共财产和公民财产的安全，维护公共安全，保障社会主义现代化建设的顺利进行，消防工作要贯彻以预防为主、防消结合的方针，坚持消防机关与群众结合的原则，实行防火安全责任制，结合企业特点制定消防管理措施。

1)两级保卫部门配合项目治安、消防领导小组对施工人员及外分包队伍进行消防常识培训，大力宣传消防法和企业消防管理条例。

2)项目治安、消防领导小组定期对施工现场消防工作落实情况召开会议，并做到自查自改，一般隐患整改不过夜，较大隐患定人定时整改。

3)两级保卫部门将月查和平时检查相结合，发现隐患及时向项目负责人反馈，提出整改措施。

4)现场经济民警对违反消防管理的行为进行批评教育并令其整改，较大隐患及时上报，同时通知所在单位保卫部门。

5)施工现场明火作业由项目指定专人审批，经济民警负责对作业面措施落实情况进行检查，并做好记录。

6)施工现场要组建义务消防队组织，公司负责对其进行消防知识、灭火能力培训，做到能消除初期火灾。

7)凡涉及赔偿或处罚的，要严格履行公司的《关于对违反内部治安、消防教育及处罚的处理程序》。

案例 6-3

【背景资料】

某 A 住宅工程工地，发生一起重大伤亡事故，造成 4 人死亡，1 人重伤，直接经济损失为 65 万元。

【问题】

分析该工程事故，并划分事故责任。

【答案】

(1)工程事故分析。

1)工程概况。

A 工程建筑面积为 22 000 m^2，建筑物呈“一”字长方形，建筑物总长为 132 m。A 工程于 2000 年 9 月 28 日开工，至 2001 年 4 月 30 日，施工已进行到主体 9 层，由某建筑公司承建。

2)事故经过。

2001 年 4 月 30 日早 7 点 10 分左右，该工地发生一起龙门架吊盘坠落的重大生产责任事故，造成 4 人死亡，1 人重伤。

3)事故原因。

①直接原因。龙门架吊盘装载物料未按规定绑扎，在上升时物料散乱卡住吊盘上升，导致吊盘坠落。

②间接原因。施工单位使用的龙门架未经国家规定的专门检测机构进行检验；安全设施不齐全；施工现场管理混乱，工地随意录用人员从事特种作业，卷扬机操作手没经过培训教育就上岗工作，在吊盘违章乘人的情况下进行操作，仅工作 4 天就发生了事故。

(2)事故责任划分。

1)工地卷扬机操作手，在吊盘有人的情况下违章操作，对事故负有直接责任。

2)施工单位施工队长，违章带领作业人员乘坐吊盘，对事故负有直接责任。

3)项目经理对事故负有直接领导责任。

4)建筑公司经理对事故负有直接领导责任。

5)工地安全员在验收龙门架时未认真履行职责，没有及时发现龙门架存在的问题，没有制止违章乘坐吊盘行为，对事故负有主要责任。

6)建筑公司安全科长在龙门架验收时未认真履行检查职责，对工地安全监督管理不到位，对事故负有重要责任。

7)建筑公司设备科长为工地提供不符合标准的龙门架，在龙门架验收时未认真履行检查职责，对事故负有重要责任。

案例 6-4

【背景资料】

2006 年 5 月 12 日上午 8 时 30 分左右，A 大厦工程施工现场，发生一起围墙倒塌的重大事故，造成 19 人死亡，24 人受伤。

【问题】

分析该工程事故。

【答案】

(1)工程概况。

A 大厦建筑面积为 29 000 m^2，由 B 建筑公司承建，由 C 建设监理有限公司监理。

(2)事故经过。

A 大厦工程于 2006 年 3 月 29 日开始砌筑施工现场围墙，于 4 月 11 日完工。在没有办理施工许可、质量监督、施工图审查等手续的情况下，于 4 月 9 日进行该工程的基础开挖。

2006 年 5 月 10 日，大厦基础垫层施工已完成，在修复基坑东侧地道时，堆在基坑东侧基础垫层上 700～800 m^2 的石方，影响地道的加固修复。

2006 年 5 月 12 日早晨 8 时 30 分左右，倒运土石方工作正在进行过程中，基坑南侧一段围墙向外侧倒塌。当时，正值公园北街早市高峰，围墙倒塌处毗邻早市市场，摆摊、设点的经营者及行人 43 人被埋压在墙下，其中 12 人当场死亡，7 人送医院抢救无效死亡，24 人受伤。

(3)事故原因。

经事故调查组初步调查分析，这是一起严重违章作业、没有实施有效监管的重大责任事故。造成的事故原因如下。

1)直接原因。

经现场勘察，沿倒塌围墙内侧堆土石方量为 242 m^2，土石方堆积呈双峰状，峰高分别为 2.25 m 和 2.4 m。双峰分别贴靠围墙长度为 4 m 和 3.5 m，最高为 1.6 m，已倒塌围墙的砂浆强度等级为 M3.0。经专家计算，围墙的抗倾覆力矩为 6.86 kN·m，土石方对围墙的侧压力矩为 12.39 kN·m。根据现场勘察和计算结果，调查组认定，围墙倒塌的直接原因是紧靠墙体的土石方堆积量不断增加，土石方对围墙的侧压力矩超过围墙的抗倾覆力矩，造成围墙倒塌。

2)间接原因。

①盲目指挥、违章作业。施工队长在未制定任何施工方案的情况下，盲目指挥将土石方倒运至基坑南围墙内侧自然地坪处。施工队伍从 2006 年 5 月 10 日开始，违章将土石方

倒运至基坑南围墙内侧。特别是5月11日晚，施工队长继续安排施工队伍向基坑南围墙内侧自然地坪处倒运土石方，造成土石方的总量持续增加，最后导致事故发生。

②职责不明、责任不清、工作交底不到位、现场施工管理失控。从倒运土石方工作任务的下达到倒运土石方施工过程中，无人对土石方倒运工作交代安全事宜和进行检查。

③现场安全管理制度不健全，没有施工组织设计、具体施工方案和安全技术交底。大厦项目部工长负责现场的土石方施工工作，2006年5月11日晚作为项目驻地的唯一临时负责人，没有履行管理职责；在执行土石方倒运工作中，明知存在隐患，却没有采取防范措施；不监督、不检查、擅离职守，致使隐患不断发展，最后导致事故发生，对事故负有直接责任。

案例6-5

【背景资料】

2006年8月2日22时左右，A建筑公司承建B楼，在施工中，劳务工在住处违章操作引起火灾，造成5人死亡，1人轻伤。

【问题】

分析该工程事故及原因。

【答案】

(1)工程概况。

B楼建筑面积为12 468.51 m^2，采用混合结构，地下1层，地上5层(局部为6层)，地下室净空高为2.2 m，一层层高为3.3 m，其余层高均为3.1 m，楼长度为98.2 m，最宽处为45.1 m，檐高为19.8 m，建筑物平面布置呈“T”形，三处设有楼梯。该工程由A公司承建，于2006年3月10日开工，合同规定2006年8月20日竣工验收。

(2)事故经过。

2006年8月2日晚，工长徐××让劳务工岳××、陈××调配聚氨酯底层涂料，岳××将塑料壶里的90号汽油往盛有聚氨酯防水涂料的铁桶里倒，陈××用一根长度为1 m的木棍在铁桶里搅拌，大约搅拌5 min，铁桶里的搅拌物突然起火。陈××把着火的铁桶提到地下室的过道里，梁××把被引燃的汽油壶提起来扔到起火房间门外。这时外间的易燃物品也被引燃，火已窜出门外，人已经无法进出。另一劳务工侯××将着火的铁桶又拎到地下室走道西南角，便跑到楼上工地办公室取灭火器，然后报警，并和跑出火区的陈××返回地下室用灭火器扑救。灭火器喷完后，因有毒烟雾过大，他们就返回院子里。燃烧过程中产生的有毒气体致使徐××等5人中毒死亡。

(3)事故原因。

根据事故调查组对事故的定性分析认定，这起事故是一起重大责任事故。事故原因如下：

1)直接原因。

A公司装修队作业班在调配聚氨酯底层涂料的过程中，违反本项目施工组织设计方案、施工技术交底和施工安全技术交底，违章作业。其在空间狭小、通风不良、有明火源的场所擅自使用汽油代替二甲苯作稀释剂调配防水涂料，发生爆炸而引起火灾，产生有毒气体，这是造成本次事故的直接原因。

2)间接原因。

①施工作业班没有严格执行工程的施工组织设计方案、施工技术交底和安全技术交底

中关于聚氨酯防水涂料配合比及安全操作的要求，工长没有按规定对工人进行班前安全教育和易燃防水材料性能的技术交底，违章指挥作业人员冒险作业。

②A 楼项目部没有严格执行安全生产责任制度等有关规章制度，没有对作业班组实行有效监督检查，没有及时消除事故隐患。

③A 公司没有认真执行国家及企业的有关法律、法规和规章制度以及安全生产责任制，对项目部监督管理不到位。其分公司虽然按照制度规定每月进行两次安全检查，但检查力度不够，没有及时发现和消除事故隐患，制止违章作业。

案例 6-6

【背景资料】

某新建工程的建筑面积为 28 000 m^2，地下 1 层，地上 6 层，采用框架结构，建筑总高为 28.5 m，建设单位与施工单位签订了施工合同，合同约定项目施工创省级安全文明工地。在施工过程中，发生了如下事件：

事件一：建设单位组织监理单位、施工单位对工程施工安全进行检查，检查内容包括安全思想、安全责任、安全制度、安全措施。

事件二：施工单位编制的项目安全措施计划的内容包括有管理目标、规章制度、应急准备与相应的教育培训。检查组认为安全措施计划主要内容不全，要求补充。

事件三：施工现场入口设置了企业标志牌、工程概况牌，检查组认为制度牌设置不完整，要求补充。工人宿舍室内净高为 2.3 m，有封闭式窗户，每个房间住 20 名工人。检查组认为其不符合相关要求，对此下发了通知单。

事件四：检查组对本次安全检查进行了评价，汇总后打出 68 分。

【问题】

(1)除事件一所述检查内容外，施工安全检查还应检查哪些内容？

(2)事件二中，安全措施计划中还应补充哪些内容？

(3)事件三中，施工现场入口还应设置哪些制度牌？现场工人宿舍应怎样整改？

(4)事件四中，建筑施工安全检查评定结论有哪些等级？本次检查应评定为哪个等级？

【答案】

(1)施工安全检查还应检查的内容有安全防护、设备设施、教育培训、操作行为、劳动防护用品的使用和伤亡事故的处理。

(2)事件二中安全措施计划还应补充的内容有工程概况、组织机构与职责权限、风险分析与控制措施、安全专项施工方案、资源配置与费用投入计划、检查评价、验证与持续改进。

(3)事件三中，施工现场入口还应设置的制度牌有环境保护制度牌、安全生产制度牌、文明施工制度牌、消防保卫制度牌。

员工宿舍的整改：现场宿舍必须设置可开启式窗户，宿舍内的床铺不得超过两层。室内净高不得小于 2.4 m，通道宽度不得小于 0.9 m，每间宿舍的居住人员不得超过 16 人。现场宿舍内应设置生活用品专柜，门口应设垃圾桶。现场生活区应提供为作业人员晾晒衣物的场地。

(4)建筑施工安全检查评定结论等级有优良、合格、不合格。本次检查评定的等级为不合格。

项目小结

职业健康安全与环境管理作为建筑工程项目管理的主要内容之一，是时代的要求。因此，正确理解职业健康安全与环境管理的内涵，明确其基本任务，掌握建筑工程职业健康安全与环境管理的特点是管理者的工作内容之一。

建筑工程项目安全控制事关生命安全和工程成本，“安全第一，预防为主，综合治理”是我国安全生产的方针，切实可行的安全技术措施计划和有效实施是安全控制的重点。

明确安全事故的处理原则，掌握安全事故的处理程序，是安全事故处理的核心。明确文明施工的要求，有效实施施工现场环境保护措施是环境管理的关键所在。

项目习题

一、单选题

1. 安全技术交底工作中，大型或特大型工程由公司(　　)组织有关部门向项目经理和分包商进行交底。

A. 法人　　B. 总工　　C. 技术负责人　　D. 安全员

2. 安全技术交底工作中，项目(　　)对所管理辖的分包单位的工长进行分部工程施工安全措施交底。

A. 法人　　B. 总工　　C. 专业工程师　　D. 安全员

3. 某工程发生安全事故，造成 45 人死亡，直接经济损失为 10 000 万元，根据《生产安全事故报告和调查处理条例》，该事故属于(　　)。

A. 特别重大事故　　B. 重大事故

C. 较大事故　　D. 一般事故

4. 某安全生产事故造成 32 人死亡，根据《生产安全事故报告和调查处理条例》，该事故属于(　　)。

A. 特别重大事故　　B. 重大事故　　C. 较大事故　　D. 一般事故

5. 某安全生产事故造成 7 人死亡，根据《生产安全事故报告和调查处理条例》，该事故属于(　　)。

A. 特别重大事故　　B. 重大事故　　C. 较大事故　　D. 一般事故

6. 某安全生产事故造成 10 人死亡，根据《生产安全事故报告和调查处理条例》，该事故属于(　　)。

A. 特别重大事故　　B. 重大事故　　C. 较大事故　　D. 一般事故

7. 安全事故处理的程序是(　　)。

A. 事故报告→事故处理→事故调查　　B. 事故报告→事故调查→事故处理

C. 事故调查→事故报告→事故处理　　D. 事故处理→事故调查→事故报告

8. 某安全生产事故造成 2 人死亡，2 人重伤，直接经济损失为 800 万元，根据《生产安全事故报告和调查处理条例》，该事故属于(　　)。

A. 特别重大事故　　B. 重大事故
C. 较大事故　　D. 一般事故

9. 对施工总承包企业而言，在项目施工中，整个安全工作的薄弱环节是(　　)。
A. 施工人员的安全管理　　B. 施工安全管理规划
C. 分包单位的安全管理　　D. 施工安全管理计划的制定

10. 按人员伤亡或直接经济损失，生产安全事故可分为(　　)。
A. 轻伤事故、重伤事故、死亡事故、重大伤亡事故
B. 重伤事故、死亡事故、较大伤亡事故、特大伤亡事故
C. 重伤事故、重大事故、重大伤亡事故、特大伤亡事故
D. 特别重大事故、重大事故、较大事故、一般事故

二、多选题

1. 建筑施工现场的“四口”防护不当，有可能发生(　　)事故。
A. 触电　　B. 高空坠落　　C. 物体打击　　D. 失控

2. 施工现场文明施工的主要内容包括(　　)。
A. 保持作业环境的整洁、卫生　　B. 减少施工对周围居民的影响
C. 保证职工安全和身体健康　　D. 加强现场合同管理

3. 建筑施工现场的“三宝”是指(　　)。
A. 漏电保护器　　B. 安全帽　　C. 安全带　　D. 安全网

4. 对于建筑工程施工安全隐患，应重点防范(　　)。
A. 高处坠落　　B. 物体打击　　C. 职业病　　D. 触电

5. 施工项目安全事故的处理必须坚持的原则有(　　)。
A. 事故原因未查清不放过　　B. 职工群众未受到教育不放过
C. 防范措施未落实不放过　　D. 事故应急预案未制定不放过

6. 施工项目安全检查的主要形式有(　　)。
A. 专业性检查　　B. 定期检查
C. 经常性检查　　D. 分级检查

三、判断题

1. 根据《建筑企业职工安全培训教育暂行规定》，新工人必须进行三级安全教育，主要内容包括安全生产方针、安全技术知识、操作规程等。(　　)

2. 根据《生产安全事故报告和调查处理条例》，生产安全事故根据死亡人数、直接经济损失、重伤人数分为两个等级。(　　)

3. 对于建筑工程施工安全隐患，应重点防范高处坠落、职业病和触电等。(　　)

4. 根据《生产安全事故报告和调查处理条例》，生产安全事故根据死亡人数、直接经济损失、重伤人数分为三个等级。(　　)

5. 防范建筑工程施工安全隐患的基本措施包括控制人的不安全行为、加强法制管理、建立健全建筑施工企业的安全保障体系。(　　)

6. 根据《生产安全事故报告和调查处理条例》，生产安全事故根据死亡人数、直接经济损失、重伤人数分为五个等级。(　　)

7. 施工项目安全技术交底可用安全检查制度代替。(　　)

四、简答题

1. 建筑工程职业健康安全管理措施有哪些?
2. 简述职业健康安全检查的主要内容。
3. 职业健康安全事故的处理原则有哪些?
4. 简述职业健康安全事故的处理程序。
5. 建筑工程项目环境保护的意义有哪些?
6. 简述建筑工程项目环境保护措施。
7. 现场文明施工的基本要求有哪些?
8. 现场文明施工管理的控制要点有哪些?

项目七　建筑工程项目信息管理

学习目标

知识目标　了解信息的基本知识，理解信息管理的含义；掌握建筑工程项目信息管理的含义、目的、任务和基本环节；掌握建筑工程项目信息编码的方法和信息处理的方法；掌握项目管理信息系统的含义和功能，并理解其意义；掌握建筑工程项目管理信息化的含义与实施，并了解其意义和发展过程。

能力目标　能收集建筑工程项目信息，并按传统方法进行处理，初步利用基于网络的信息处理平台进行建筑工程项目信息的处理和利用。

项目分析

建筑工程项目信息管理是通过对各个系统、各项工作和各种数据的管理，使项目的信息能方便和有效地获取、存储、处理和交流。其基本环节包括：信息的收集、传递、加工、整理、检索、分发和存储，其中，信息处理是核心。目前，建筑工程项目信息处理的方式正由传统方式向基于网络的信息处理平台方向发展，因此，我国已将建筑工程项目管理信息化作为建筑业发展的一个重点。

单元一　建筑工程项目信息管理计划及实施

建筑工程项目信息管理是建筑工程项目管理的一个重要方面。其既有利于建筑工程项目管理总体目标的实现，又可为项目建设提供增值服务。

一、建筑工程项目信息管理计划

信息管理是指对信息的收集、加工整理、储存、传递与应用等一系列工作的总称。建筑工程项目信息管理是通过对各个系统、各项工作和各种数据的管理，使项目的信息能方便和有效地获取、存储(存档是存储的一项工作)、处理和交流。上述“各个系统”可视为与项目的决策、实施和运行有关的各系统，它们可分为建筑工程项目决策阶段管理子系统、实施阶段管理子系统和运行阶段管理子系统。其中，实施阶段管理子系统又可分为业主方管理子系统、设计方管理子系统、施工方管理子系统和供货方管理子系统等。上述“各项工作”可视为与项目的决策、实施和运行有关的各项工作。如施工方管理子系统中的工作包括安全管理、成本管理、进度管理、质量管理、合同管理、信息管理、施工现场管理等。上述“数据”并不仅指数字，在信息管理中，数据作为一个专门术语，包括数字、文字、图像和声音。在施工方项目信息管理中，各种报表、成本分析的有关数字，进度分析的有关数字，质量分析的有关数字，各种来往的文件，设计图纸，施工摄影和摄像资料及录音资料等都属于信息管理中数据的范畴。

建筑工程项目信息管理计划是对项目信息管理所作的整体安排，主要涉及建筑工程项目信息管理的目的、任务和信息处理方式等。

(一)建筑工程项目信息管理的目的

建筑工程项目信息管理的目的是通过有效的项目信息传输的组织和控制，为项目建设的增值服务。据有关国际文献的资料统计：建筑工程项目实施过程中存在的诸多问题，其中三分之二与信息交流(信息沟通)的问题有关；建筑工程项目10%～33%的费用增加与信息交流存在的问题有关；在大型建筑工程项目中，信息交流的问题所导致的工程变更和工程实施的错误占工程总成本的3%～5%。

由此可见，信息交流对项目实施的影响很大。以上“信息交流(信息沟通)”的问题指的是一方没有及时，或没有将另一方所需要的信息(如所需的信息的内容、针对性的信息和完整的信息)，或没有将正确的信息传递给另一方，如设计变更没有及时通知施工方，而导致返工；业主方没有将施工进度严重拖延的信息及时告知大型设备供货方，而设备供货方仍按原计划将设备运到施工现场，致使大型设备在现场无法存放和妥善保管；施工已产生了重大质量问题的隐患，而没有及时向有关技术负责人及时汇报等。以上问题都会不同程度地影响项目目标的实现。

(二)建筑工程项目信息管理的任务

1. 业主方和项目参与各方的建筑工程项目信息管理任务

业主方和项目参与各方都有各自的信息管理任务，为充分利用和发挥信息资源的价值、提高信息管理的效率，以及实现有序的和科学的信息管理，各方都应编制各自的信息管理手册，以规范信息管理工作。信息管理手册描述和定义信息管理的任务、执行者(部门)、每项信息管理任务执行的时间和其工作成果等。其主要内容包括以下几项：

(1)信息管理手册确定信息管理的任务(信息管理任务目录)。

(2)信息管理手册确定信息管理的任务分工表和管理职能分工表。

(3)信息管理手册确定信息的分类。

(4)信息管理手册确定信息的编码体系和编码。

(5)信息管理手册绘制信息输入输出模型(反映每一项信息处理过程的信息的提供者、信息的整理加工者、信息整理加工的要求和内容，以及经整理加工后的信息的接受者，并用框图的形式表示)。

(6)信息管理手册绘制各项信息管理工作的工作流程图(如信息管理手册编制和修订的工作流程，为形成各类报表和报告，收集信息、审核信息、录入信息、加工信息、传输和发布信息的工作流程，以及工程档案管理的工作流程等)。

(7)信息管理手册绘制信息处理的流程图(如施工安全管理信息、施工成本控制信息、施工进度信息、施工质量信息、合同管理信息等的信息处理流程)。

(8)信息管理手册确定信息处理的工作平台(如以局域网作为信息处理的工作平台，或以门户网站作为信息处理的工作平台等)及明确其使用规定。

(9)信息管理手册确定各种报表和报告的格式，以及报告周期。

(10)信息管理手册确定项目进展的月度报告、季度报告、年度报告和工程总报告的内容及其编制原则和方法。

(11)信息管理手册确定工程档案管理制度。

(12)信息管理手册确定信息管理的保密制度，以及与信息管理有关的制度。

2. 信息管理部门的建筑工程项目信息管理任务

信息管理部门是专门从事信息管理的工作部门，其主要工作任务如下：

(1)信息管理部门负责主持编制信息管理手册，在项目实施过程中，进行信息管理手册的必要修改和补充，并检查和督促其执行。

(2)信息管理部门负责协调和组织项目管理班子中各个工作部门的信息处理工作。

(3)信息管理部门负责信息处理工作平台的建立和运行维护。

(4)信息管理部门与其他工作部门协同组织收集信息、处理信息，形成各种反映项目进展与项目目标控制的报表和报告。

(5)信息管理部门负责工程档案管理等。

(三)建筑工程项目信息管理的处理方式

1. 信息的特征与分类

信息指的是用口头的方式、书面的方式或电子的方式传输(传达、传递)的知识、新闻，或可靠的或不可靠的情报。声音、文字、数字和图像等都是信息表达的形式。信息与人力资源、物质资源一样，是建筑工程项目实施的重要资源之一。

(1)信息的特征。信息的基本特征有实事性、扩散性、传输性、共享性、增值性、不完全性、等级性、滞后性。

(2)信息的分类。从使用角度，常对信息按照以下角度分类：按信息的内容，可分为自然信息(非人类信息，如地质地貌)和社会信息(人类信息)；按信息的表现形式，可分为文献型信息(以语言文字的形式出现，如文档、图纸等)、数据型信息(以数据信息的形式出现，如工程统计资料等)、声像型信息(以声音或图像的形式出现，如里程碑事件照片等)、多媒体信息(集文字、声音、图像于一体，如 PMIS 系统)；按信息的时间状态，可分为过去信息(记录信息)、现在信息(控制信息)、未来信息(计划信息)；按信息的空间状态，可分为宏观信息(如国家)、中观信息(如建筑行业)、微观信息(如单个项目工程)。

2. 信息的处理

目前，信息的处理已逐步向电子化和数字化的方向发展，但建筑业和基本建设领域的信息化已明显落后于其他许多行业，建筑工程项目信息的处理基本上还沿用传统的方法和模式。应采取措施，使信息的处理由传统的方式向基于网络的信息处理平台发展，以充分发挥信息资源的价值，以及信息对项目目标控制的作用。

二、建筑工程项目信息管理计划的实施

为了实施建筑工程项目信息管理计划，首先应建立建筑工程项目信息管理机构，其次应构建基于网络的信息处理平台。

(一)建立建筑工程项目信息管理机构

建筑工程项目信息管理机构，是根据建筑工程项目信息管理的目的和任务所建立的专门负责项目信息管理的部门，应明确其职责和内部分工，其人员应选聘既具有工程建设知

识又具有信息管理技术的复合型人才，或选聘具有工程建设知识，经进修信息管理技术已合格的人才。

(二)构建基于网络的信息处理平台

基于网络的信息处理平台由数据处理设备、软件系统、数据通信网络构成。

(1)数据处理设备包括计算机、打印机、扫描仪、绘图仪以及数码相机、DV 等。

(2)软件系统包括许多种类的操作系统和服务于信息处理的应用软件等。

(3)数据通信网络包括形成网络的有关硬件设备和相应的软件，如电子信箱、QQ 等。数据通信网络主要有以下三种类型：

1)局域网(LAN)——由与各网点连接的网线构成网络，各网点对应于装备有实际网络接口的小型用户工作站。

2)城域网(MAN)——用于在大城市范围内两个或多个网络的互联。

3)广域网(WAN)——在数据通信中，用来连接分散在广阔地域内的大量终端和计算机的一种多态网络。

建筑工程项目的业主方和项目参与各方往往分散在不同的地点或不同的城市、不同的国家，因此，其信息处理应考虑充分利用远程数据通信的方式，如通过电子邮件收集信息和发布信息；通过基于互联网的项目专用网站(PSWS)实现业主方内部、业主方和项目参与各方，以及项目参与各方之间的信息交流、协同工作和文档管理；通过基于互联网的项目信息门户的为众多项目服务的公用信息平台实现业主方内部、业主方和项目参与各方，以及项目参与各方之间的信息交流、协同工作和文档管理；召开网络会议；进行基于互联网的远程教育与培训等。

(4)互联网及基于互联网的项目信息门户(PIP)和项目专用网站(PSWS)。

互联网是广域网、局域网及单机按照一定的通信协议组成的国际计算机网络。目前，互联网是最大的全球性网络，它连接了覆盖 100 多个国家的各种网络，如商业性的网络(. com 或 . cn)、大学网络(. ac 或 . edu)、研究网络(. org 或 . net)和军事网络(. mil)等，并通过网络连接数以千万台的计算机，以实现连接互联网的计算机之间的数据通信。互联网由若干个学会、委员会和集团负责维护和运行管理。

基于互联网的项目信息门户(PIP)属于电子商务(E-Business)两大分支中的电子协同工作(E-Collaboration)。项目信息门户在国际学术界有明确的内涵，即在对项目实施全过程中项目参与各方产生的信息和知识进行集中式管理的基础上，为项目的参与各方在互联网平台上提供一个获取个性化项目信息的单一入口，从而为项目的参与各方提供一个高效的信息交流和协同工作的环境。其核心功能是在互动式的文档管理的基础上，通过互联网促进项目参与各方之间的信息交流和协同工作，从而达到为项目建设增值的目的。

基于互联网的项目专用网站(PSWS)是基于互联网的项目信息门户的一种方式，是为某一个项目的信息处理专门建立的网站。但是基于互联网的项目信息门户也可以服务于多个项目，即成为为众多项目服务的公用信息平台。基于互联网的项目信息门户如美国的 Buzzsaw. com(于 1999 年开始运行)和德国的 PKM. com(于 1997 年开始运行)，都有大量用户在其上进行项目信息处理。

单元二　建筑工程项目信息管理措施的编制

一、建筑工程项目信息的分类与编码

(一)建筑工程项目信息的分类

建筑工程项目信息包括在项目决策过程、实施过程(设计准备、设计、施工和物资采购过程等)和运行过程中产生的信息，以及其他与项目建设有关的信息，其有多种分类方法。

(1)按照建筑工程项目的目标可划分为投资控制信息、质量控制信息、进度控制信息、合同管理信息等。

1)投资控制信息是指与投资控制直接有关的信息，如各种估算指标、类似工程造价、物价指数；设计概算、概算定额；施工图预算、预算定额；工程项目投资估算；合同价组成；投资目标体系；计划工程量，已完工程量，单位时间付款报表，工程量变化表，人工、材料调查表；索赔费用表；投资偏差、已完工程结算；竣工决算、施工阶段的支付账单；原材料价格、机械设备台班费、人工费、运杂费等。

2)质量控制信息是指和建筑工程项目质量有关的信息，如国家有关的质量法规、政策及质量标准、项目建设标准；质量目标体系和质量目标的分解；质量控制工作流程、质量控制的工作制度、质量控制的方法；质量控制的风险分析；质量抽样检查的数据；各个环节工作的质量(工程项目决策的质量、设计的质量、施工的质量)；质量事故记录和处理报告等。

3)进度控制信息是指与进度相关的信息，如施工定额；项目总进度计划、进度目标分解、项目年度计划、工程总网络计划和子网络计划、计划进度与实际进度偏差；网络计划的优化、网络计划的调整情况；进度控制的工作流程、进度控制的工作制度、进度控制的风险分析等。

4)合同管理信息是指与建筑工程相关的各种合同信息，如工程招投标文件；工程建设施工承包合同，物资设备供应合同，咨询、监理合同；合同的指标分解体系；合同签订、变更、执行情况；合同的索赔等。

(2)按照建筑工程项目信息的来源可划分为项目内部信息和项目外部信息。

1)项目内部信息是指建筑工程项目各个阶段、各个环节、各有关单位发生的信息总体。内部信息取自建筑项目本身，如工程概况、设计文件、施工方案、合同结构、合同管理制度，信息资料的编码系统、信息目录表，会议制度，监理班子的组织，项目的投资目标、项目的质量目标、项目的进度目标等。

2)项目外部信息是指来自项目外部环境的信息，如国家有关的政策及法规；国内及国际市场的原材料及设备价格、市场变化；物价指数；类似工程造价、进度；投标单位的实力、投标单位的信誉、毗邻单位情况；新技术、新材料、新方法；国际环境的变化；资金市场变化等。

(3)按照信息的稳定程度可划分为固定信息和流动信息。

1)固定信息是指在一定时间内相对稳定不变的信息，包括标准信息、计划信息和查询信息。标准信息主要指各种定额和标准，如施工定额、原材料消耗定额、生产作业计划标准、设备和工具的耗损程度等；计划信息反映在计划期内已定任务的各项指标情况；查询信息主要指国家和行业颁发的技术标准、不变价格、监理工作制度、监理工程师的人事卡片等。

2)流动信息是指在不断变化的动态信息，如项目实施阶段的质量、投资及进度的统计信息；反映在某一时刻，项目建设的实际进程及计划完成情况；项目实施阶段的原材料实际消耗量、机械台班数、人工工日数等。

(4)按照信息的层次可划分为战略型信息、管理型信息和业务型信息。

1)战略型信息是指该项目建设过程中的战略决策所需的信息、投资总额、建设总工期、承包商的选定、合同价的确定等。

2)管理型信息是指项目年度进度计划、财务计划等。

3)业务型信息是指各业务部门的日常信息，较具体、精度较高。

(5)按照信息的性质可将建筑工程项目信息按项目管理功能划分为组织类信息、管理类信息、经济类信息和技术类信息四大类。

(二)建筑工程项目信息的编码

编码是指设计代码，而代码指的是代表事物的名称、属性和状态的符号和数字。代码的作用有两个，一是可以给事物提供一个精练而不含糊的记号；二是可以提高数据处理的效率，节约存储空间。编码由一系列符号(如文字)和数字组成，编码是信息处理的一项重要的基础工作。

一个建筑工程项目有不同类型和不同用途的信息，为了有组织地存储信息，方便信息的检索和信息的加工整理，必须对项目的信息进行编码。如可按下列类型进行编码：项目的结构编码、项目管理组织结构编码、项目的政府主管部门和各参与单位编码(组织编码)、项目实施的工作项编码(项目实施的工作过程的编码)、项目的投资项编码(业主方)/成本项编码(施工方)、项目的进度项(进度计划的工作项)编码、项目的进展报告和各类报表编码、合同编码、函件编码、工程档案编码等。

以上这些编码是由于不同的用途而编制的，如投资项编码(业主方)/成本项编码(施工方)服务于投资控制工作/成本控制工作，进度项编码服务于进度控制工作。但是有些编码并不是针对某一项管理工作而编制的，如投资控制/成本控制、进度控制、质量控制、合同管理、编制项目进展报告等都要使用项目的结构编码，因此，就需要进行编码的组合。

建筑工程项目信息编码的具体方法如下：

(1)项目的结构编码依据项目结构图，对项目结构的每一层的每一个组成部分进行编码。

(2)项目管理组织结构编码依据项目管理的组织结构图，对每一个工作部门进行编码。

(3)项目的政府主管部门和各参与单位的编码包括：政府主管部门、业主方的上级单位或部门、金融机构、工程咨询单位、设计单位、施工单位、物资供应单位、物业管理单位等。

(4)项目实施的工作项编码应覆盖项目实施的工作任务目录的全部内容。其包括：设计准备阶段的工作项、设计阶段的工作项、招投标工作项、施工和设备安装工作项、项目动用前的准备工作项等。

(5)项目的投资项编码并不是概预算定额确定的分部分项工程的编码，它应综合考虑概算、预算、招标控制价(标底)、合同价和工程款的支付等因素，建立统一的编码，以服务于项目投资目标的动态控制。

(6)项目成本项编码并不是预算定额确定的分部分项工程的编码，它应综合考虑预算、投标价估算、合同价、施工成本分析和工程款的支付等因素，建立统一的编码，以服务于项目成本目标的动态控制。

(7)进度项编码应综合考虑不同层次、不同深度和不同用途的进度计划工作项的需要，建立统一的编码，服务于项目进度目标的动态控制。

(8)进展报告和各类报表编码应包括项目管理形成的各种报告和报表的编码。

(9)合同编码应参考项目的合同结构和合同的分类，应反映合同的类型、相应的项目结构和合同签订的时间等特征。

(10)函件编码应反映发函者、收函者、函件内容所涉及的分类和时间等，以便函件的查询和整理。

(11)工程档案的编码应根据有关工程档案的规定、项目的特点和项目实施单位的需求而建立。

二、建筑工程项目信息的收集

(一)项目决策阶段的信息收集

在项目决策阶段主要收集外部宏观信息，主要包括历史、现代和未来三个时态的信息，其具有较多的不确定性。在项目决策阶段所收集的信息包括项目相关市场方面的信息，项目资源相关方面的信息，自然环境相关方面的信息，新技术、新设备、新工艺、新材料，专业配套能力方面的信息，政治环境，社会治安状况，当地法律、政策、教育的信息。收集这些信息是为了帮助建设单位避免决策失误，进一步开展调查和投资机会研究，编写可行性研究报告，进行投资估算和工程建设经济评价。

(二)设计阶段的信息收集

(1)可行性研究报告、前期相关文件资料、存在的疑点和建设单位的意图、建设单位前期准备和项目审批完成的情况。

(2)同类工程相关信息，包括建筑规模，结构形式，造价构成，工艺、设备的选型，地质处理方式及实际效果，建设工期，采用新材料、新工艺、新设备、新技术的实际效果及存在的问题，技术经济指标。

(3)拟建工程所在地相关信息，包括地质、水文情况，地形地貌、地下埋设和人防设施情况，城市拆迁政策和拆迁户数，青苗补偿，周围环境。

(4)勘察、测量、设计单位相关信息，包括同类工程完成情况、实际效果、完成该工程的能力、人员构成、设备投入、质量管理体系完善情况、创新能力、设计概算和施工图预算编制能力等。

(5)工程所在地政府相关信息，包括国家和地方政策、法律、法规、规范规程、环保政策、政府服务情况和限制等。

(6)设计中的设计进度计划，设计质量保证体系，设计合同执行情况，偏差产生的原因，纠偏措施，专业间设计交接情况，规范、规程、技术标准，特别是强制性规范的执行情况，设计概算和施工图预算结果等。

设计阶段信息的收集范围广泛、来源较多、不确定因素和外部信息较多、难度较大，这要求信息收集者有较高的技术水平和较广的知识面，又要有一定的设计相关经验、投资管理能力和信息综合处理能力，才能完成该阶段的信息收集。

(三)施工招投标阶段的信息收集

(1)工程地质、水文地质勘察报告，施工图设计及施工图预算、设计概算，设计、地质勘察、测绘的审批报告等方面的信息，特别是该建设工程有别于其他同类工程的技术、材料、设备、工艺、质量要求的有关信息。

(2)建设单位建设前期报审文件，包括立项文件，建设用地、征地、拆迁文件。

(3)工程造价的市场变化规律及所在地区的材料、构件、设备、劳动力差异。

(4)当地施工单位管理水平，质量保证体系，施工质量，设备、机具能力。

(5)本工程适用的规范、规程、标准，特别是强制性规范。

(6)所在地关于招投标的有关法规规定，国际招标、国际贷款指定适用的范本，本工程适用的建筑施工合同范本及特殊条款的精髓所在。

(7)所在地招投标代理机构的能力、特点，所在地招投标管理机构及管理程序。

(8)该建设工程采用的新技术、新设备、新材料、新工艺，投标单位对“四新”的处理能力和了解程度、经验、措施。

该阶段要求信息收集人员充分了解施工设计和施工图预算，熟悉法律法规，熟悉招标、投标程序，熟悉合同示范范本，特别要求在了解工程特点和工程量分解上有一定能力，这样才能为建设方决策提供必要的信息。

(四)施工阶段的信息收集

施工阶段的信息收集，可从施工准备期、施工实施期、竣工保修期三个子阶段分别进行。

1. 施工准备期

施工准备期是指从建设工程合同签订到项目开工这个阶段，在此阶段应从以下几个方面收集信息：

(1)监理大纲；施工图设计及施工图预算，特别要掌握结构特点，掌握工程难点、要点、特点，掌握工业工程的工艺流程特点、设备特点，了解工程预算体系(按单位工程、分部工程、分项工程分解)；了解施工合同。

(2)施工单位项目经理部的组成，进场人员资质；进场设备的规格型号、保修记录；施工场地的准备情况；施工单位质量保证体系及施工单位的施工组织设计，特殊工程的技术方案，施工进度网络计划图表；进场材料、构件管理制度；安全保安措施；数据和信息管理制度；检测和检验、试验程序和设备；承包单位和分包单位的资质等施工单位信息。

(3)建设工程场地的地质、水文、测量、气象数据；地上、地下管线，地下洞室，地上原有建筑物及周围建筑物、树木、道路；建筑红线，标高、坐标；水、电、气管道的引入标志；地质勘察报告、地形测量图及标桩等环境信息。

(4)施工图的会审和交底记录，开工前的监理交底记录，对施工单位提交的施工组织设计按照项目监理部的要求进行修改的情况，施工单位提交的开工报告及实际准备情况。

(5)本工程需遵循的相关建筑法律、法规和规范、规程，有关质量检验、控制的技术法规和质量验收标准。

在施工准备期，信息的来源较多、较杂，由于参建各方的相互了解还不够，信息渠道没有建立，收集有一定困难。因此，更应该组建收集工程信息的合理流程，确定合理的信息源，规范各方的信息行为，建立必要的信息秩序。

2. 施工实施期

对在施工实施期收集的信息应分类并由专门的部门或专人分级管理，可从以下几个方面收集信息：

(1)施工单位人员、设备、水、电、气等能源的动态信息。

(2)施工期气象的中长期趋势及同期历史数据，每天不同时段的动态信息，特别在气候对施工质量影响较大的情况下，更要加强气象数据的收集。

(3)建筑原材料、半成品、成品、构配件等工程物资的进场、加工、保管、使用等信息。

(4)项目经理部管理程序，质量、进度、投资的事前、事中、事后控制措施，数据采集来源及采集、处理、存储、传递方式；工序间交接制度，事故处理制度，施工组织设计及技术方案执行的情况，工地文明施工及安全措施等。

(5)施工中需要执行的国家和地方规范、规程、标准，施工合同的执行情况。

(6)施工中产生的工程数据，如地基验槽及处理记录、工序间交接记录、隐蔽工程检查记录等。

(7)建筑材料必试项目的有关信息，如水泥、砖、砂石、钢筋、外加剂、混凝土、防水材料、回填土、饰面板、玻璃幕墙等。

(8)设备安装的试运行和测试项目的有关信息，如电气接地电阻、绝缘电阻测试，管道通水、通气、通风试验，电梯施工试验，消防报警、自动喷淋系统联动试验等。

(9)施工索赔的相关信息，包括索赔程序、索赔依据、索赔证据、索赔处理意见等。

3. 竣工保修期

(1)工程准备阶段文件，如立项文件，建设用地、征地、拆迁文件，开工审批文件等。

(2)监理文件，如监理规划、监理实施细则、有关质量问题和质量事故的相关记录、监理工作总结以及监理过程中的各种控制与审批文件等。

(3)施工资料，分建筑安装工程和市政基础设施工程两大类分别收集。

(4)竣工图，分建筑安装工程和市政基础设施工程两大类分别收集。

(5)竣工验收资料，如工程竣工总结、竣工验收备案表、电子档案等。

三、建筑工程项目信息的处理

信息处理包括信息的加工、整理和存储。信息的加工主要是对建设各方得到的数据和信息进行鉴别、选择、核对、合并、排序、更新、计算、汇总、转储，生成不同形式的数据和信息，将其提供给具有不同需求的各类管理人员使用。在信息加工时，往往要求按照不同的需求，分层进行加工。对于不同的使用角度，加工方法是不同的。信息的加工、整理和存储流程是信息系统流程的主要组成部分，信息系统的流程图有业务流程图、数据流程图，一般先找到业务流程图，再进一步绘制数据流程图。数据流程图的绘制从上而下层层细化，经过整理、汇总后得到总的数据流程图，再得到系统的信息处理流程图。

信息的存储一般需要建立统一的数据库，各类数据以文件的形式组织在一起，组织的方法一般由单位自定，但要考虑规范化。根据建筑工程实际，可以按照下列方式组织：按照工程进行组织，同一工程从投资、进度、质量、合同的角度进行组织，各类进一步按照具体情况细化；文件名规范化，以定长的字符串作为文件名；建设方协调统一存储方式，在国家技术标准中有统一的代码时尽量采用统一代码；有条件时可以通过网络数据库存储数据，达到建设各方数据共享，减少数据冗余，保证数据的唯一性。

四、建筑工程项目信息的分发和检索

在对收集的数据进行分类、加工处理产生信息后，要及时将其提供给需要使用数据和信息的部门，信息和数据要根据需要来分发，信息和数据的检索则要建立必要的分级管理制度，一般使用软件来实现数据和信息的分发、检索，关键是要决定分发和检索的原则。分发和检索的原则是：需要的部门和使用人有权在需要的第一时间，方便地得到所需要的、以规定形式提供的一切信息和数据，而保证不向不该知道的部门(人)提供任何信息和数据。

(一)分发设计时考虑的内容

(1)分发设计时，了解使用部门或人的使用目的、使用周期、使用频率、得到时间、数据的安全要求。

(2)分发设计时，决定分发的项目、内容、分发量、范围和数据来源。

(3)分发设计时，决定分发信息和数据的结构、类型、精度和如何组织成规定的格式。

(4)分发设计时，决定提供的信息和数据介质。

(二)检索设计时考虑的内容

(1)检索设计时，允许检索的范围、检索的密级划分，密码的管理。

(2)检索设计时，检索的信息和数据能否及时、快速地提供，采用什么手段实现。

(3)检索设计时，提供检索需要的数据和信息输出形式，能否根据关键字实现智能检索。

五、建筑工程项目管理信息系统和信息化

(一)项目管理信息系统的含义和建筑工程项目管理信息系统的功能

1. 项目管理信息系统的含义

项目管理信息系统(Project Management Information System，PMIS)是基于计算机的项目管理的信息系统，主要用于项目的目标控制。管理信息系统(Management Information System，MIS)是基于计算机的管理的信息系统，主要用于企业的人、财、物、产、供、销的管理。项目管理信息系统与管理信息系统服务的对象和功能是不同的。

项目管理信息系统主要是用计算机的手段，进行项目管理有关数据的收集、记录、存储、过滤并把数据处理的结果提供给项目管理班子的成员。其是项目进展的跟踪和控制系统，也是信息流的跟踪系统。应用项目管理信息系统可以实现项目管理数据的集中存储，有利于项目管理数据的检索和查询，提高项目管理数据处理的效率，确保项目管理数据处

理的准确性，可方便地形成各种项目管理所需要的报表。项目管理信息系统可以在局域网上或基于互联网的信息平台上运行。

2. 建筑工程项目管理信息系统的功能

建筑工程项目管理信息系统的功能是：投资控制(业主方)或成本控制(施工方)、进度控制、合同管理。有些建筑工程项目管理信息系统还包括质量控制和一些办公自动化的功能。投资控制的功能包括：项目的估算、概算、预算、招标控制价(标底)、合同价、投资使用计划和实际投资的数据计算和分析，进行上述项目的动态比较[如概算和预算的比较、概算和招标控制价(标底)的比较、概算和合同价的比较、预算和合同价的比较等]，并形成各种比较报表，进行计划资金的投入和实际资金的投入的比较分析，根据工程的进展进行投资预测等。成本控制的功能包括：投标估算的数据计算和分析，计划施工成本，计算实际成本；计划成本与实际成本的比较分析，根据工程的进展进行施工成本预测等。进度控制的功能包括：计算工程网络计划的时间参数并确定关键工作和关键路线，绘制网络图和计划横道图，编制资源需求量计划，比较分析进度计划执行情况，根据工程的进展进行工程进度预测。合同管理的功能包括：合同基本数据查询、合同执行情况的查询和统计分析、标准合同文本查询和合同辅助起草等。

(二)建筑工程项目管理信息化

1. 建筑工程项目管理信息化的含义与意义

信息化指的是信息资源的开发和利用，以及信息技术的开发和应用。信息化是人类社会发展过程中的一种特定现象，它的产生和发展表明人类对信息资源的依赖程度越来越高。信息化是人类社会继农业革命、城镇化和工业化后进入新的发展时期的重要标志。信息化的出现给人类带来新的资源、新的财富和新的社会生产力，形成了以创造型信息劳动者为主体，以电子计算机等新型工具体系为基本劳动手段，以再生性信息为主要劳动对象，以高技术型企业为骨干，以信息产业为主导产业的新一代信息生产力。在以质能转换为主体的传统经济中，争夺资源的主要对象为土地、矿产和石油等，而今天，信息资源日益成为争夺的重点，这带来了国际社会新的竞争方式、竞争手段和竞争内容。

建筑工程项目管理信息化指的是建筑工程项目管理信息资源的开发和利用，以及信息技术在建筑工程项目管理中的开发和应用。建筑工程项目管理信息资源包括组织类工程信息，如建筑业的组织信息、项目参与方的组织信息、与建筑业有关的组织信息和专家信息等；管理类工程信息，如与投资控制、进度控制、质量控制、合同管理和信息管理有关的信息等；经济类工程信息，如建设物资的市场信息、项目融资的信息等；技术类工程信息，如与设计、施工和物资有关的技术信息等；法规类信息等。

目前，我国建筑业和基本建设领域对信息技术的应用与工业发达国家相比，尚存在较大的数字鸿沟，它反映在信息技术在建筑工程项目管理中的应用的观念上，也反映在有关的知识管理上，还反映在有关技术的应用方面。因此，建筑工程项目管理信息化已成为目前我国建筑业发展的一个重点，其意义主要体现在以下几个方面：

(1)建筑工程项目管理信息资源的开发和信息资源的充分利用，可吸取类似项目的正、反两方面的经验和教训，许多有价值的组织信息、管理信息、经济信息、技术信息和法规信息有助于项目决策期多种可能方案的选择，有利于项目实施期的项目目标控制，也有利于项目建成后的运行。

（2）信息技术在建筑工程项目管理中的开发和应用能实现：信息存储数字化和存储的相对集中、信息处理和变换的程序化、信息传输的数字化和电子化、信息获取的便捷化、信息透明度的提高、信息的流扁平化。信息存储数字化和存储的相对集中有利于项目信息的检索和查询，有利于数据和文件版本的统一，并有利于项目的文档管理；信息处理和变换的程序化有利于提高数据处理的准确性，并可提高数据处理的效率；信息传输的数字化和电子化可提高数据传输的抗干扰能力，使数据传输不受距离限制并可提高数据传输的保真度和保密性；信息获取的便捷化、信息透明度的提高以及信息流的扁平化有利于项目参与方之间的信息交流和协同工作。

（3）建筑工程项目管理信息化有利于提高建筑工程项目的经济效益和社会效益，以达到为项目建设增值的目的。

目前，我国建筑领域的信息化问题已经得到国家政府部门以及企业的高度重视，建设部在 2003 年发布了《2003—2008 年我国建筑业信息化发展规划纲要》，提出了建筑业信息化发展的总体目标，主要内容包括：运用信息技术全面提升建筑业管理水平和核心竞争能力，实现建筑业跨越式发展；提高建设行政主管部门的管理、决策和服务水平；促进建筑业软件产业化；跟踪国际先进水平，加快与国际先进技术接轨的步伐，形成一批具有国际水平的现代建筑企业。

2. 建筑工程项目管理信息化的发展过程

建筑工程项目管理信息化的发展大体经历了以下四个阶段：

（1）20 世纪 70 年代，单项程序的应用，如工程网络计划时间参数的计算程序、施工图预算程序等。

（2）20 世纪 80 年代，程序系统的应用，如项目管理信息系统、设施管理信息系统等。

（3）20 世纪 90 年代，程序系统的集成，它是随着建筑工程项目管理的集成而发展的。

（4）20 世纪 90 年代末期至今，基于网络平台的建筑工程项目管理，其中项目信息门户（PIP）、建筑工程项目全寿命周期管理（Building Lifecycle Management，BLM）是重要内容。

3. 建筑工程项目管理信息化的实施

建筑工程项目管理信息化的实施涉及宏观和微观两个方面。目前，建筑工程项目管理信息化水平不高，从客观背景来看，其与建筑业整体信息化水平不高是直接相关的。因此，要实施建筑工程项目管理信息化，从宏观层面来讲，必须大力推动建筑行业信息化以及建筑企业信息化。目前，我国已经制定出建筑行业信息化发展战略，同时，建筑企业也开始逐步进行信息化建设。这给建筑工程项目管理信息化提供了良好的发展机遇和发展基础。

建筑工程项目管理信息化的实施涉及更多的是微观方面，这也是建筑工程项目管理信息化推进过程中需要解决的实际问题，如单个项目信息化实施的组织与管理方案、相关人员思想意识的转变、项目管理软件的选择、项目文化的建立、信息管理手册的制定等。微观问题并不是小问题，只是相对于宏观问题而言在整个信息化体系中所处的层次较低，但它却是影响建筑项目管理信息化的关键问题，某个细节问题（如文件分类标准的确定）处理不当甚至会导致整个建筑工程项目管理信息化的失败。例如，网络速度的限制可能促使整个建筑工程项目管理信息平台运行效率降低甚至崩溃，并最终导致平台应用的失败。

（1）建筑工程项目管理信息化实施的组织。建筑工程项目管理信息化的实施，首先，要明确在整个建筑工程项目组织结构中实施建筑工程项目管理信息化的单位或部门，确定各个单位、部门以及个人在建筑工程项目管理信息化中的任务和管理职能分工，选择符合建筑工程项目管理信息化岗位要求的专人负责信息化工作，制定并绘制建筑工程项目信息分解图、与信息化相关的工作流程图和信息流程图等。在建筑工程项目管理信息化实施的组织方面应主要关注：强调业主在建筑工程项目管理信息化实施过程中的主导地位，确定建筑工程项目管理信息化实施的组织机构，确定建筑工程项目管理信息化实施的组织分工，确定建筑工程项目管理信息化实施的工作流程。

在建筑工程项目管理信息化的实施过程中，相关的工作流程主要包括：信息管理手册编制和修订的工作流程，为形成各类报表和报告而收集信息、录入信息、审核信息、加工信息、传播和发布信息的工作流程，工程档案管理的流程，如设计图纸、提交和分发文件的流程，信息技术的二次开发工作流程等。

(2)建筑工程项目管理信息化实施的管理。在建筑工程项目管理信息化过程中会遇到各种困难和阻力，要解决这些问题就需要采取多种措施，包括构建科学的项目管理体系、强调全员参与、采取合同措施、加强管理制度建设、采取经济措施、培育良好的项目文化以及加强教育和培训等。在理顺组织的前提下，科学和严谨的管理显得十分重要。

(3)建筑工程项目管理信息化实施的方法。建筑工程项目管理信息化实施的重要方法就是编制信息管理规划、程序与管理制度。信息管理规划、程序与制度是建筑工程项目管理信息化得以正常实施与运行的基础，其内容包括信息分类、编码设计、信息分析、信息流程与信息制度的确定等。

(4)建筑工程项目管理信息化实施的手段。其包括建立建筑工程项目信息中心和建筑工程项目信息处理平台。

项目小结

建筑工程项目信息管理作为建筑工程项目管理的主要内容之一，是时代的要求。因此，正确理解信息管理的内涵，明确其基本任务、掌握信息管理的特点是管理者的工作内容之一。

明确建筑工程项目信息管理计划的编制与实施内容、掌握建筑工程项目信息管理的主要措施，是建筑工程项目信息管理的核心。

项目习题

1. 建筑工程项目信息管理的含义是什么？
2. 建筑工程项目信息管理的任务有哪些？
3. 简述建筑工程项目信息管理的主要措施。
4. 简述建筑工程项目信息处理的方法。
5. 建筑工程项目管理信息系统的功能有哪些？
6. 什么是建筑工程项目管理信息化？其意义是什么？
7. 如何实施建筑工程项目管理信息化？

项目八　建筑工程项目沟通管理

学习目标

知识目标　了解沟通的基本知识，理解沟通管理的含义；掌握建筑工程项目沟通管理的类型；掌握建筑工程项目沟通管理的过程；掌握建筑工程项目沟通控制。

能力目标　能利用所学的理论知识在实际工程中进行沟通管理，并进行组织协调工作。

项目分析

项目利益相关者之间的良好有效的沟通是组织效率的确实保证，而管理者与被管理者之间的有效沟通是任何管理艺术的精髓。

单元一　建筑工程项目沟通管理计划的编制

一、建筑工程项目沟通管理概述

(一)沟通管理的内涵

沟通就是信息的交流。项目沟通管理就是确保通过正式的结构和步骤，及时、适当地对项目信息进行收集、分发、储存和处理，并对非正式的沟通网络进行必要的控制，以利于项目目标的实现。

(二)沟通管理的类型

沟通管理按照信息流向的不同，可分为下向沟通、上向沟通、平行沟通、外向沟通、单向沟通、双向沟通；按沟通的方法不同，可分为正式沟通、非正式沟通、书面沟通、口头沟通、言语沟通、体语沟通；按沟通渠道的不同，可分为链式沟通、轮式沟通、环式沟通、Y 式沟通、全通道式沟通。

(三)网络沟通

1. 网络沟通的优势

网络沟通可大大降低沟通成本，使沟通主体直观化，极大地缩小了信息储存空间，工作便利，安全性好，跨平台，容易集成。

2. 网络沟通的方式

网络沟通的渠道包括：基于网络的信息处理平台、数据通信网络、互联网、基于互联网的项目专用网站、电子邮件、基于互联网的项目信息门户。

(四)沟通在建筑工程项目管理中的作用

项目经理最重要的工作之一就是沟通。通常，浪费在这方面的时间应该占全部工作的75%以上。沟通在工程项目管理中的作用如下：

(1)激励。良好的组织沟通，可以起到振奋员工士气，提高工作效率的作用。

(2)创新。在有效的沟通中，沟通者互相讨论，启发共同思考、探索，往往能迸发创新的火花。

(3)交流。沟通的一个重要职能就是交流信息，例如，在一个具体的建筑工程项目中，业主、设计方、施工方、监理方要通过定期经常的例会，各部门达成共识，以便更好地推进项目的进展。

(4)联系。项目主管可通过信息沟通了解业主的需要、设备方的供应能力及其他外部环境信息。

(5)信息分发。在信息社会中，获得信息的能力和占有信息的数量及质量对于规避风险、管理好项目是不可替代的。有不少项目缺乏效率甚至失败，就是因为没有很好地管理项目的信息资源。所谓信息分发，就是把有效信息及时准确地分发给项目的利益相关者。

二、建筑工程项目沟通管理体系

(一)建筑工程项目沟通管理计划的编制

建筑工程项目管理的核心是施工项目经理，如果项目经理要花费75%～90%的时间用来沟通，那么沟通管理就是建筑工程项目管理中的润滑油。建筑工程项目沟通管理的目的是使项目组内部成员和项目干系人能及时、准确地得到所需要的信息，并能正确地理解相关信息，为项目目标的实现提供保证，起到协调多方关系的润滑剂作用。

因此，建筑工程项目沟通是建筑工程项目管理的一个重要组成部分，是体现项目沟通能力和管理能力的知识体系，也是建筑工程项目管理成功与否及执行好坏程度的一个关系问题。沟通是建立和改善人际关系必不可少的条件。

建筑工程项目沟通管理计划是建筑工程项目管理工作中各组织和人员之间关系能否顺利协调、管理目标能否顺利实现的关键，应重视其计划和编制工作。建筑工程项目沟通管理计划应由项目经理组织编制。

1. 建筑工程项目沟通管理计划的重要性

建筑工程项目沟通管理计划是建筑工程项目整体计划中的一部分，它的作用非常重要，但是也常常容易被忽视。沟通管理计划决定项目利益相关者的信息沟通需求：谁需要什么信息，什么时候需要，怎样获得。项目经理就位后的第一件事就是检查整个项目的沟通管理计划，因为在沟通管理计划中描述了项目信息的收集和归档结构、信息的发布方式、信息的内容、每类沟通产生的进度计划、约定的沟通方式等。只有把这些理解透彻，才能把握好沟通，在此基础之上熟悉项目的其他情况。很多项目中没有完整的沟通管理计划，这导致沟通非常混乱。完全依靠客户关系或以前的项目经验，或者说完全靠项目经理个人能力的高低，对有的项目沟通也还有效。然而，严格来说，一种高效的体系不应该只在大脑中存在，将其落实到规范的计划编制中是很有必要的。在项目初始阶段应该编制沟通计划。在编制沟通管理计划时，最重要的是理解组织结构和做好项目利益相关者分析。

2. 建筑工程项目沟通管理计划的编制内容与要点

(1)建筑工程项目沟通管理计划的主要内容。建筑工程项目沟通管理计划主要包括下列内容：

1)信息沟通的方式和途径。其主要说明在项目的不同实施阶段，针对不同的项目相关组织及不同的沟通要求，拟采用的信息沟通方式和沟通途径，即说明信息(包括状态报告、数据、进度计划、技术文件等)流向何人、将采用什么方法(包括书面报告、文件、会议等)分发不同类别的信息。

2)信息收集归档格式。其详细说明收集和储存不同类别信息的方法，包括对先前收集和分发材料、信息的更新和纠正。

3)信息的发布和使用权限。

4)发布信息说明。其包括格式、内容、详细程度以及应采用的准则或定义。

5)发布信息时间。其说明每一类沟通将发生的时间，确定提供信息更新依据或修改程序，以及确定在每一类沟通之前应提供的即时信息。

6)更新和修改沟通管理计划的方法。

7)约束条件和假设。

(2)建筑工程项目沟通管理计划的编制要点。建筑工程项目沟通管理计划应与建筑工程项目管理的组织计划相协调，应与施工进度、质量、安全、成本、资金、环保、设计变更、索赔、材料供应、设备使用、人力资源、文明工地建设、思想政治工作等组织计划相协调。应主要掌握以下几个步骤：

1)认识项目干系人。

2)分析项目干系人的信息需求。

3)依照信息需求找出信息种类。

4)将信息种类分类。

5)决定信息传递的周期。

6)决定信息传递的方式。

7)收集信息。

8)传递信息。

9)检讨信息传递成效。

在工程实施中，还应根据建筑工程项目沟通管理计划规定沟通的具体内容、对象、方式、目标、责任人、完成时间、惩罚措施等，采用定期或不定期的形式对沟通管理计划的执行情况进行检查、考核和评价，并结合实施结果进行调整，确保沟通管理计划的落实。

3. 建筑工程项目沟通管理计划的编制依据

编制建筑工程项目沟通管理计划包括确定项目干系人的信息和沟通需求。其主要依据的资料包括以下几项：

(1)根据建设、设计、监理单位等组织的沟通要求和规定编制。

(2)根据已签订的合同文件编制。

(3)根据项目管理企业的相关制度编制。

(4)根据国家法律法规和当地政府的有关规定编制。

(5)根据工程的具体情况编制。

(6)根据项目采用的组织结构编制。

(7)根据与沟通方案相适应的沟通技术约束条件和假设前提编制。

建筑工程项目沟通管理计划编制的依据还包括沟通要求、沟通技术、制约因素和假设。

(1)沟通要求。沟通要求是项目参加者的信息要求总和。项目沟通要求的信息一般包括：项目组织和各利益相关者之间的关系、该项目涉及的技术知识、项目本身的特点所决定的信息的特点、与项目组织外部的联系等。

(2)沟通技术。沟通技术即传递信息所使用的技术和方法。技术和方法很多，如何选择才能有效地、快捷地传递信息，取决于下列因素：对信息要求的紧迫程度、技术的取得性、预期的项目环境等。

(3)制约因素和假设。制约因素和假设是限制项目管理班子选择计划方案的因素，具有预测性，因此带有主观性，并使计划具有一定的不可预见性。

4. 建筑工程项目沟通管理计划编制的结果

建筑工程项目沟通管理计划编制的结果包括项目利益相关者分析结果、沟通计划文件。

(二)建筑工程项目沟通管理要素

沟通过程是发送者将信息通过选定的渠道传递给接收者的过程，沟通过程主要由六个要素构成，即发送者、渠道、接收者、信息反馈、障碍源、背景。

(三)沟通的技术方法

沟通可选择的方法很多，包括会议与个别交流、指示与汇报、书面与口头、内部刊物与宣传广告、意见箱与投诉站、技术方法等。其中，技术方法包括谈判、现代信息技术工具、执行情况报告及审查、偏差分析和趋势预测、语言。

(四)建筑工程项目信息管理

(1)项目信息管理是指有效地、有序地、有组织地对项目全过程的信息资源进行管理，这些信息资源包括项目整个生命期内不断产生的文件、报告、合同、照片、图纸、录像等。

(2)每个项目参与方既是项目信息的供方(源头)，也是项目信息的需方(用户)，每个项目参与方由于其在项目生命期中所处的阶段与工作不同，相应的项目管理信息系统的结构和功能也有所不同。

(3)项目信息管理系统是针对项目信息管理构建的一系列的信息管理构架。其包括项目进度信息管理系统、项目造价信息管理系统、项目质量信息管理系统、项目安全信息管理系统、项目合同信息管理系统、项目财务信息管理系统、项目物资信息管理系统、项目图文档案信息管理系统、项目办公与决策信息管理系统共九个管理系统。

(4)信息分发就是把收集到的信息及时地传递到信息需求者手中。信息分发以项目计划的工作结果、沟通管理计划及项目计划为依据。

单元二　建筑工程项目沟通协调

一、建筑工程项目沟通障碍和沟通技巧

(一)建筑工程项目沟通障碍

沟通障碍导致信息没有达到目的，或使另一方产生误解，是导致项目失败的重要原因。

(1)沟通有两条关键原则，即尽早沟通和主动沟通。

(2)保持畅通的沟通渠道。要想最大限度地保障沟通顺畅，就要当信息在媒介中传播时尽力避免各种干扰，使信息在传递中保持原始状态。信息发送出去并接收到之后，双方必须对理解情况作检查和反馈，确保沟通的正确性。

(3)越过沟通障碍的方法。

1)系统思考，充分准备。在进行沟通之前，信息发送者必须对其要传递的信息有详尽的准备，并据此选择适宜的沟通通道、场所等。

2)沟通要因人制宜。信息发送者必须充分考虑接收者的心理特征、知识背景等状况，调整自己的谈话方式。

3)充分运用反馈。许多沟通问题是由接收者未能准确把握发送者的意思所造成的，如果沟通双方在沟通中积极使用反馈这一手段，就会减少这类问题的发生。

4)积极倾听。积极倾听要求站在说话者的立场上，运用对方的思维架构去了解信息。

5)调整心态。情绪对沟通的过程有着巨大影响，兴奋、失望等情绪一方面易造成对信息的误解，另一方面也易造成过激的反应。

6)注意非言语信息。非言语信息往往比言语信息更能打动人。因此，作为发送者，必须确保发出的非言语信息能强化语言，体语沟通非常重要。

7)组织沟通检查。组织沟通检查是指检查沟通政策、沟通网络以及沟通活动的一种方法。这一方法把组织沟通看成实现组织目标的一种手段，而不是为沟通而沟通。

(二)建筑工程项目沟通技巧

(1)项目管理者应有的素质。一个成功的项目管理者在沟通时应具有以下基本沟通素质：

1)能简明扼要地说明任务的性质。

2)应告知员工该做什么、如何做。

3)会鼓励员工圆满完成任务。

4)能与员工建立和谐关系。

5)能与员工一起探讨问题，并听取他们的意见。

6)能有效地分配职责，并了解员工应该向你提出的问题。

7)作为领导，恰当地解释在特定环境中自己的失常行为。

(2)工程项目冲突管理。

1)工程项目冲突管理的目的是引导冲突的结果向积极的、协作的、非破坏性的方向发展。

①项目进度冲突：项目工作任务(或活动)的完成次序及所需时间的冲突。

②优先权冲突：项目参加者因对现实项目目标应该执行的工作活动和任务的次序关系意见不同而产生的冲突。

③人力资源冲突：由于来自不同职能部门而产生的有关项目团队成员支配问题等用人方面的冲突。

④技术冲突：在技术质量、技术性能要求、技术权衡以及实现性能的手段等技术问题上产生的冲突。

⑤管理程序冲突：围绕项目管理问题而产生的冲突，其包括项目经理的报告关系界定、责任界定、项目工作范围、运行要求、实施计划、与其他组织协商的工作协议以及管理支持程序等方面。

⑥成本费用冲突：在费用分配问题上产生的冲突。

⑦项目成员个性冲突：由于项目成员的价值观、事物判断标准等不同而产生的冲突。

2)冲突的基本解决模式有以下五种：

①退出。其实质是卷入冲突的项目成员从中退出，从而避免发生实质的或潜在的争端。

②强制。这一策略的实质是“非赢即输”，认为在冲突中获胜要比“勉强”保持人际关系更为重要，是一种积极的解决冲突的方式。

③缓和。其实质是“求同存异”，尽可能在冲突中强调意见一致的方面，而忽视差异。

④妥协。其实质是协商并寻求使争论双方在一定程度上都满意的方法，旨在寻找一种折中方案。

⑤协商。直接面对冲突以克服分歧，解决冲突。这是一条积极的冲突解决途径，既正视问题的结局，也重视团队之间的关系。

二、建筑工程项目沟通协调

(一)建筑工程项目沟通协调的内容

建筑工程项目沟通协调的内容包括组织内部、外部的人际沟通和组织沟通。人际沟通就是个体人之间的信息传递；组织沟通就是组织之间的信息传递。

(二)建筑工程项目沟通协调的渠道

沟通协调的渠道是指项目成员为解决某个问题和协调某一方面的矛盾，而明确规定的系统内部进行沟通协调工作时，所选择和组建的信息沟通网络。沟通协调的渠道可分为正式沟通渠道和非正式沟通渠道两种。每一种沟通协调的渠道都包括多种沟通模式。

为了做好建筑工程项目每个阶段的工作，以达到预期的标准和效果，应在项目部门内、部门与部门之间，以及项目与外界之间建立沟通协调的渠道，快速、准确地传递信息，以使项目内部各部门达到协调一致，并且使项目成员明确自己的职责，了解自己的工作对组织的贡献，找出项目实施的不同阶段出现的矛盾和管理问题，调整和修正沟通管理计划，控制评价结果。

在沟通协调中运用各种手段，特别是计算机、互联网平台等信息技术，对项目全过程所产生的各种项目信息进行收集、汇总、处理、传输和应用，进行沟通与协调并形成完整档案资料。

(三)建筑工程项目沟通协调的信息

沟通协调的内容涉及与项目实施有关的所有信息，包括项目各相关方共享的核心信息以及项目内部和相关组织产生的有关信息。

(1)核心信息应包括单位工程施工图纸、设备的技术文件、施工规范、机械设备供应商和价格信息、新技术及自然条件等。

(2)取得政府主管部门对该项建设任务的批准文件，取得地质勘探资料及施工许可证，取得施工用地范围及施工用地许可证，取得施工现场附近区域内的其他许可证等。

(3)项目内部信息主要有工程概况信息、施工记录信息、施工技术资料信息、工程协调信息、工程进度及资源计划信息、成本信息、资源需要计划信息、商务信息、安全文明施工及行政管理信息、竣工验收信息等。

(4)监理方信息主要有项目的监理规划、监理大纲、监理实施细则等。

(5)相关方包括社区居民、分承包方、媒体等提出的重要意见或观点等。

三、建筑工程项目沟通协调的方法

良好的沟通机制和沟通技巧是项目各干系人之间思想交流的重要保障。通常，有效的项目沟通管理，可使全体项目组成员的思想高度统一、步伐协调一致、一起行动听指挥、各项资料版本统一。信息的沟通、意见的交流，将许多独立的个人、团体、组织贯通起来，成为一个整体。信息沟通是人的一种重要的心理需要，是人们用以表达思想、感情与态度，寻求同情与友谊的重要手段。畅通的信息沟通，可以减少人与人的冲突，改善人与人、人与班子之间的关系。根据建筑工程项目沟通协调的主要内容，沟通可以分为组内沟通、组外沟通、组内与组外沟通。

(一)内部沟通协调方法

项目组内部的沟通主要指项目组成员内部的沟通交流。为了让项目组每个成员都能很好地领会项目的目标和下一步计划，让每位成员都清楚自己的任务和责任，项目经理必须保持与项目组成员的日常沟通，听取每位成员的工作心得及其工作进展情况，激励项目组成员的工作积极性。

项目组内部的沟通与协调可采用委派、授权、会议、文件、培训、检查、项目进展报告、思想工作、考核与激励及电子媒体等方式进行。

(1)项目经理部与组织管理层之间的沟通与协调，主要依据《项目管理目标责任书》，由组织管理层下达责任目标、指标，并实施考核、奖惩。

(2)项目经理部与内部作业层之间的沟通与协调，主要依据《劳务承包合同》和项目管理实施规划。

(3)项目管理部与各职能部门之间的沟通与协调，重点解决业务环节之间的矛盾，应按照各自的职责和分工，顾全大局、统筹考虑、相互支持、协调工作。特别是对人力资源、技术、材料、设备、资金等重大问题，可通过工程例会的方式研究解决。

(4)项目经理部人员之间的沟通与协调，通过做好思想政治工作，召开党小组会和职工大会，加强教育培训，提高整体素质来实现。

(二)外部沟通协调方法

项目组外部的沟通主要是与用户之间的交流和沟通。此类沟通的目的是使用户及时了解项目进展情况，保证项目按照计划和用户要求的方向推进，使用户认同项目的进度并建立预期目标。除平时的口头沟通外，项目经理负责根据项目管理规范中的沟通计划(如双方定期的工作进展报告、交流)，反映项目实施中出现的问题，并与用户协商解决方案，正式提出需要用户提供的支持或配合事项及需要用户确定的业务流程等。

外部沟通可采用电话、传真、交底会、协商会、协调会、例会、联合调查、项目进展报告等方式进行。

(1)施工准备阶段：项目经理部应要求建设单位按规定时间履行合同约定的责任，并配合做好征地拆迁等工作，为工程的顺利开工创造条件；要求设计单位提供设计图纸、进行设计交底，并搞好图纸会审；引进竞争机制，采取招标的方式，选择施工分包单位和材料设备供应商，签订合同。

(2)施工阶段：项目经理部应按时向建设、设计、监理等单位报送施工计划、统计报表和工程事故报告等资料，接受其检查、监督和管理；对拨付工程款、设计变更、隐蔽工程、签证等关键问题，应取得相关方的认同，并完善相应手续和资料。对施工单位应按月下达施工计划，定期进行检查、评比。对材料供应单位严格按合同办事，根据施工进度协商调整材料供应数量。

(3)竣工验收阶段：按照建筑工程竣工验收的相关规范和要求，积极配合相关单位做好工程验收工作，及时提供有关资料，确保工程顺利移交。

四、建筑工程项目沟通的形式和做法

(1)随时的交流与沟通。对于重大的工程，会不定期地或在每天下班后进行一次针对当天工作情况的小沟通，时间较短，通常在十几分钟内，目的是及时发现项目中出现的问题，并讨论解决措施。一个项目涉及各种未知和风险因素，需要协调很多事情。项目经理的任务之一就是做好沟通和交流。这样的沟通以非口头沟通居多，有时候也需要书面沟通和正式口头沟通。

(2)定期的状态评审会议。每周项目组内部有一个定期交流，主题是互相交流一周内的工作进展情况、分析已经出现和潜在的风险与问题、总结项目实施中所取得的好的经验，以保证每一位项目成员在项目中都发挥出良好的作用。特别是在项目的开始和收尾阶段，开会频率要高一些，可以一周多次，根据具体的项目而定。在项目执行过程中，一般一周一次就可以了。

每周的例会邀请用户相关部门的领导参加，有决定权的领导出席，交流会才有效果。项目经理应积极进行协调，主动邀请用户主持此类会议。通过增进与用户的沟通，分散和降低项目实施的风险，保证项目最终的顺利交接和验收。所有与用户之间的交流和沟通、项目组内部每周的例行沟通都要列入会议纪要，并统一作为项目管理的文档输出的一部分。

(3)与上级主管的沟通。除定期的周报和月报外，项目经理应与上级主管随时进行交流与沟通。如果发生突发事件或重要情况，项目经理应立即与上级主管联系，使问题得到及时的反映和解决。

(4)沟通前，项目经理要能清楚沟通的真正目的是什么及要对方解释什么，漫无目的的沟通就是无效的沟通。确定了沟通目标，沟通的内容就围绕沟通要达到的目的组织规划，也可以根据不同的目的选择不同的沟通方式。

(5)项目沟通的方式多种多样，可采取面对面沟通、电话沟通、电子邮件沟通、传真沟通或书面报告等多种形式。电子邮件等现代化工具可以提高沟通效率，拉近沟通双方的距离，减少不必要的面谈和会议。沟通是信息的传递，也是相互之间加深了解的桥梁，作为经理，必须掌握一定的沟通方式和技巧。

(6)在项目中，提倡主动沟通，尤其当已经明确了必须要去沟通的时候。当沟通是项目经理面对用户或上级、团队成员面对项目经理时，主动沟通不仅能建立紧密联系，更表明一方对项目的重视和参与，这会使沟通的另一方的满意度大大提高，对整个项目非常有利。

要想实现有效的沟通，除当事人要具备良好的沟通技巧外，沟通方式的正确选择也是非常重要的。

五、团体沟通和个体沟通的方式及适用情境

1. 团体沟通

团体沟通，顾名思义是指至少三人以上参加的信息沟通活动。团体沟通主要有以下两

种常用方式，即会议沟通和 E-mail(或书面)沟通。

(1)会议沟通。会议沟通是一种成本较高的沟通方式，沟通的时间一般比较长，因此，它常用于解决较重大、较复杂的问题。在以下几种情况下宜采用会议沟通方式：

1)需要统一思想和行动时(如项目建设思路的讨论、项目计划的讨论等)，需要当事人清楚、认可和接收时(如项目考核制度发布前的讨论、项目考勤制度发布前讨论等)。

2)传达重要信息时(如项目里程碑总结活动、项目总结活动等)。

3)澄清一些谣传信息，而这些谣传信息将对团队产生较大影响时。

4)讨论复杂问题的解决方案时(如针对复杂的技术问题，讨论已收集到的解决方案等)。

(2)E-mail(或书面)沟通。E-mail(或书面)沟通是一种比较经济的沟通方式，沟通的时间一般不长，沟通成本也比较低。这种沟通方式一般不受场地的限制，因此被广泛采用。这种方式一般在解决较简单的问题或发布信息时采用。在计算机信息系统应用普及的今天，人们很少采用纸质的方式进行沟通，因此，以下只针对 E-mail 沟通进行总结。在以下几种情况下宜采用 E-mail 沟通方式：

1)简单问题小范围沟通时(如 3～5 个人沟通一下产出物最终的评审结论等)。

2)需要大家思考、斟酌，短时间不需要或很难有结果时(如项目组团队活动的讨论、针对复杂技术问题提前通知大家思考等)。

3)传达非重要信息时(如分发周项目状态报告等)。

4)澄清一些谣传信息，而这些谣传信息可能给团队带来影响时。

2. 个体沟通

个体沟通是指两人之间的沟通。个体沟通主要有三种常用的方式，即当面沟通、电话沟通和 E-mail(或书面)沟通。

(1)当面沟通。当面沟通是一种自然、亲近的沟通方式，这种沟通方式往往能加深彼此的友谊、加速问题的解决。在如下几种情况下宜采用当面沟通方式：

1)彼此的办公距离较近时(如两人在同一办公室)。

2)彼此存有误会时。

3)对对方工作不太满意，需要指出其不足时。

4)彼此已经采用了 E-mail(或书面)沟通方式，但问题尚未解决时。

需要特别注意的是，沟通双方如果距离不是很远，请优先采用当面沟通方式。有时沟通双方距离不超过一、二十米还采用电话沟通的方式，这是非常不可取的。

(2)电话沟通。电话沟通是一种比较经济的沟通方式。在以下的几种情况下宜采用电话沟通方式：

1)彼此的办公室距离较远，但问题比较简单时(如两人在不同的办公室而需要讨论一个报表数据的问题等)。

2)彼此的距离很远，很难或无法当面沟通时。

3)彼此已经采用了 E-mail(或书面)沟通方式，但问题尚未解决时。

需要特别注意的是，在成本相差无几的情况下，请优先采用当面沟通方式。

(3)E-mail(或书面)沟通。在以下几种情况下宜采用 E-mail(或书面)沟通方式：

1)沟通小问题时(如双方讨论某函数的使用语法等)。

2)复杂问题需要借助书面方式才能表达清楚时(这类问题往往需要采用书面表达和口头表达相结合的方式)。

3)需要对方先思考、斟酌，短时间内不需要或很难有结果时(如请教对方一个技术问题时先将问题告知对方)。

需要特别注意的是，在E-mail来回多次而问题尚未得到解决或甚至引起误解时，一定要及时终止E-mail沟通方式，改用电话沟通方式或当面沟通方式。

需要特别指出的是，个体之间沟通时，尽量多采用当面沟通方式进行。“能当面沟通的，就不要采用电话沟通；能电话沟通的，就不要采用E-mail沟通”，这是个体沟通方式的基本选用原则。

项目案例

案例8-1

【背景资料】

某施工企业的两个部门在工作上处于流程的一前一后，工作关系应该说是十分密切，但两个部门的关系却很微妙。

一帆风顺的时候还好，但一碰到需要承担什么风险或是需要对什么错误负责的时候，双方就开始相互推脱。给人的感觉就是，功劳一定有自己的份，而如果出了什么事就一定要推脱得干干净净。

结果，即使是一些很小的事，双方也动不动就上报到高层领导那里。部门之间总有一种相互不信任的气氛。本来能够两个部门合力解决好的问题，往往因为在谁对最后结果负责的纠缠中，增加了问题的复杂性，也拖延了解决问题的时间。

遇到这种情况该怎么办？是从部门沟通上改善好，还是从流程规范上改善好？

【案例分析】

本案例提出的问题的实质是：上、下游部门间的合作存在着问题，主要表现是不合作、不信任，只管争功诿过，不讲求整体效率，因而存在上、下游部门关系急需改进的问题。这个问题也是各企业管理工作当中经常会遇到的典型管理沟通问题，因为其具有普遍性，所以本书较详细深入地分析解答，以帮助其他管理者举一反三，从中借鉴经验。

(1)本案例中管理沟通问题原因分析。

从本案例所描述的情况来看，对于这两个部门的合作情况可作如下基本判断：

1)该两部门没有存在主要负责人或两部门下属之间的个人恩怨问题：一是案例没有表述有关情况；二是案例描述说“一帆风顺的时候还好，但一碰到需要承担什么风险，或是需要对什么错误负责的时候，双方就开始相互推脱”。这证明了大家只是害怕承担责任，但相互之间还算尊重，对对方没有什么明显恶意。

2)两个部门都一样害怕承担相关工作失误的直接责任是产生沟通合作问题的主要原因之一。

在一个企业当中，尤其是上、下游部门间，确实存在着一项工作成功或失败的功过归属问题，部门也好，个人也好，其都是本能地趋利避害，其心理大体如下：一是希望有功时候能够全部或部分归功于自己，有过时则希望全部或起码部分归于别人，以保持、巩固、提升个人或部门在公司的地位；二是在缺乏仲裁机制或责权划分机制的情况下，个人或部门为了维护或争夺利益，多数情况下会采取暴力式工作方式，目的在于以势压人，达到更好的趋利避害的效果。这两种基本心理完全基于利益，在缺乏协调机制的情况下，非常容易演变成利益冲突和管理纠纷。

正是因为害怕承担责任，所以两个部门在合作时都变得比较谨慎，只要自己认为可能会出现被人误解或不了解的地方，一是赶紧向上级汇报个人或部门已经做了什么，目的是告诉领导我们应该做的都已经做了，如果再出现什么事情我们不应有责任；二是对于鸡毛蒜皮的小事本来可以自己处理或与对方部门商量处理，但却仍然不主动决策，也不与合作部门沟通联合决策，而是直接提交给高层领导，以避免自己承担责任和尽量少地与相关部门打交道。

这两种做法的实质都是自己不负责任，自己不干自己分内应该干的事，而将事情转嫁给自己的上司去解决，这在管理上属于不正常的错误管理行为，正式称呼叫“反授权现象”，就是说领导本来给了你权力去做事，你自己不做好，反而将你应该做的事再踢回来让领导去做，这是下级管理者的失职，更是对高级管理资源的浪费。

3)两部门之间由于利益之争，在沟通上没有一个良好的机制，最终导致两部门，尤其是两部门负责人、骨干之间出现越来越明显的工作情绪，严重时必然酿成吵架、打架等恶性事件。其不良后果就是两部门及两部门人员之间逐渐丧失相互之间的信任，慢慢地由开始尽量去理解对方的立场和观点，变成了猜测、怀疑对方居心不良，从合作伊始就对合作方存在恶意，既然对方对我们有恶意，那我们就只好而且应当多防范警惕，以保证我部门的利益和名声。

从本案例所描述的情况来看，两部门之间已经存在着一定的负面情绪，但尚未演变成完全没有信任关系，最基本的信任关系似乎还在维系着，暂时不存在信任完全崩溃的问题。

4)两部门存在的以上问题迟迟没有解决，按管理规律和经验分析，主要有以下两大原因：一是企业对两部门间的工作流程制度制定得不清晰，对相关工作职责划分得不够清晰，尤其是两部门之间的责任交接点上工作责任的划分、工作质量评估标准没有清晰规定，这样对于连续性的工作来说其责任和贡献就难以清晰划分，没有划清工作责任、贡献，就为开启两部门间的争端提供了源源不绝的火星，所以只要工作流程不理顺，合作部门间的争端就不会自动停止。二是两部门间在正式沟通和非正式沟通上缺乏有效的机制。

事实上，企业两部门的工作大部分能够很清晰地界定清楚，但仍然有一小部分，尤其是一些执行细节可能仍然无法用固定流程进行界定，理论上也好，实践上也好，凡是能够流程化的工作必须事先流程化，对其一一建立起相应的工作流程和工作标准，从而将其转化为人人公认的工作例行管理事务，而对于不能转化为流程制度的部分工作和因工作任务变化而不能完全适用于原有工作流程的工作，则需要两部门领导根据总体工作原则充分沟通协调，以高质量、低成本地完成工作为根本目的来修订工作过程，重新划分工作内容和工作责任。从本案例的描述来看，该企业同时存在流程不清和沟通不力两方面的问题。

(2)针对本案例的建议解决方法。

综上所述，表面看这两部门的矛盾冲突是一些工作上的小事冲突，是一些工作上不合作的问题，但其实质却是两个部门如何维护自己部门的利益，如何在维护自身利益的基础上改进与相关部门合作的问题。改进合作的根本方法只有两个：一是梳理工作流程；二是制定部门间的沟通制度，改善沟通，提高协作效率。具体改进做法建议如下：

1)首先其中一个部门的负责人找一个时间与另一个部门的负责人详细沟通，共同分析研讨目前两部门合作中存在的一些问题，并实事求是地向对方说清楚自己部门和个人对这些事实的基本看法，在充分交换意见的基础上，做好两件事：一是对两部门合作存在的问题达成共识；二是停止相互指责，共同面对这些问题，转而从流程和沟通制度上寻找解决问题的方法。

2)在以上分析研讨的基础上，两个部门各自分别召开专题研讨会，通过集体研讨，对两部门经理提出的问题及建议解决方案进行二次深度研讨，通过负责具体工作的同事，深化对问题的理解，并且将解决问题的流程建议和沟通制度设计完全深入到具体工作的细节中去。其目的在于，一方面，使两部门的所有同事，而不只是两位负责人对合作问题及解决方案达成共识；另一方面，使两部门的所有同事通过研讨明白了自己在以往工作中的不足之处和在接下来要实施的改进工作中应当做什么，以及这样做的理由。

3)由两部门负责人总结两部门的研讨结果，并整合两部门的研讨成果，将其转变为两部门共同认可的一个解决方案。

4)由两部门负责人联合署名，将研讨结果形成书面工作流程建议文件和沟通建议制度，呈交上级领导审批。两部门负责人在成交报告时应该共同前进，并简明扼要地向领导进行口头要点说明。

5)上级领导批准更加完善清晰的工作流程和沟通制度之后，由该上级领导出面，主持召开两部门骨干和全体员工大会，宣读解释新的工作规划，确保所有员工都清晰知道自己以后应当做什么、怎么做。

6)在上面的宣读新规划的会议中，应当考虑请两部门负责人和两部门的主要骨干发布感言，确保核心人员完全理解并真正支持新规划的实行，以防止新规定成为一纸空文。如果员工普遍不理解、不支持，那只能给两部门的工作带来更大的打击。

项目小结

建筑工程项目沟通管理作为建筑工程项目管理的主要内容之一，是时代的要求。因此，正确理解沟通管理的内涵，明确其基本任务，掌握沟通管理的特点是管理者的工作内容之一。

正确理解建筑工程项目沟通管理，掌握建筑工程项目沟通的基本方法，能够对工程项目做好内部和外部的沟通工作，是进行建筑工程项目沟通管理的核心。

项目习题

1. 建筑工程项目沟通管理的含义是什么？
2. 建筑工程项目沟通管理的类型有哪些？
3. 网络沟通有哪些优势？
4. 建筑工程项目沟通管理计划的编制依据有哪些？

项目九 建筑工程项目风险管理

学习目标

知识目标 了解建筑工程项目风险产生的原因及风险特征，理解建筑工程项目风险管理，熟悉建筑工程项目风险的分类，掌握建筑工程项目风险因素预测基本方法、风险因素预测的原则，掌握建筑工程项目风险分析与评价的原则及基本方法，掌握建筑工程项目实施中的风险控制，熟悉实施风险控制对策应遵循的原则。

能力目标 通过本项目的学习，要求学生了解建筑工程项目风险的概念及建筑工程项目风险控制及管理，要求学生能够描述什么是风险、建筑工程项目风险管理的内容，能够分析出影响建筑工程项目的风险因素，能够对风险因素进行正确的评价并作出适时的控制。

项目分析

建筑工程项目风险是指在项目决策和实施过程中，实际结果与预期目标的差异性及其发生的概率。建筑工程项目风险的差异性包括损失的不确定性和收益的不确定性。由于现代建筑工程项目风险大，风险管理成为建筑工程项目管理的重要内容，越来越引起人们的重视。

单元一 建筑工程项目风险管理概述

一、风险及风险管理

(一)建筑工程项目风险的概念及产生的原因

随着现代商品经济的不断发展，社会内部的政治、经济结构不断发生变化，部门行业及当事人之间的关系错综复杂，各种不确定、不稳定的因素大大增加，这使各类产业的风险都越来越大。

1. 风险的概念

风险就是在给定情况下和特定时间内，可能发生的结果与预期目标之间的差异。风险要具备两个方面的条件：一是不确定性，二是产生损失后果。

与风险有关的概念包括以下内容：

(1)风险因素。风险因素是指能产生或增加损失概率和损失程度的条件或因素，可分为自然风险因素、道德风险因素、心理风险因素。

(2)风险事件。风险事件是造成损失的偶发事件，是造成损失的外在原因或直接原因。

(3)损失。损失是指经济价值的减少，包括直接损失和间接损失。

风险因素、风险事件、损失与风险之间的关系为风险因素→风险事件→损失→风险。

2. 建筑工程项目风险的概念

建筑工程项目的立项、各种分析、研究、设计和计划都是基于对将来情况(政治、经济、社会、自然等各方面)的预测，基于正常的、理想的技术、管理和组织。而在实际实施以及项目的运行过程中，这些因素都有可能发生变化，各个方面都存在着不确定性。这些变化会使原定的计划、方案受到干扰，使原定的目标不能实现。这些事先不能确定的内部和外部的干扰因素，称为建筑工程项目风险。

(二)建筑工程项目风险产生的原因

建筑工程项目风险产生的原因包括：项目外部环境难以预料、项目本身具有复杂性、人们的认识和预测能力具有局限性。

(1)对项目定位认识的不准确性。人们由于对组成项目各因素的认识不足，不能清楚地描述和说明项目的目的、内容、范围、组成、性质以及项目同环境之间的关系。风险的未来性使得这一原因成为最主要的原因。

(2)对基础数据获取的不准确性。由于缺少必要的信息、尺度或准则，项目变数数值具有不确定性。因此，在确定项目变数数值时，人们有时难以获取有关的准确数据，甚至难以确定采用何种计量尺度或准则。

(3)对项目的预测、分析与评价的不确定性，即人们无法确认事件的预期结果及其发生的概率。

(4)不可预测的突发事件。项目建设过程中可能会出现一些突发事件，而这些突发事件是人们无法预测的。

二、建筑工程项目风险管理

风险管理是为了达到一个组织的既定目标，而对组织所承担的各种风险进行管理的系统过程，其采取的方法应符合公众利益、人身安全、环境保护以及有关法规的要求。风险管理包括策划、组织、领导、协调和控制等方面的工作。风险管理者通过对风险的预测、分析、评价、控制等来实现风险管理。

1. 风险识别

建筑工程项目是一个复杂系统，因而影响它的风险因素很多，影响关系也是错综复杂的，有直接的，有间接的，也有隐含的，或者难以预料的，而且各个风险因素对项目决策产生的影响的严重程度也是不同的。风险预测就是通过调查、分解、讨论等提出这些可能存在的风险因素，对其性质进行鉴别和分类，并在众多的影响因素中抓住主要因素，揭示风险因素的本质。其是建设项目风险分析与评价的基础。

2. 风险分析

建筑工程项目风险预测解决了项目有无风险因素的问题。在建筑工程项目风险预测之后，就要对建筑工程项目风险进行分析。风险分析是对预测出来的风险进行测量，给定某一风险对建筑工程项目的影响程度，使风险分析定量化，将风险分析与估计建立在科学的基础之上。风险分析的对象是单个风险，而非项目整体风险。建筑工程项目风险分析是对建筑工程项目风险预测的深化研究，同时，又是风险评价的基础。

3. 风险评价

风险评价是指在建筑工程项目风险预测和风险分析的基础上，综合考虑建筑工程项目风险之间的相互影响、相互作用以及其对建筑工程项目的总体影响，针对项目的定量风险分析结果，与风险评价基准进行比较，给出项目具体风险因素对建筑工程项目影响的程度，如投资增加的数额、工期延误的天数等。

4. 风险控制对策的制定

风险控制对策就是对建筑工程项目风险预测、分析与评价的基本结果，在综合权衡的基础上，提出处置风险的意见和办法，以有效地消除和控制建筑工程项目风险。

5. 实施效果的检查

在项目实施过程中，要对各项风险控制对策的执行情况进行不断的检查，并评价各项风险控制对策的执行效果。

建筑工程项目风险管理就是通过采用科学的方法对建筑工程项目风险进行识别、评价并以此为基础采取相应的措施，有效地控制风险，可靠地实现建筑工程项目的总目标。风险管理的目的并不是消灭风险，在建筑工程项目中，大多数风险是不可能由项目管理者消灭或排除的，而是要建立风险管理系统，将风险管理作为建筑工程项目全过程的管理手段之一，在风险状态下，采取有效措施保证建筑工程项目正常实施，保证建筑工程项目的正常状态，减少风险造成的损失。

三、建筑工程项目风险的特征

(1)风险存在的客观性和普遍性。风险作为损失发生的不确定性，是不以人的意志为转移并超越人们的主观意识而客观存在的，并且在项目的整个寿命周期内，风险是无处不在、无时不有的。所以，人们只能在有限的空间和时间内改变风险存在和发生的条件，降低其发生的频率，减少损失程度，而不能也不可能完全消除风险。

(2)某一具体风险发生的偶然性和大量风险发生的必然性。任何一种具体风险的发生都是诸多风险因素和其他因素共同作用的结果，是一种随机现象。个别风险事故的发生是偶然的、杂乱无章的，但通过对大量风险事故资料的观察和统计分析，可发现其呈现明显的运动规律。

(3)风险的可变性。风险的可变性是指在建筑工程项目的整个过程中，各种风险在质和量上的变化，随着项目的进行，有些风险将得到控制，有些风险会发生并得到处理，同时，在项目的每一阶段都可能产生新的风险。

(4)风险的多样性和多层次性。建筑工程项目周期长、规模大、涉及范围广、风险因素数量多且种类繁杂，整个寿命周期内面临的风险多种多样。大量风险因素之间错综复杂的关系、各风险因素与外界的影响又使风险显示出多层次性，这是建筑工程项目中风险的主要特点之一。

根据风险的特征，制定不同的风险管理对策，有利于建筑工程项目风险的管理与控制。

四、建筑工程项目风险的分类

(一)按风险的后果分类

按风险所造成的后果，可将风险分为纯风险和投机风险。纯风险是指只会造成损失而不会带来收益的风险；投机风险则是指既可能造成损失也可能创造额外收益的风险。

(二)按风险产生的原因分类

按风险产生的原因，可将风险分为政治风险、社会风险、经济风险、自然风险、技术风险等。其中，经济风险的界定可能会有一定的差异，例如，有的学者将金融风险作为独立的一类风险来考虑。另外，需要注意的是，除了自然风险和技术风险是相对独立的之外，政治风险、社会风险和经济风险之间存在一定的联系，有时表现为相互影响，有时表现为因果关系，难以截然分开。

五、建筑工程施工的风险分类

建筑工程施工的风险按构成风险的因素进行分类，可分为组织风险、经济与管理风险、工程环境风险和技术风险。

1. 组织风险

组织风险具体包括：承包商管理人员和一般技工的知识、经验和能力，施工机械操作人员的知识、经验和能力，损失控制和安全管理人员的知识、经验和能力等。

2. 经济与管理风险

经济与管理风险具体包括：工程资金供应条件、合同风险、现场与公用防火设施的可用性及数量、事故防范措施和计划、人身安全控制计划、信息安全控制计划等。

3. 工程环境风险

工程环境风险具体包括：自然灾害、岩土地质条件和水文地质条件、气象条件、引起火灾和爆炸的因素等。

4. 技术风险

技术风险具体包括：工程设计文件、工程施工方案、工程物资、工程机械等。

建筑工程项目风险管理的主要工作之一就是确定项目的风险类别，即确定有可能发生哪些风险。在不同的阶段，人们对风险的认识程度是不相同的，其经历了一个由浅入深、逐步细化的过程。风险分类可以采用结构化分析方法，即由总体到细节，由宏观到微观，层层分解。

单元二　建筑工程项目风险因素预测

一、建筑工程项目风险因素预测的概念

建筑工程项目风险因素预测就是估计建筑工程项目风险形式，确定风险的来源、风险产生的条件，描述风险特征和确定哪些风险会对拟建项目产生影响。其目的就是识别出可能对建筑工程项目进展产生影响的风险因素、性质以及风险产生的条件。

二、建筑工程项目风险因素预测的原则

1. 多种方法综合预测原则

建筑工程项目在整个寿命周期内可能会遇到各种不同性质的风险因素，因此，采用一种预测方法是不科学的，应该把多种方法结合起来，综合预测结果。

2. 社会化原则

风险因素预测必须考虑周围环境及一切与建筑工程项目有关并受其影响的单位、个人等对该建筑工程项目风险影响的要求。同时，风险因素预测还应充分考虑主要有关方面的各种法律、法规，使建筑工程项目风险因素预测具有合法性。

3. 适用性原则

风险因素预测是一个比较复杂的工作环节，其研究应该是面向应用的，应与实践经验相联系，应该可以建立一个标准的指标体系来进行预测。

三、建筑工程项目风险因素预测的工作程序

建筑工程项目风险因素预测的工作程序包括：收集与项目风险有关的信息、确定风险因素、编制风险识别报告。其具体过程如图 9-1 所示。

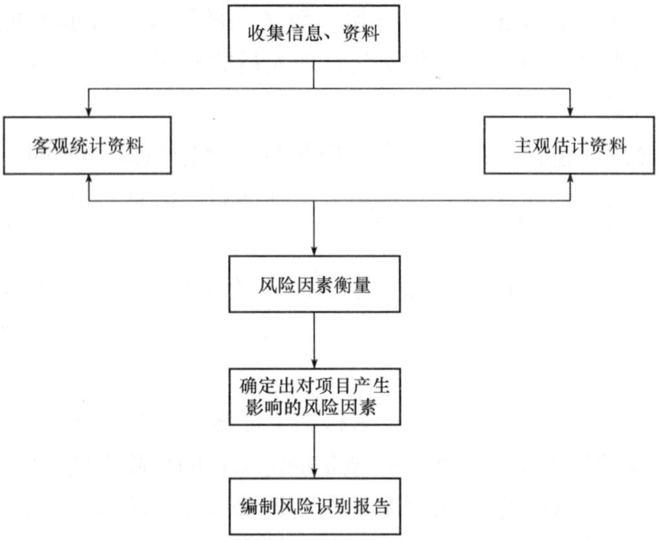

图 9-1　建筑工程项目风险因素预测的工作程序

四、建筑工程项目风险因素预测的方法

(一)德尔菲法

德尔菲法又称为专家调查法，它起源于 20 世纪 40 年代末，由美国的兰德公司(Rand-corporation)首先使用，很快就在世界上流行起来，目前，此方法已经在经济、社会、工程技术等领域广泛应用。

(1)德尔菲法的工作程序首先是由建筑工程项目负责人选定和该项目有关领域的专家，并与之建立直接的函询联系，通过函询进行调查，收集意见后加以综合整理，然后将整理后的意见通过匿名的方式返回专家再次征求意见，如此反复多次后，专家的意见将会逐渐趋于一致，可以将之作为最后预测和识别的依据。

(2)德尔菲法的重要环节就是函询调查表的制定。调查表制定的好坏，直接关系到预测结果的质量。在制定调查表时，应该以封闭型的问句为主，将问题的答案列出，由专家根据自己的经验和知识进行选择，在问卷的最后，往往加入几个开放型的问句，让专家发挥其自身的主观能动性，充分表述自己的意见和看法。

(二)情景分析法

情景分析法实际上就是一种假设分析方法，它根据项目发展的趋势，预先设计出多种未来情景，对其整个过程作出自始至终的情景描述；与此同时，结合各种技术、经济和社会因素的影响，对项目的风险进行预测和识别。这种方法特别适合提醒决策者注意某种措施和政策可能引起的风险或不确定性的后果，建议进行风险监视的范围，确定某些关键因素对未来进程的影响，提醒人们注意某种技术的发展可能给人们带来的风险。

(三)面谈法

建筑工程项目主要负责人员通过和项目相关人员直接进行交流面谈，收集不同人员对项目风险的认识和建议，了解项目进行过程中的各项活动，这将会有助于预测识别出那些在常规计划中容易被忽视的风险因素。

面谈之前项目有关人员应该进行相应的策划，准备一系列未解决的问题，并提前把这些问题送到面谈者手中，使其对面谈的内容有所准备。

(四)流程图法

流程图法是指将一项特定的生产或经营活动按步骤或阶段顺序，以若干个模块形式组成一个流程图系列，在每个模块中都标示出各种潜在的风险因素，从而给风险管理者一个清晰的总体印象。

一般来说，对流程图中各步骤或阶段的划分比较容易，关键在于找出各步骤或阶段不同的风险因素。图 9-2 所示为建筑工程项目风险因素分解流程图。

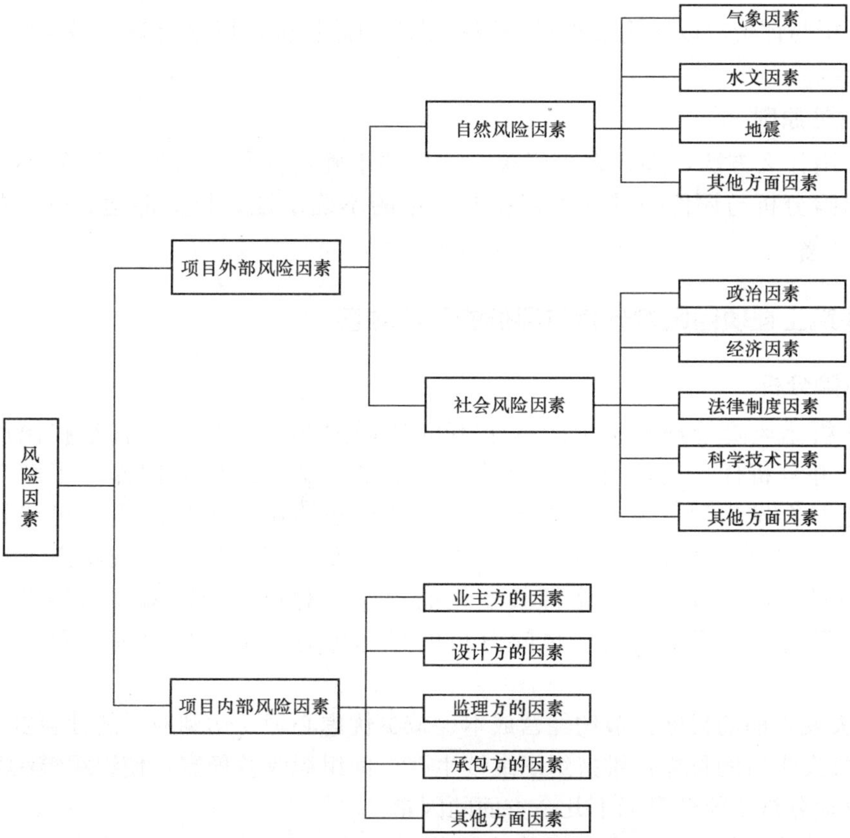

图 9-2　建筑工程项目风险因素分解流程图

单元三　建筑工程项目风险分析与评价的原则、工作内容及方法

一、建筑工程项目风险分析与评价的原则

风险分析与评价是对风险的规律性进行研究和量化分析。风险评价的作用在于区分出不同风险的相对严重程度，以及根据预先确定的可接受的风险水平(风险度)作出相应的决策。建筑工程项目风险分析与评价要坚持以下几个原则。

1. 客观性原则

风险分析与评价应该本着客观、公正的态度，严格按照理论方法进行。

2. 同步性原则

风险分析与评价中应用的某些指标，应该与国家或者行业主管部门的标准保持一致。例如在投资估算中，由于估算取值标准是由国家或者行业主管部门在某一时期统一制定的，随着社会的进步、经济社会的发展，科学技术生产力的提高，某些规范定额已经不能及时反映建筑工程项目的生产劳动消耗和物资市场供求关系的变化，而在建筑工程项目的实施过程中，物价和汇率等的大幅度变化，会引起项目投资的大幅度变化，从而使计划投资与实际投资相差很大，产生投资风险。因此，预测应该时刻与国家或者行业主管部门的标准保持一致。

3. 经济性原则

风险分析与评价应以风险最小且经济性最大为总目标，以最合理、最经济的方案为最终评价标准。

4. 满意性原则

不管采用什么方法，投入多少资源，项目的不确定性是绝对的，而确定性是相对的。因此，在风险分析与评价的过程中存在着一定的不确定性，只要能达到既定的满意要求就行。

二、建筑工程项目风险分析与评价的工作内容

(一)风险分析

风险分析是风险管理系统中的一个不可分割的部分，其实质就是找出所有可能的选择方案，并分析任一决策可能产生的各种结果。其可以使人们深入了解项目没有按照计划实施时会发生何种情况。因此，风险分析必须包括风险产生的可能性和产生后果的大小两个方面。客观条件的变化是风险的重要成因。虽然客观状态不以人的意志为转移，但是人们可以认识和掌握其变化的规律，对相关的因素作出科学的估计和预测，这是风险分析的重要内容。风险分析的目标可分为损失发生前的目标和损失发生后的目标。

(1)损失发生前的目标：节约经营成本、减少忧虑心理、达到应尽的社会责任。

(2)损失发生后的目标：维持组织继续生存、使组织收益稳定、使组织继续发展。

合同风险分析主要依靠以下几个方面的因素：

(1)对环境状况的了解程度。要精确地分析风险必须作详细的环境调查，占有第一手

资料。

(2)对文件分析的全面程度、详细程度和正确性，当然同时又依赖于文件的完备程度。

(3)对对方意图了解的深度和准确性。

(4)对引起风险的各种因素的合理预测及预测的准确性。

(二)风险评价

风险评价的工作包括：利用已有数据资料(主要是类似项目有关风险的历史资料)和相关专业方法分析各种风险因素发生的概率；分析各种风险的损失量，包括可能发生的工期损失、费用损失，以及其对工程的质量、功能和使用效果等方面的影响；根据各种风险发生的概率和损失量，确定各种风险事件的风险量和风险等级。

在分析和评价风险时，最重要的是坚持实事求是的态度，切忌偏颇。遇到风险并不可怕，关键是能否在充分调查研究的基础上作出正确分析和评价，从而找到避开和转移风险的措施和办法。

风险分析与评价是对风险的规律性进行研究和量化分析。对罗列出来的每一个风险必须进行风险损失量分析。这一工作对风险的预警有很大的作用。

三、建筑工程项目风险分析与评价的方法

(一)风险损失量及风险等级

1. 风险损失量

风险损失量指的是不确定的损失程度和损失发生的概率。若某个可能发生的事件的可能的损失程度和发生的概率都很大，则其风险损失量就很大，如图 9-3 中的风险区 A。

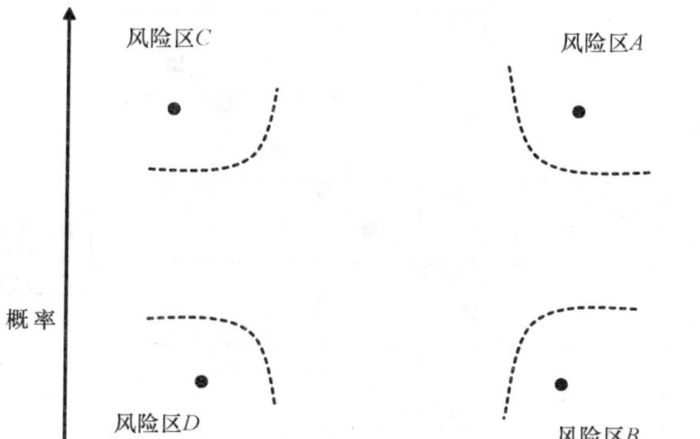

图 9-3　风险事件量区域

若某风险事件经过风险评估，它处于风险区 A，则应采取措施，降低其概率，以使其移位至风险区 B；或采取措施降低其损失量，以使其移位至风险区 C。对风险区 B 和风险区 C 的风险事件则应采取措施，使其移位至风险区 D。

2. 风险等级

在《建设工程项目管理规范》(GB/T 50326—2006)中规定的条文说明中风险等级评估表见表 9-1。

表 9-1　风险等级评估表

风险等级 \ 后果 / 可能性	轻度损失	中度损失	重大损失
很大	Ⅲ	Ⅳ	Ⅴ
中等	Ⅱ	Ⅲ	Ⅳ
极小	Ⅰ	Ⅱ	Ⅲ

根据表 9-1 和图 9-3，各风险区的风险等级如下：风险区 *A*——Ⅴ等风险；风险区 *B*——Ⅲ等风险；风险区 *C*——Ⅲ等风险；风险区 *D*——Ⅰ等风险。

(二)敏感性分析法

敏感性分析法是研究建筑工程项目的主要因素(经营成本、投资、建设期等主要变量)发生变化时，导致建筑工程项目主要经济效益指标(内部收益率、净现值、投资回收期等)的预期值发生变动的敏感程度的一种分析方法。某建筑工程项目敏感性分析如图 9-4 所示。从图中可以明显看出，当该技术方案的投资额增加 19%，经营收入降低 10%时，该方案从经济角度看就会承担风险。

通过敏感性分析，可以找出项目的敏感因素，并确定这些因素变化后，对评价指标的影响程度，了解项目建设过程中可能遇到的风险，从而为风险控制与管理打下基础。另外，还可以筛选出若干最为敏感的因素，有利于对它们集中力量进行研究，重点调查和收集资料，尽量降低因素的不确定性，进而减少项目的风险。

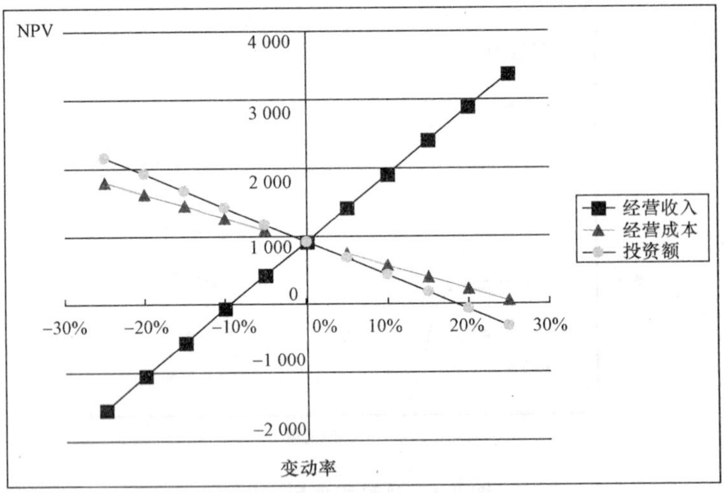

图 9-4　某建筑工程项目敏感性分析

(三)决策树分析法

决策树分析法是常用的风险分析决策方法。该方法是一种用树形图来描述各方案在未来收益的计算、比较以及选择的方法，其决策是以期望值为标准的。未来可能会出现好几种不同的情况，人们目前无法确定最终会出现哪种情况，但是可以根据以前的资料来推断各种自然状态出现的概率。在这样的条件下，人们计算出的各种方案在未来的经济效果只是考虑到各种自然状态出现的概率的期望值，与未来的实际收益不会完全相等。

1. 决策树的绘制方法

(1)先画一个方框作为出发点，称为决策点。

(2)从决策点引出若干条直线，表示该决策点有若干可供选择的方案，在每条直线上标明方案名称，称为方案分枝。

(3)在方案分枝的末端画一圆圈，称为自然状态点或机会点。

(4)从状态点再引出若干直线，表示可能发生的各种自然状态，并标明出现的概率，称为状态分枝或概率分枝。

(5)在概率分枝的末端画一个小三角形，写上各方案中每种自然状态下的收益值或损失值，称为结果点。

以上各步骤构成的图形称为决策树。它以方框、圆圈为结点，并用直线把它们连接起来构成树枝状图形，把决策方案，自然状态及其概率、损益期望值系统地在图上反映出来，供决策者抉择。

2. 决策树法的解题步骤

(1)列出方案。通过对资料的整理和分析，提出决策要解决的问题，针对具体问题列出方案，并绘制成表格。

(2)根据方案绘制决策树。画决策树的过程，实质上是拟订各种抉择方案的过程，是对未来可能发生的各种事件进行周密思考、预测和预计的过程，是对决策问题一步一步深入探索的过程。决策树按从左到右的顺序绘制。

(3)计算各方案的期望值。其是按事件出现的概率计算出来的可能得到的损益值，并不是肯定能够得到的损益值，所以称为期望值。计算时从决策树最右端的结果点开始。

$$期望值 = \sum(各种自然状态的概率 \times 收益值或损失值)$$

(4)方案选择，即抉择。在各决策点上比较各方案的损益期望值，以其中最大者为最佳方案。在被舍弃的方案分枝上画两杠表示剪枝。

单元四　建筑工程项目风险控制与管理

一、建筑工程项目风险控制的概念

在整个建筑工程项目的进展过程中应收集和分析与风险有关的各种信息，预测可能发生的风险，对其进行监控并提出预警。

风险控制就是通过对风险识别、估计、评价、应对全过程的检测和控制，保证风险管理能达到预期的目标。其目的是核对风险管理措施的实际效果是否与预见的相同；寻找机会改善风险回避计划；获取反馈信息，以使将来的决策更符合实际。在风险监控过程中，及时发现那些新出现的以及随着时间推进而发生变化的风险，然后及时反馈，并根据其对项目的影响程度，重新进行风险规划、识别、估计、评价和应对。

二、建筑工程项目风险控制对策

(一)实施风险控制对策应遵循的原则

1. 主动性原则

对风险的发生要有预见性与先见性，项目的成败结果不是在结束时出现的，而是在开始时产生的，因此，要在风险发生之前采取主动措施来防范风险。

2.“终身服务”原则

从建筑工程项目的立项到结束的全过程，都必须进行风险的研究与预测、过程控制以及风险评价。

3. 理智性原则

回避大的风险，选择相对小的或者适当的风险。对于可能明显导致亏损的拟建项目就应该放弃，而对于某些风险超过其承受能力，并且成功把握不大的拟建项目应该尽量回避。

(二)常用的风险控制对策

(1)加强项目的竞争力分析。竞争力分析是研究建筑工程项目在国内外市场竞争中获胜的可能性和获利能力。评价人员应站在战略的高度，首先分析建筑工程项目的外部环境，寻求建筑工程项目的生存机会以及存在的威胁；客观认识建筑工程项目的内部条件，了解自身的优势和劣势，提高项目的竞争能力，从而降低项目的风险。

(2)科学筛选关键风险因素。建筑工程项目中的风险有一定的范围和规律性，这些风险必须在项目参加者(例如投资者、业主、项目管理者、承包商、供应商等)之间进行合理的分配、筛选，最大限度地发挥各方风险控制的积极性，提高建筑工程项目的效益。

(3)确保资金运行顺畅。在建设过程中，资金成本、资金结构、利息率、经营成果等资金筹措风险因素是影响项目顺利进行的关键因素，当这些风险因素出现时，会出现资金链断裂、资源损失浪费、产品滞销等情况，造成项目投资时期停建、无法收尾。因此，投资者应该充分考虑社会经济背景及自身经营状况，合理选择资金的构成方式来规避筹资风险，确保资金运行顺畅。

(4)充分了解行业信息，提高风险分析与评价的可靠度。借鉴不同案例中的基础数据和信息，为承担风险的各方提供可供借鉴的决策经验，提高风险分析与评价的可靠度。

(5)采用先进的技术方案。为减少风险产生的可能性，应该选择有弹性、抗风险能力强的技术方案。

(6)组建有效的风险管理团队。风险具有两面性，既是机遇又是挑战。这就要求风险管理人员加强监控，因势利导。一旦发生问题，要及时采取转移或缓解风险的措施。如果发现机遇，要把握时机，利用风险中蕴藏的机会来获得回报。

当然，风险应对策略远不止这些，应该不断提高项目风险管理的应变能力，适时地采取行之有效的应对策略，以保证风险程度最低化。

任何人对自己承担的风险应有准备和对策，应有计划，应充分利用自己的技术、管理、组织的优势和经验，在分析与评价的基础上建立完善的风险应对管理制度，采取主动行动，合理地使用规避、减少、分散或转移等方法和技术对建筑工程项目所涉及的潜在风险因素进行有效的控制，妥善地处理风险因素对建筑工程项目造成的不利后果，以保证建筑工程项目安全、可靠地实现既定目标。

三、建筑工程项目实施中的风险控制

(一)风险监控和预警

风险监控和预警是项目控制的内容之一。在工程中不断地收集和分析各种信息，捕捉风险前奏的信号，例如天气预测警报，各种市场行情、价格变动，政治形势和外交动态，各投资者企业状况报告。在工程中，通过工期和进度的跟踪、成本的跟踪分析、合同监督、各种质量监控报告、现场情况报告等手段，了解工程风险。

(二)及时采取措施控制风险的影响

其是指风险因素产生前为了消除或减少可能引起损失的各种因素，采取各种具体措施，也就是设法消除或减少各种风险因素，以降低风险发生的概率。

(三)在风险状态，保证工程顺利实施

不是所有的风险都可以采取措施进行控制，如地震、洪灾、台风等。风险控制只是在特定范围内及特定的角度上才有效，因此，避免了某种风险，又可能产生另一种新的风险。具体措施有控制工程施工，保证完成预定目标，防止工程中断和成本超支；争取获得风险的赔偿，例如业主向保险单位、风险责任者提出索赔等。

四、建筑工程项目风险管理的措施

(一)建筑工程项目前期阶段的风险管理

在项目的设计筹划时期，必须考虑行业风险、市场风险、政策及法律法规变更风险，在此时期必须对项目的可行性进行技术论证，科学地确定项目目标，以及选择合适的建设场地，同时，认真审核建筑设计图，防止设计图纸不合理或变更而引起风险发生。

(二)建筑工程项目招投标阶段的风险管理

从业主的角度来看，此阶段可采取的风险管理措施有：委托信誉良好的项目咨询企业编制科学的工期及工程量清单，准确计算工程量，合理编制项目计划，清晰描述项目目标及工程内容，选择合适的合同计价方式，标示清楚招标的范围，规范招标过程，选择优质且声誉较好的承包商。

(三)建筑工程项目施工阶段的风险管理

加强对施工图纸的会审工作，尽量减少施工过程中的工程变更，加强对承包商资质的审查及监督，严格控制工程质量及工程进度，加强合同管理，对施工现场的工程异况进行严密的登记，以确保对现场的实时监控。

(四)建筑工程项目竣工阶段的风险管理

竣工阶段是工程项目的最终阶段，此时必须对项目工程进行验收及鉴定，此时风险管理工作的主要内容有：确定竣工资料的真实性及准确性、规范工程验收工作流程、认真核对项目投资及成本开销。

建立合理和稳定的管理组织是项目风险管理活动有效进行的重要保证。建筑工程项目风险管理的组织主要指为实现风险管理目标而建立的组织结构，即组织机构、管理体制和人员。项目风险的管理组织具体如何设立、采取何种方式、需要多大的规模，取决于多种

因素。其中，决定性的因素是项目风险在时空上的分布特点。建筑工程项目风险存在于项目的每个阶段，因此，建筑工程项目的风险管理可分为项目前期、招标投标阶段、施工阶段及竣工阶段四个方面，即应在建筑工程项目的整个寿命周期内进行全过程的风险管理。

五、建筑工程项目风险的防范

(1)风险回避。通常，风险回避与签约前的谈判有关，也可应用于项目实施过程中所作的决策。对于现实风险或致命风险多采取这种方式。

(2)风险降低。风险降低又称为风险缓和，常采用三种措施：一是通过教育培训提高员工素质；二是对人员和财产提供保护措施；三是使项目实施时保持一致的系统。

(3)风险转移。风险转移就是将风险因素转移给第三方，例如保险转移。

(4)风险自留。一些损失小、重复性高的风险适合自留，并不是所有风险都可转移，或者说将某些风险转移是不经济的，在某些情况下，自留一部分风险也是合理的。

项目案例

案例 9-1

【背景资料】

某建筑公司拟建一预制构件厂，一个方案是建设大厂，需投资 300 万元，建成后如销路好，每年可获利 100 万元，如销路差，每年要亏损 20 万元；另一个方案是建小厂，需投资 170 万元，建成后如销路好，每年可获利 40 万元，如销路差，每年可获利 30 万元。两方案的使用期均为 10 年，销路好的概率为 0.7，销路差的概率为 0.3。

【问题】

试用决策树法选择方案。

【答案】

(1)按题意列方案表，见表 9-2。

表 9-2　方案中不同状态下的损益值

自然状态	概率	获利/万元	
		建大厂	建小厂
销路好	0.7	100	40
销路差	0.3	−20	30

(2)绘制决策树，如图 9-5 所示。

(3)计算期望值并扣除投资后的净收益。

点①：净收益＝[100×0.7＋(−20×0.3)]×10−300＝340(万元)

点②：净收益＝(40×0.7＋30×0.3)×10−170＝200(万元)

(4)方案决策。由于点①的损益期望值大于点②的损益期望值，故选用建大厂的方案。

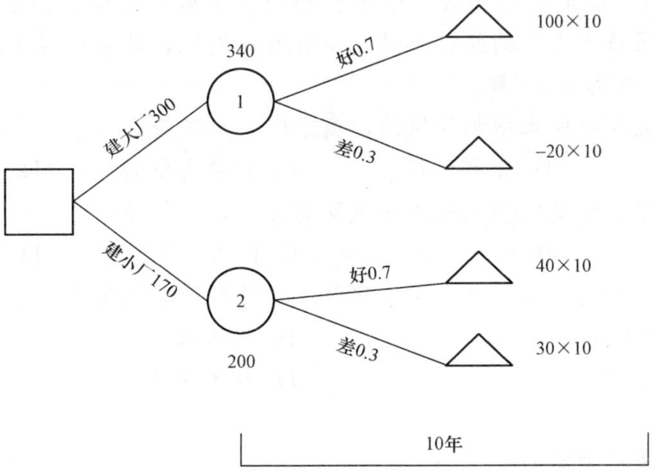

图 9-5　决策树

项目小结

建筑工程项目风险管理作为建筑工程项目管理的主要内容之一，是时代的要求。因此，正确理解风险管理的内涵，明确其基本任务，掌握风险管理的特点是管理者的工作内容之一。

正确理解建筑工程项目风险管理，掌握建筑工程项目风险因素预测的基本方法，能够对建筑工程项目风险进行分析与评价，是进行建筑工程项目风险控制与管理的核心。

项目习题

一、单选题

1. 对于建筑工程项目管理而言，风险是指可能出现的影响项目目标实现的(　　)。

A. 确定因素　　B. 肯定因素　　C. 不确定因素　　D. 确定事件

2. 岩土地质条件和水文地质条件属于(　　)。

A. 组织风险　　B. 经济与管理风险　C. 设计风险　　D. 工程环境风险

3. 若某事件经过风险评估，位于事件风险量区域图中的风险区 A，则应(　　)。

A. 采取措施，降低其发生概率，使它移位至风险区 D

B. 采取措施，降低其损失量，使它移位至风险区 C

C. 采取措施，降低其发生概率，使它移位至风险区 C

D. 采取措施，降低其损失量，使它移位至风险区 B

背景资料：

某建设单位拟与 A 建筑公司以固定总价合同形式签订钢筋混凝土排架结构单层厂房的施工承包合同。合同签订前进行分析时，A 建筑公司估计材料价格上涨的可能性很大，但如果出现上涨情况其可能造成的损失属于中度损失。在施工过程中，出现了严重的质量隐患，由于A建筑公司技术人员的经验不足，没有及时发现，结果出现了质量事故。

根据背景资料，作答4～6题。

4. 材料价格上涨导致成本增加的风险，属于(　　)风险。

A. 组织　B. 工程环境　C. 经济与管理　D. 技术

5. 对于材料价格上涨造成损失的这一风险的评估，其等级应评为(　　)。

A. 2　B. 3　C. 4　D. 5

6. 出现该质量事故的这种风险，属于建筑工程项目管理风险类型中的(　　)。

A. 经济与管理风险　B. 组织风险

C. 工程环境风险　D. 技术风险

二、多选题

1. 风险量指的是不确定的(　　)。

A. 损失程度　B. 损失发生的时间　C. 损失发生的地点　D. 损失发生的概率

2. 就管理职能而言，风险管理包括策划、(　　)等方面的工作。

A. 组织　B. 协调　C. 控制　D. 转移

3. 建筑工程项目风险存在于(　　)阶段。

A. 建筑工程项目前期阶段风险管理　B. 建筑工程项目招投标阶段风险管理

C. 建筑工程项目施工阶段风险管理　D. 提高风险分析与评价的可靠度

4. 常用的风险控制对策有(　　)。

A. 加强项目的竞争力分析　B. 科学筛选关键风险因素

C. 确保资金运行顺畅　D. 采用先进的技术方案

5. 风险分析与评价的原则有(　　)。

A. 客观性原则　B. 经济性原则　C. 同步性原则　D. 社会化原则

6. 建筑工程项目施工的风险类型可按照构成的因素分类，属于施工风险中组织风险的有(　　)。

A. 施工管理人员的能力　B. 施工操作人员的经验

C. 施工机械的性能　D. 安全管理人员的知识水平

三、简答题

1. 简述风险管理的概念。

2. 建筑工程项目施工的风险按构成风险的因素进行分类可分为哪些类型？

3. 风险分析与评价有哪些具体的方法？

项目十　建筑工程项目资料管理

学习目标

知识目标　了解建筑工程项目资料的内容及编制要求；掌握建筑工程项目施工阶段资料的编制及管理方法。

能力目标　能够有效地将所学理论、技术和方法应用于建筑工程项目施工过程中资料的编制、管理和归档。

项目分析

建筑工程项目资料包括建设单位项目资料、施工单位项目资料、监理单位项目资料。建筑工程项目资料管理是建筑工程项目管理的重要组成部分，主要是指对建筑工程项目实施过程中产生的和与项目实施相关联的各种文档、资料，按照一定的原则进行整理、保存和管理。其主要目的是在项目实施期间使资料档案被查阅的效率更高，因此，要在确保资料档案安全的前提下，以方便实用为原则，有效地服务于建筑工程项目的实施。

单元一　施工准备阶段资料的编制

建筑工程项目资料包括建设单位项目资料、施工单位项目资料、监理单位项目资料。建筑工程项目资料管理是建筑工程项目管理的重要组成部分，主要是指对建筑工程项目实施过程中产生的和与项目实施相关联的各种文档、资料，按照一定的原则进行整理、保存和管理。开工环节应做的资料管理工作包括：编列施工组织计划；领取有关施工证照及办理各种施工手续；完善开工条件，例如实现施工场地的“三通一平”、实施项目报验、填写开工报告。

一、施工组织计划的编制

施工组织计划，又称为施工组织设计，简称施组设计。施工组织计划是统筹工程项目建设活动全过程，推动企业技术进步和优化施工管理的核心文件之一。对这样的文件，在投标前就应编制草案，在开工前必须进行扩大和细化，在施工中要不断地加以完善，在竣工后要认真进行总结和提炼。一份好的施工组织计划，可以说是企业进行项目管理的经验锦囊和技术财富。施工组织计划基本分为三类，即施工组织总设计、单位工程施工组织设计、分部分项工程施工组织设计。

二、开工手续和条件

(一)开工手续

施工单位必须在取得相应证件后，才能合法地开展建筑工程项目施工活动。应取得的证件如下：土地使用证，建设用地规划许可证，建设工程规划许可证，建设资金证明，人防施工图设计审查通知书，施工图设计文件审查合格证，质量监督注册登记表，建筑节能备案登记表，散装水泥和节能墙体材料两项基金交费手续，固定资产投资许可证，招投标、施工和监理合同备案手续，建筑工程施工许可证等。以上证件全部由建设单位领取或办理。

(二)开工条件

施工单位开工前应具备的开工条件如下：

(1)建设单位已办妥建设规划许可证、固定资产投资许可证、建筑工程施工许可证等十多个证照。

(2)有经过建设工程主管部门批准，并经甲、乙双方和监理人员会审的施工图样和施工方案。

(3)有测量定位基准线和高程点。

(4)部分材料、机具和劳动力已组织进场，其中进场的材料已够三个月的施工用量，并进行了技术、安全、防火等项培训教育。

(5)工程项目征地拆迁基本完成，实现了施工场地的“三通一平”(即水通、路通、电通，场地平整。有人主张加上电信通畅，称为“四通一平”。有的书上再加上排水通、排污通、蒸汽或燃气通，称为“七通一平”)，临时设施已搭建，外围配套条件已用签订协议的方式固定下来，主体工程已按期开工，而先期工程(又称控制性工程，指地位特别重要、施工工程量较大并且技术难度相对较高的工程项目部分。例如，在铁路的修建中，长大桥梁和隧道的修建就是控制性工程)已经完工或工期过半。

(6)初步设计和总概算已批复，各项建设资金已落实到位，并经审计部门认可。

(7)施工项目经理部均已成立，其主要成员均已到位。

(8)施工监理单位经委托或招标业已选定。

三、填写开工报告

工程满足开工条件后，承包单位报项目监理机构复核和批复开工时间。整个项目一次开工，只填报一次开工报告，如工程项目中含有多个单位工程且开工时间不同，则每个单位工程都要填报一次开工报告。

单元二　施工过程阶段资料的编制

开展施工活动所需要的有关记录，包括工程测量记录、中间验收记录(如主体隐蔽工程验收记录)、分部分项工程质量检验评定记录、各类相关事故分析鉴定材料。

一、工程测量记录

1. 定位依据

定位依据要求已有平面控制点和高程控制点的点位略图、点位名称及数据，工程建设总平面布置图，基础平面图和定位通知单。

2. 定位过程方法

定位过程要求详细地说明定位施测工程、方法、仪器名称、编号和设置的点位、前后视的点位名称、各段距离数值、点位编号及轴线号等。特别注意根据规划管理部门签发的《建筑用地钉桩通知书》确定红线和引测桩位。

3. 确定有关建(构)筑物的高程和标高

水准点的高程和设计图上的标高必须使用同一高程系统，如黄海高程系统。

二、标高和轴线测量检测记录

标高和轴线测量检测是指根据给定建筑工程总图范围内的建筑物、构筑物及其他建筑物的位置、标高进行的测量与复测，以保证建筑物、构筑物的位置、标高正确。

三、中间验收记录

中间验收又称为隐蔽工程验收，是指在项目施工过程中，某道工序实施完毕后，有关工程部位或设施将被下道工序所掩盖，必须适时检查其是否符合法定或约定的质量标准。依照国家有关的施工规范要求，凡未经中间验收或验收不合格的隐蔽工程，不得进行下道工序的施工。中间验收记录主要包括地基与基础工程质量验收记录、主体隐蔽工程检查验收记录、装饰装修隐蔽工程检查验收记录、屋面隐蔽工程检查验收记录。

四、分部分项工程质量检验评定记录

在施工中，分项工程质检评定是在施工班组自检的基础上，由项目经理组织工长、班组长、班组质检员进行，再由专职质检员核定后报监理工程师签发认可书；而分部工程质检评定是由施工队一级质量负责人组织，经专职质检员核定后，对地基、基础和主体分部工程再由企业技术部门和质量部门派人到项目现场实地考核、评定等级，而后报监理工程师或总监理工程师签发认可书。

五、质量事故分析处理资料

(一)施工现场观测记录

(1)施工现场照片。

(2)对倒塌的建筑物构件残骸进行描述、取样，绘制平面图，对非事故地段的同样设备位置进行对比了解。

(3)对现场地基或岩层进行补充勘察，了解基础持力层、下卧层、地下水情况。

(4)了解基础做法并进行取样分析。

(5)对照施工图，测量原建筑物的实际尺寸、位置、构造。

(6)现场结构材料取样(混凝土、钢筋、钢材、焊缝及焊点试件、砌块、砂浆)。

(7)向现场管理、服务、生产人员和参加抢险的人员及幸存者提取访谈笔录。

(8)对物料配件的生产厂或供应商进行调查，并实施取样检测。

(9)相机采取其他收集证据的措施。

(二)收集、查阅与事故有关的全部设计和施工资料

(1)各种报建文件、招标投标文件和委托监理文件。

(2)建设方委托设计任务书及变更设计文件。

(3)勘察报告、设计图样和说明书、结构计算书，以及作为勘察设计依据的本地区专门规定。

(4)施工记录、质量文件、中间验收资料及设计变更文件。

(5)材料合格证明文件及复试文件，混凝土块及其他物料有关记录及试验报告、试桩或检测报告。

(6)经监理工程师签认的质量合格证。

(7)竣工验收报告等文件资料。

(三)分析可能引发事故的所有因素

(1)设计方案、结构计算、建造工法等。

(2)材料、设备、成品或半成品构配件的质量。

(3)施工技术方案、施工中各工种的施工质量。

(4)环境条件，特别是地质条件和气候条件的作用。

(5)建设方或监理方乃至政府方面对施工活动的不合理干预。

(6)施工环境的其他负向变化。从以上因素中遴选出导致原发破坏的因素，以及引起连锁反应的后发破坏因素。

(四)对事故的发生发展进行综合论述并提出处理意见

通过现场取样和实测，甚至进行模拟性破坏试验，并通过理论分析，作出对事故相关人员及其责任的认定，最后依据有关法律法规提出追究有关责任人经济、行政及法律责任的处理意见。

(1)对事故责任人的处理，应遵循“四不放过”原则，即事故原因查不清“不放过”、事故责任人未受到严肃处理“不放过”、事故责任人和有关群众未受到教育“不放过”、未制定相应的严密防范措施“不放过”。

(2)对事故造成的结构性毁损灭失，原则上采取维修、加固、改扩建三种方式。

1)维修，一般指小型修补、恢复和完善毁损构造的功能。

2)加固，即对结构或构造的承载力、刚度及与抗震有关的延性、抗裂性、整体稳定性等性能进行维修保养以使其恢复或提升。

3)改扩建，即对原有设备构造进行较大规模的结构变更和性能优化，使其整体能力得以较大提升。

单元三　竣工验收阶段资料的编制

工程竣工验收是施工的最后阶段，也是对建筑企业生产、经营和技术活动的一次综合性的检查评价。工程竣工验收达到合格以上的评价，才可以使建筑工程项目转为固定资产，实现社会效益和经济效益。竣工验收阶段的资料管理包括对竣工验收的基本要求，竣工阶段的自检、互检和正式验收的记录、报告，竣工图的绘制和移交。

一、竣工验收的要求

组织竣工验收要及时，竣工验收不及时，除增加承建单位正常管护建设成品的负担外，还可能因某些外部原因的变化导致建设成品实体的缺损，使承建单位增加修复工程量，进一步拖延竣工验收时间。无论建筑工程项目是一个单位工程、单项工程(有独立设计文件，可单独施工和核算，建成后可独立发挥作用的工程)，还是一个其他群体工程，都必须按单项工程组织竣工验收。

二、竣工验收的程序

单位工程完工后，施工单位应组织有关人员进行自检。总监理工程师应组织各专业监理工程师对工程质量进行竣工预验收。存在施工质量问题时，应由施工单位整改。整改完毕后，由施工单位向建设单位提交工程竣工报告，申请工程竣工验收。

建设单位收到工程竣工报告后，应由建设单位项目负责人组织监理、施工、设计、勘察等单位项目负责人进行单位工程验收。

三、竣工验收的条件及要求

竣工验收应具备的条件包括：完成建设工程设计和合同约定的各项内容，有完整的技术档案和施工管理资料，有工程使用的主要建筑材料、建筑构配件和设备的进场试验报告，有勘察、设计、施工、监理等单位分别签署的质量合格文件，有建设、施工单位签署的工程质量保修书和住宅工程使用说明书。

建筑工程施工质量应按下列要求进行验收：工程质量验收均应在施工单位自检合格的基础上进行；参加工程施工质量验收的各方人员应具备相应的资格；检验批的质量应按主控项目和一般项目验收；对涉及结构安全、节能、环境保护和主要使用功能的试块、试件及材料，应在进场时或施工中按规定进行见证检验；隐蔽工程在隐蔽前应由施工单位通知监理单位进行验收，并应形成验收文件，验收合格后方可继续施工；对涉及结构安全、节能、环境保护和使用功能的重要分部工程应在验收前按规定进行抽样检验；工程的观感质量应由验收人员现场检查，并应共同确认。

四、竣工图

竣工图是真实记录各种地上、地下建筑物和构筑物及设备安装等项实际情况的技术文件，是对工程项目进行交工验收、维护、改建、扩建的主要依据，是国家重要的技术档案。

对各项新建、改建、扩建、迁建的建设工程，特别是基础工程、地下建筑、管道线路安装、主体结构、设备安装等项工程的隐蔽部位，应编制竣工图。工程项目施工中未发生设计变更的，在原施工图纸图签附近空白处签字并加盖竣工图章即可作为竣工图使用。施工中无较大的结构性或重要管线等方面的设计变更的，就原施工图纸进行修改补充，清楚注明修改后的实况，并附以设计变更通知书、设计变更记录及施工说明，签章后即可作为竣工图使用。建筑工程项目的结构形式、标高、工艺、平面布置等重大变更超过40%的，应新制图纸，编新的图名图号，真实反映变更后的情况。如是改扩建工程，使原有工程发生部分变更者，应整理原有竣工图资料，进行增补变更，并给出必要的说明。

(一)竣工图绘制要求

竣工图绘制必须与竣工的工程项目实际情况完全符合；必须保证绘制质量，做到规格统一，符合技术档案要求；需经施工单位负责人审核签字；必须使用永不褪色墨水绘制，字迹清晰(字丑不要紧，但要笔画清，除却签名外，不许连笔顺)；应在其标题左方加盖竣工图签，装订成册，附必要的说明和文件。

(二)竣工图移交

工程项目竣工图连同工程技术档案应于竣工验收合格后一月内交公司档案部门存放，工程项目竣工图还应呈报工程质监站给予认证。有关竣工图不准确、不完整的，不能竣工验收。工程项目竣工图的数量要求：小型工程，两套；国家大中型项目，城市住宅小区，城市水电气供应、交通、通信等工程竣工图至少两套；特别重要的工程项目，应增加一套交国家档案馆。

五、工程资料的组卷

(一)组卷

组卷又称立卷，是指各有关主体将所搜集到的工程资料组合成案卷材料的过程。

(1)组卷的内容要求。立项准备卷可按工程建设的程序、专业和完成建设任务的单位等项组卷；监理卷可按单位工程、分部工程、专业或施工进展阶段等项组卷；施工卷组卷时对工程资料的选项方式与监理卷大体相同；施工图卷可按单位工程、施工专业等项组卷；竣工验交卷与施工图卷对工程资料选项方式大体相同。

(2)组卷的形式要求。需保持卷内文件和其他资料的有机联系；案卷不宜过厚，一般以40 mm为案卷厚度上限；不同载体的资料一般应分别组卷，同一案卷中不应有重份资料。

(二)建设单位在组卷归档及工程档案验交中的职责

(1)在委托招标或亲自主持招标活动中，以及在与勘察、设计、施工、监理、物流等单位签约时，应对竣工后移送档案的套数、时间、质量状况、费用承担予以明确。

(2)负责收集整理在立项阶段、施工准备阶段和竣工验收阶段形成的文件和其他资料，并实施组卷。

(3)组织和监督检查勘察、设计、施工、监理等单位的文件及其他资料的形成、收集、组卷。

(4)收集并妥善保管有关各单位向本方交付的各阶段的资料及档案。

(5)竣工验收前，提请档案部门对各有关单位的组卷情况实行预验收。预验收不合格的单位，不得组织竣工验收。

(6)向国家或地方档案馆移送建设档案的，建设单位应在竣工验收活动后三个月内向有关档案馆交存项目工程档案。

(三)勘察、设计、施工、监理等单位在组卷归档中的职责

(1)收集整理本单位在项目进展各阶段所能得到的工程资料，确保所收集的过程资料真实、有效、可靠、完整。

(2)对所收集到的工程资料实施正确的组卷和保存。

(3)各单位最迟在竣工结算前向建设单位移送有关的档案。

(四)工程项目资料的文档分类

(1)立项资料。其包括投资意向书(有则收集)、项目建议书、选址报告(审批部门索要时才提供)、可行性研究报告、项目评估报告、批准立项文件。

(2)施工准备文件。其包括规划用地文件和其他应由建设单位办理和领取的施工证照。

(3)勘设文件。其包括勘察报告、初步设计、初步概预算、施工图设计和预算、审图会议纪要及设计交底记录。

(4)招投标文件。其包括投标须知、招标文件、开标会议记录、投标书、评标报告等。

(5)合同资料及有关商务文件。其包括勘察合同、设计合同、施工合同、委托监理合同、物料设备买卖合同、工程质量保修书、其他合同及各类合同修订协议、图纸供应协议、工程款预支及扣还办法、工程结算办法等。

(6)开工文件。其包括开工准备报告、施工场地"三通一平"记录、人员及物料设备进场记录、场地临建设施及使用状况记录、开工报告、开工典礼会议纪要。

(7)竣工验交备案文件。其包括中间验收资料、施工方项目部对项目工程自检和企业复检情况记录、三方(建设方、施工方、监理方)会检记录、正式验收记录、竣工验收报告、建筑标的物交接记录。

(8)其他有关文件资料。

(五)案卷内的文字排列

文字材料按事项和专业排列。对同一事项的请示和批复、同一文件的印本与定稿，主件与附件不能分开，并按批复在前请示在后、印本在前定稿在后、主件在前附件在后的顺序排列。图样按专业排列，同专业的图样按图号顺序排列。既有文字材料，又有图样的案卷，文字材料排前，图样排后。

(六)案卷的编目排序

工程项目档案组卷后应进行目录编排，使案卷内文件资料的位置、顺序、页号的编排符合下列规定：保留每份文件资料的原有页码，但组卷后每个案卷应从"1"开始重新统一编号；页号位置，单面书写的在右下角，双面书写的，正面在右下角，反面在左下角，折叠后的图样一律在右下角；成套图样或印刷成册的科技文件资料自成一卷的，原目录可用作案卷目录，不必另行编号；案卷封面、卷内目录、卷内备考表不必编页号。

六、工程资料的归档要求

(一)档案管理人员的验收要求

(1)工程项目的案卷是否整齐、完整、系统。

(2)案卷中的文件资料是否真实地反映了工程项目建设活动的实际进展状况。

(3)案卷中工程资料的组卷是否符合有关组卷的规定要求。

(4)竣工图续制方法、图示与规格是否符合专业技术要求，图面是否整齐，是否加盖了竣工图章。

(5)工程资料的形成及其他来源是否符合实际，有关单位及人员是否签章到位，其他手续是否完备。

(6)工程资料的载体材质、书写及绘图用墨、托裱是否符合要求。

(二)施工现场有关工程资料的整理

监理单位中标签约后，应当迅速组成项目监理机构，并由派遣的总监理工程师主持，以监理大纲为基础，广泛收集有关资料和信息，按工程实际编制监理规划和监理实施细则。这两份文件经监理单位技术负责人批准，用以指导和规范项目监理结构开展具体工作，连同其他现场决断、指令、旁站记录、月报、报表等项资料在竣工后应当及时组卷归档。

施工方在中标签约后应当对投标时编制的施工组织设计进行细化和完善，形成适于操作的施工方案。围绕完善这一中心文档，还应当做好以下几项施工资料整理工作：

(1)根据《建筑工程施工质量验收统一标准》(GB 50300—2013)的规定，由施工方技术负责人填写“现场质量管理检查记录”，附有关文件或复印件。

(2)施工项目部应在总监理工程师检查施工现场后，及时审查施工方案等文件。审查合格的，经总监签批退还，由施工方据以开展开工运作；审查不合格的，由总监指令施工方限期改正，未予改正或改正不合格的不得开工。

(3)应对进场使用的机具设备出具具有可追溯性的质量证明，并经报关员或现场技术员、材料员背书签字，再交资料员纳入质量管理流程。

(4)现场所产生的工程资料内容应与所施工的具体工程部位一一对应，这些资料都应当具备可追溯性。

(5)对物料进场检验资料的要求。

1)对主材料、半成品及成品构配件、器具、设备等物料进场必须实行进场检验并制作检验记录。必要时可实施见证取样送检或共同取样送检并收存检验报告单。

2)对甲供或部分重要的非甲供物料设备进场应当组织施工方、供应方、监理人员及建设方代表共同检验有关的品种、规格、数量、外观质量及出厂合格证，填写“进场检验记录”“设备开箱检验记录”等制式表格。

3)属施工方自有设备、自制构配件或部分非甲供一般物料设备进场，经施工方自检合格后填写“物资进场报验表”报项目监理机构审批，作为组卷资料。涉及安全性或功能性的物料设备进场，应按有关规范的规定进行复试并制作实验报告，或有见证地取样送检并收存检验报告单。

4)建筑节能及其他新型物资(包括砌块、板材、密胶、黏结苯板专用胶、耐碱玻璃纤维网格布、聚苯乙烯泡沫塑料及胶粉、EPS颗粒浆料、热铝材料等)进场需有出厂质量证明文件或按规定进行见证取样送检并收存检验报告单。

(6)对工程资料归档的其他要求如下：

1)依据规划部门提供的红线或控制点坐标，按总平面图设计要求，设定建筑物或构筑物的位置、主控轴线、建筑物±0.000高程，建立施工场地控制网。由施工方填制“定位测量记录”和“施工测量放线报验表”，经监理工程师审核签字后，由建设方报规划部门验线。

在这一过程中的所有资料均应组卷归档。

2)建设、施工、监理等单位应将施工现场安全资料的形成和积累纳入建筑管理各个环节，逐级建立健全安全岗位资料收集责任制，对现场安全资料的真实性、完整性和有效性负责。

3)建设方向施工方提供的各种安全资料可以概括为“三安四口五邻边”。其中，“三安”是指有关安全帽、安全网、安全带的资料；“四口”是指有关楼梯口、电梯口、预留洞口和通道口的资料；“五邻边”是指有关沟坑槽和深基础周边、楼层周边、楼梯侧边、平台或阳台边、屋面周边的资料。

4)对改扩建和维修工程，建设方应组织设计单位和施工单位据实修改、补充和完善原工程档案；该移送的应在有关工程竣工后三个月内移送，不移送的要按档案管理要求妥为保管。

5)对于事故的调查处理资料，属于重大级以上的工程质量事故、安全事故和机械事故，应将所能收集到的资料依现状单独组卷归档；对于其他事故调查处理资料，可以随同发生事故的工程环节一并组卷归档。另外，在有关各类事故的资料中，一定不能缺少落实“四不放过”原则的资料。

项目案例

案例 10-1

【背景材料】

渤海市一家投资商准备在该市建一座年产 100 万吨的磷肥厂，具体的操作过程如下：

(1)投资商委托一家有资质的咨询单位为其编制可行性研究报告，报告内容如下：

1)总论，包括项目提出的背景、投资的必要性和经济意义及研究工作的依据和范围。

2)需求预测和拟建规模。

3)项目设计方案。

4)建厂条件和厂址方案，包括建厂的地理、气象、水文、地质、地形条件和社会经济现状，交通、运输及水、电、气的现状和发展趋势，厂址比较与选择意见。

5)资源、原材料、燃料及公用设施情况。

6)企业组织、劳动定员和人员培训估算数。

7)项目实施计划和进度计划。

8)投资估算和资金筹措，包括主体工程和协作配套工程所需的投资，生产流动资金的估算，资金来源、筹措方式和贷款的偿付方式等。

9)财务和国民经济评价。

10)评价结论。

(2)通过招标方式委托一家甲级设计单位进行施工图设计。

(3)当施工条件具备时，投资商直接委托两家具备资质的单位开始监理和施工。

(4)施工结束时，直接投入生产。

【问题】

以上程序中有无不妥之处？怎样才是正确的？

【答案】

(1)可行性研究报告内容必须包括环境评价内容。

(2)大型项目必须进行初步设计(该生产性项目还应进行技术设计)。

(3)监理和施工单位的选择需经过公开招标的程序。

(4)施工结束后必须进行工程验收才能投入生产。

项目小结

建筑工程项目资料管理作为建筑工程项目管理的主要内容之一，是时代的要求。因此，正确理解资料管理的内涵，明确其基本任务，掌握资料管理的特点是管理者的工作内容之一。

正确理解工程项目资料管理的各个环节，掌握工程项目各个阶段资料管理的基本方法，能够对工程项目资料进行准备阶段、施工过程阶段、竣工验收阶段的管理及归档，是进行项目资料控制与管理的核心。

项目习题

一、单选题

1. 归档的工程文件一般应为(　　)。

A. 存档和处理　B. 原件　C. 复印件　D. 收集和存储

2. 工程文件应字迹清楚，图样清晰，图表整洁，(　　)手续齐全。

A. 签字手续　B. 盖章手续　C. 签字盖章手续　D. 报表

3. 按照归档工程文件的组卷要求，一个建筑工程由多个单位工程组成时，工程文件可按(　　)组卷。

A. 单项工程　B. 单位工程　C. 分项工程　D. 分部工程

4. 按照归档工程文件的组卷要求，卷内文件页号编写位置：单页书写的文字在右下角；双面书写的文件，正面在右下角，背面在左下角；折叠后的图纸一律在(　　)。

A. 右下角　B. 左下角　C. 左上角　D. 右上角

5. 竣工验收期的竣工图分为(　　)和市政基础设施工程两大类分别收集。

A. 建筑安装工程　B. 建筑装饰装修工程

C. 建筑屋面工程　D. 地基与基础工程

6. 按照归档工程文件的组卷要求，立卷要求案卷不宜过厚，一般不超过(　　)mm；案卷内不应有重份文件，不同载体的文件一般应分别组卷。

A. 10　B. 20　C. 30　D. 40

7. 按照归档工程文件的组卷要求，卷内文件的排列，既有文字材料又有图纸的案卷，(　　)。

A. 文字材料排后，图纸排前　B. 文字材料排前，图纸排后

C. 文字材料和图纸随便排列　D. 交叉排列

8. 按照归档文件的质量要求，工程文件应采用打印的形式并使用档案规定用笔，手工签字，在不能够使用原件时，应在复印件或抄件上加盖公章并注明(　　)保存处。

A. 原件　B. 复印件　C. 档案　D. 文件

9. 按照归档文件的质量要求，所有竣工图均应加盖(　　)。

A. 公章　　B. 名章　　C. 竣工图章　　D. 图章

10. 按照归档工程文件的组卷要求，卷内文件均按有书写内容的页面编号。每卷单独编号，页号从(　　)开始。

A. “0”　　B. “1”　　C. “2”　　D. “3”

二、简答题

1. 工程竣工图的绘制要求是什么？

2. 什么是组卷？对组卷的内容要求是什么？对组卷的形式要求是什么？

三、案例题

【背景资料】

某厂拟建一钢筋混凝土排架结构单层厂房，通过招标方式选择某建筑公司承建，于2014年3月18日开工建设，合同工期为300日历天。在施工过程中，对柱子质量进行检查。发现有10根柱子存在不同程度的质量问题。

事件一：其中有两根柱子经有资质的检测单位检测鉴定，能够达到设计要求；

事件二：另有两根柱子经有资质的检测单位检测鉴定，达不到设计要求，并请原设计单位核算，能够满足结构安全和使用功能；

事件三：有三根柱子经有资质的检测单位检测鉴定，达不到设计要求，并请原设计单位核算，不能满足结构安全和使用功能，经协商进行加固补强，在柱子外再放部分钢筋，再浇筑混凝土，补强后能够满足安全使用要求；

事件四：还有三根柱子混凝土强度与设计要求相差甚远，经加固补强仍不能满足安全使用要求。

【问题】

(1)对事件一应如何处理？依据是什么？

(2)对事件二应如何处理？依据是什么？

(3)对事件三应如何处理？依据是什么？

(4)对事件四应如何处理？依据是什么？

参考文献

[1] 国家标准．GB/T 50326—2006 建设工程项目管理规范[S]．北京：中国建筑工业出版社，2006.

[2] 徐家铮．建筑工程施工项目管理[M]．武汉：武汉理工大学出版社，2005.

[3]《建设工程项目管理规范》编写委员会．建设工程项目管理规范实施手册[M]．2 版．北京：中国建筑工业出版社，2006.

[4] 任宏，兰定筠．建设工程施工安全管理[M]．北京：中国建筑工业出版社，2005.

[5] 筑龙网．建筑施工安全技术与管理[M]．北京：中国电力出版社，2005.

[6] 李宝玉．国际工程项目管理[M]．北京：中国建筑工业出版社，2006.

[7] 周建国．工程项目管理基础[M]．北京：人民交通出版社，2007.

[8] 张宝岭，高晓升．建设工程投标实务与投标报价技巧[M]．北京：机械工业出版社，2007.

[9] 张桦，朱盛波．建设工程项目管理与案例解析[M]．上海：同济大学出版社，2008.

[10] 李世蓉，等．承包商工程项目管理[M]．北京：中国建筑工业出版社，2009.